园区
网络规划与
设计案例教程

主编 齐智敏

副主编 刘晓健

参编 姜春霞 龙海燕

首都经济贸易大学出版社

Capital University of Economics and Business Press

·北京·

图书在版编目(CIP)数据

园区网络规划与设计案例教程／齐智敏等编著. --北京：首都
经济贸易大学出版社，2021.4

ISBN 978-7-5638-3152-4

Ⅰ. ①园… Ⅱ. ①齐… Ⅲ. ①局域网-教材 Ⅳ. ①
TP393.1

中国版本图书馆 CIP 数据核字(2020)第 209081 号

园区网络规划与设计案例教程

主　编	齐智敏
副主编	刘晓健
参　编	姜春霞　龙海燕

YUANQU WANGLUO GUIHUA YU SHEJI ANLI JIAOCHENG

责任编辑	刘元春
封面设计	风得信·阿东 FondesyDesign
出版发行	首都经济贸易大学出版社
地　　址	北京市朝阳区红庙（邮编 100026）
电　　话	(010)65976483　65065761　65071505（传真）
网　　址	http://.sjmcb.cueb.edu.cn
经　　销	全国新华书店
照　　排	北京砚祥志远激光照排技术有限公司
印　　刷	北京建宏印刷有限公司
成品尺寸	185 毫米×260 毫米　1/16
字　　数	486 千字
印　　张	20
版　　次	2021 年 4 月第 1 版
印　　次	2025 年 1 月第 3 次印刷
书　　号	ISBN 978-7-5638-3152-4
定　　价	46.00 元

前　言

　　园区网络规划与设计案例教程的设计目标有三:一是掌握园区网络设计方法;二是具备园区网络的规划实施能力;三是具备 IP 分组端到端传输过程所涉及的算法和协议的分析能力。目前"路由与交换技术类"的教材分为两大类:第一类教材,其内容接近路由器和交换机使用手册,主要描述常见的路由器和交换机设备的配置过程,这类教材虽然可以在一定程度上培养学生设计、实施校园网和企业网的能力,但该类教材缺少综合实训案例。第二类教材在内容上与"计算机网络"教材内容重复,对于路由器和交换机结构,以及交换式以太网与互联网相关算法和协议的工作原理、实现过程涉及较少,因而无法培养学生研发交换机和路由器、实施网络工程的能力。

　　本案例教程的特点体现在三个方面:一是详细描述路由器和交换机结构,交换式以太网与互联网使用协议的工作原理、实现过程,提供完成园区网络方案设计和实施所需要的交换式以太网与互联网的知识;二是针对独立的知识单元,设置案例实训内容,为学生提供透彻、完整的交换式以太网与互联网知识;三是结合主流厂家设备交流路由器和交换机技术,通过综合案例阐述园区网整体的规划和实施方法。

　　本案例教程为读者提供较好的实验、实践内容,对网络设备配置过程、园区网络设计实施过程进行详细描述,对于深入了解交换式以太网与互联网相关算法及协议的工作原理、实现过程非常有用。

　　本案例教程以当前流行的锐捷网络设备为实验设备,阐述园区网络规划与设计基础,园区网络建设技术,园区网络的可靠性、稳定性、安全性设计,组建多分支机构园区网络综合实训等内容。教程中的教学案例,在系统介绍路由与交换技术的基础上,设计实际操作练习环节,将书本知识与实践操作融会贯通,帮助读者更好地掌握企业网络的设计、规划和实施能力。

　　本案例教程第 1、2、3、13 章由齐智敏编写,第 4、5、14、15 章由刘晓健编写,第 6、8、9 章由姜春霞编写,第 7、10、11、12 章由龙海燕编写。

　　本案例教程在内容编写以及实训案例、综合案例设计方面尝试着与已有教材有一定的区别,若有不妥之处请读者批评指正,也殷切希望使用本案例教程的师生能够就教材内容与编写方式提出宝贵意见和建议,以便编者进一步完善教材内容。

目 录

目
录

1   园区网络工程项目概述

随着网络通信技术、数据库技术、多媒体教育等信息技术的飞速发展,数字化的应用正在逐步进入社会生活的各个方面。各种信息技术正在被大规模地引入教育领域中,如园区网络、远程教学、课件开发技术、多媒体技术、电子教学、电子图书等全新的教学手段和技术也日益为教育界所认可并加以运用。这些技术的广泛应用,无疑将对推进园区的信息化进程和大力培育 21 世纪所需的各类人才,产生十分重要的、不可替代的作用。

在我国,近年来园区网建设发展迅速,为我国园区内部实现教育的资源共享、信息交流和协同工作提供了较好的基础。然而,随着我国各地园区网数量的迅速增加,园区网对如何实现教育的资源共享、信息交流和协同工作的要求越来越迫切。

本章将介绍园区网络工程,阐述设计园区网络的技术要求及网络工程的实施过程。

1.1   园区网络工程概述

1.1.1   网络系统设计概述

网络系统设计是针对具体用户所需网络中的所有软件和硬件系统的方案设计,从基础网络拓扑结构、综合布线系统,到 Office 办公系统、文件打印系统,再到电子商务应用系统,最后到 Internet 应用和外网的互联,这一切都是网络系统设计的内容。

网络系统设计涉及的项目非常多,包括各具体项目之间的关联。网络系统设计需要考虑五个方面的内容:一是当前系统应用及与之关联的其他系统的应用与互联;二是网络应用需求及网络安全需求;三是在未来一段时间内的应用需求发展;四是不仅要考虑关键应用性能需求,还要尽可能平衡各用户节点的性能;五是不仅要考虑高性能,还要追求高的性价比。网络系统设计是一项综合的系统工程。进行网络系统设计,设计者一定要有全局观念,既要考虑网络系统的局部结构,也要保障整个网络系统能够满足用户的需求。

另外,如今的网络应用不再局限于单一的局域网,许多关键性的应用通常涉及多个局域网的互联(如通过 VPN 互联而实现的不同局域网系统数据库等),或者与其他外部网络的连接,如电子商务。在这样一个彼此关联的网络系统中,网络应用所需的带宽和安全需求就成为重中之重。而网络连接性能和安全性能则遵循着“木桶原理”,即网络最终的性能不是取决于网络中最好的那部分,而是取决于最差的那部分。

通常的局域网系统设计包括机房规划、基本网络拓扑结构、综合布线结构、IP 地址规划、系统结构、各种网络服务器(如 DNS 服务器、DHCP 服务器、WINS 服务器等)部署、服务器的选型(包括服务器档次、服务器架构、所支持的磁盘阵列级别等的选择)、操作系统的选择、数据存储系统、数据备份与容灾系统、防火墙系统、病毒防护系统和入侵检测系统等。

设计广域网系统要充分考虑网络接入方式、网络中继传输方式和数据交换方式。这些网络的选型一定要综合考虑所支持的业务类型和成本费用。另外,选择合适的 ISP(Internet 服务提供商)也是非常重要的。

局域网系统设计项目和广域网系统设计项目在具体实施前都需要建立在全面、详细的用户调查之上。这些虽然是前期工作,但对于整个系统设计关系重大,稍有不慎就可能导致付出巨大代价,设计的系统不能满足用户需求,甚至与用户产生矛盾。

1.1.2 园区网络工程项目概述

园区网以某大学校园为例,包括教学楼、办公楼、实验楼、图书馆、学生宿舍楼、教职工生活区等大量的信息点。学校管理、教育科研、电子教学、远程教育和互联网的引入,以及对外技术交流与合作服务等大量的业务,要求园区网是一个实用、高可靠、高效率、高扩展性、高安全性的系统。下面以某大学园区网络工程为例,对该项目进行简要描述。

该大学两个校区有 17 栋教学楼,2 栋办公楼,10 栋教工住宅楼。综合布线信息点约需 4 000 个。学校按职能划分部门约 20 个,按公共机房划分约 40 个,按教工住宅楼划分约 10 个。为了提高系统的安全性、抑制广播风暴、方便网络构建和维护、合理配置信息资源,需要采用虚拟局域网(virtual local area network,VLAN)技术。这样的 VLAN 约需 70 个。

校区网络分成核心层、汇聚层和接入层。核心层与汇聚层设备采用 1 000Mbit/s 连接。网络系统设计采用三层体系架构,利用多层交换(包括二层交换和三层交换)网络技术(包括 VLAN 技术),实现核心层、汇聚层和接入层的构建及通信。

校区主干网以园区网络中心的机房为中心节点向外辐射,通过各部门(如信息学院、图书馆等)所在建筑楼宇节点构成主干网。中心节点中将高档三层交换机作为主干网的核心交换机。

学校的新校区和校本部之间距离大约 5km,考虑到传输距离以及信息的安全性,采用 VPN 技术,使新校区和校本部互联。

从应用需求方面考虑,无线网络适合学校一些不易于网络布线或者需要变动布线结构的场所应用。一个无线网络可以使教师、学生在校园内的任何地方接入网络。因此,在网络设计中考虑了有线网与无线网的融合。

校区各楼宇之间采用光缆进行连接,楼内垂直级水平布线采用超五类 UTP 电缆,设备间采用 UPS 供电,并分别对弱电和强电设计防雷装置。

该校区网主干网络的拓扑结构如图 1-1 所示。

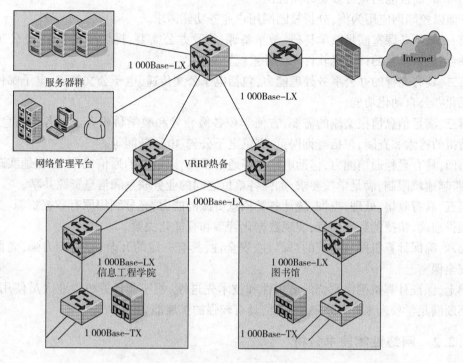

服务器群

1 000Base-LX

1 000Base-LX

Internet

网络管理平台

VRRP热备

1 000Base-LX

1 000Base-LX
信息工程学院

1 000Base-LX
图书馆

1 000Base-TX

1 000Base-TX

图1-1　校区网主干网络的拓扑结构

1.2　园区网络用户需求分析

　　园区网建设项目是利用网络设备、通信介质和适宜的网络技术与协议,以及各类系统管理软件和应用软件,实现园区内计算机和各种终端设备的有机集成。

1.2.1　用户业务功能需求分析

　　设计一个网络,首先要分析用户目前面临的主要问题,确定用户对网络的现实需求,并在结合未来可能的发展要求的基础上选择、设计合适的网络结构和网络技术,提供让用户满意的高质能服务,下面以某校园网建设项目为例进行分析。

　　网络在办公环境中起着至关重要的作用,园区的运作模式会带来大量动态的 www 应用数据传输,会有相当一部分应用的主服务器有高速接入网络的需求(目前为 100/1 000Mbps,今后可能更高)。这就要求网络有足够的主干带宽和扩展能力。同时,一些新的应用类型,如网络教学、视频直播和广播等,也对网络提出了支持多点广播和宽带高速接入的要求。

　　除上述考虑外,还要注意到由于逻辑上业务网和管理网必须分开,所以校园网应当提供多个网段的划分和隔离,并能做到灵活改变配置,以适应教学办公环境的调整和变化,以及满足移动教学办公的要求。按目前通常的考虑,建议数据信息点的接入以交换 10/100Mbps 自适应以太网端口接入为主,以供带宽需求较高的用户或应用使用。整体方案设计的目的是建设一个集数据传输和备份、多媒体应用、语音传输、OA 应用和 Internet 访问等功能于一体的高可靠、高性能的宽带多媒体园区网。

下面以校园网应用为例,分析校园网用户业务功能需求。

第一,教师备课室满足教学科研、教学备课、行政办公需要,提供各种教学、办公工具和支撑平台,提供丰富的计算机软件和硬件系统资源。

第二,具有完善的办公事务处理能力,包括电子公文传递、电子公文管理、电子邮件收发等无纸化办公自动化功能。

第三,满足信息情报交流的需要,方便学校各级领导和教学科研人员对各种信息资料、科技情报的检索和查阅,包括查询网页、浏览电子公告、电子新闻等。

第四,具有远程通信能力,借助电话网等通信手段,以最低的通信成本,方便地实现远程互联,跨越地域限制,满足学校要求,加强各单位之间的业务联系和信息资源共享。

第五,具有收集、处理、查询、统计各类信息资源的能力,充分利用原有数据资源,为学校领导提供准确、快捷的数字信息,实现数据化管理和智能化决策。

第六,确保计算机网络系统的可靠性、安全性,具有一定的冗余;容错能力强,确保信息处理安全保密。

第七,保证计算机网络系统的适用性和技术先进性,便于非计算机专业人员使用,并且能够不断满足学校未来业务发展的需要,具有较强的扩展能力。

1.2.2　网络性能需求分析

1.2.2.1　拓扑结构需求分析

根据对校园网功能需求的分析,网络采用接入层、汇聚层、核心层三层结构才能满足用户的需求,且采用树型结构加网状结构的网络拓扑。由于采用大型交换机技术,为了避免广播风暴带来不必要的带宽影响,该网络系统还要采用 VLAN 进行工作组的划分。

1.2.2.2　网络节点需求分析

该网络系统对网络接入层、汇聚层、核心层节点位置的分布有不同的要求,网络接入层节点设置在用户建筑物内,因为接入层终端设备(PC)较多,所以将汇聚层节点设置在接入层。因为接入用户较多,且是内部交换网络,因此网络节点设备交换机要采用高性能、具备大型交换能力的设备,同时对服务器的处理能力要求也比较高。考虑到内网用户数据的安全性要求不高,且为了缓解主干链路数据流量的压力,增强网络性能,所以将服务器主机安排在汇聚层。

1.2.2.3　网络链路需求分析

网络主干链路采用光纤传输介质。

校园网必须拥有高速的 Internet 和 CERNET(中国教育网)接入出口。

新校区与老校区网络的连接可采用 VPN 技术实现互联。

校园网必须提供 DNS、WWW、E-mail 等多项 Internet 服务。

校园网内部必须能够提供高速的视频会议、VOD 点播、多媒体教学等方面的服务。

网络主干链路无交通要道,无多重障碍物。

网络主干链路采用地下管道走线的方式。

网络主干链路最大实际连接距离为 2km,足以满足网络需求。

1.3 园区网络设计原则及技术规范

1.3.1 园区网络设计原则

根据目前计算机网络现状和需求分析以及未来的发展趋势,设计网络时应遵循以下各项原则。

1.3.1.1 可用性

网络的可用性决定了所设计的网络系统是否能够满足用户应用和稳定运行的需求。网络系统的"可用性"通常是由网络设备的"可用性"决定的,主要体现在交换机、路由器、防火墙、服务器等重负荷设备上。这就要求在选购这些设备时不要贪图廉价,而要选择国内、国际主流品牌的产品,采用主流技术和成熟型号产品,还要注重良好的售后服务。

1.3.1.2 实用性与先进性兼顾

设计网络系统时应该以注重实用为原则,紧密结合具体应用的实际需求。考虑先进性不等于在网络系统中无原则地采用新技术和新设备,在选择具体的网络技术时一定要同时考虑当前及未来一段时期的主流应用技术。

1.3.1.3 开放性和标准化

设计网络系统首先是采用国家标准和国际标准,其次是采用广为流行的、实用的工业标准,只有这样,网络系统内部才能方便地从外部网络快速获取信息。同时,授权后网络内部的部分信息可以对外开放,以保证网络系统适度的开放性。

1.3.1.4 安全第一

如何保证网络运行和通信安全是网络设计中的重要问题。网络安全涉及许多方面,最明显、最重要的就是对外界入侵、攻击的检测与防护。现在的网络几乎时刻都要受到外界的安全威胁,稍有不慎就会被病毒、黑客入侵,致使整个网络瘫痪。在一个安全措施完善的计算机网络中,不仅要部署病毒防护系统、防火墙隔离系统,还要部署入侵检测、木马查杀系统和物理隔离系统等。当然,所选用系统的等级要根据网络的规模和安全需求而定,并不一定要求每个网络系统都全面部署这些防护系统。

除了病毒、黑客入侵外,网络系统的安全性需求还体现在用户对数据的访问权限上,一定要根据对应的工作需求为不同用户、不同数据配置相应的访问权限,对安全级别需求较高的数据则要采取相应的加密措施。同时,用户账户,特别是高权限账户的安全也应给予高度重视,要采取相应的账户防护策略(如密码复杂性策略和账户锁定策略等)保护用户账户,以防被非法用户盗取。

1.3.1.5 易扩展性

网络的易扩展性是为了适应用户业务和网络规模发展的需求必须遵循的原则。网络的可扩展性主要通过交换机端口、服务器处理器数量、内存容量、磁盘数量等方面来保证,通常要求核心交换机的高速端口有两个以上,用于维护和扩展(通常用来连接新增的下级交换机)。网络在设计之初,不能只想到当前所需的端口数而把高速端口全部占用。在服务器的扩展性方面,要求所选的服务器秉持"按需扩展"的理念,即可以在需要时随时扩展,而不必在购买时一次到位。服务器的可扩展性主要通过所支持的对称处理器数量、内存最大容量、磁盘数量等指标来决定。

1.3.1.6 可管理性

随着网络规模的扩大和复杂程度的提高,系统管理和故障排除就越来越困难。网络设计要具备先进而完善的网络管理的软件系统和硬件系统。一个可管理的网络可以使管理员很方便地对网络进行监测、维护和升级。

1.3.1.7 高性价比

网络的高性价比强调用尽可能少的支出组建一个满足用户需求,高效、稳定、具备良好扩展性、易管理与维护的网络,也就是通常所说的"用最少的钱,办最多、最好的事"。

1.3.2 园区网络设计技术规范

网络工程与同其他系统工程一样,在规划、设计以及施工中要遵循相应的标准。国家制定的网络设计标准与规范有多项,如下所示,各项的具体内容可查看相关的标准。

1.3.2.1 信息及网络系统设计标准

信息技术　通用多八位编码字符集(UCS)(GB 13000.1)。

信息技术　系统间远程通信和信息交换　局域网和城域网(GB 15629.11—2003)。

信息处理系统　光纤分布式数据接口(ISO 9314—1：1989)。

光纤分布式数据接口(FDDI)高速局域网标准(ANSI X3T9.5)。

1.3.2.2 结构化布线系统设计标准

建筑和建筑群　综合布线系统工程设计规范(GB/T 50311—2006)。

建筑和建筑群　综合布线系统工程验收规范(GB/T 50312—2006)。

信息技术　用户建筑群通用布缆(ISO/IEC 11801：2002)。

信息技术　用户建筑群布缆的实施和运行(ISO/IEC 14763—1：1999)。

信息技术　用户建筑群布缆配置(ISO/IEC 14709—1：1997)。

信息技术　用户建筑群布缆的通路和空间(ISO/IEC 18010：2002)。

光纤总规范(GB/T 15972.2—1998)。

商务楼通用信息建筑布线标准(EIA/TIA568A)。

民用建筑通讯通道和空间标准(EIA/TIA569)。

1.3.2.3 机房工程系统设计标准

电子计算机场地通用规则(GB/T 2887—2000)。

计算机场地安全要求(GB 9361—1988)。

电子计算机机房设计规范(GB 50174—1993)。

防静电活动地板通用规范(SJ/T 10796—2001)。

电信专业房屋设计规范(YD 5003—1994)。

通信机房静电防护通则(YD/T 754—1995)。

1.3.2.4 通信系统设计标准

通信管道与管道工程设计规范(GB 50373—2006)。

视听电信业务中 64~1 920 kb/s 信道的帧结构(YD/T 847—1996)。

邮电部电话交换设备总技术规范书(YDN 065—1997)。

城市住宅区和办公楼电话通信设施验收规范(YD 5048—1997)。

室内电信网光纤数据传输系统工程设计暂行技术规范(YDJ 13—1988)。

综合交换机技术规范(YD/T 1123—2001)。

数字程控自动电话交换机技术要求(GB/T 15542—1995)。

1.3.2.5 信息安全设计标准

计算机软件配置管理计划规范(GB/T 12505—1990)。

计算机信息系统安全保护等级划分规范 (GB 17859—1999)。

计算机信息系统安全专用产品分类原则(GB 163—1997)。

信息技术 设备的安全(ide IEC 60950:1999) (GB 4943—2001)。

信息技术 安全技术 信息技术安全性评估准则(GB/T 18336.1—2001)。

信息技术 信息安全管理实施规则 (ISO 17799—2000)。

涉及国家秘密的计算机信息系统保密技术要求(BMZ 1—2000)。

涉密信息设备使用现场的电磁泄漏发射防护要求(BMB 5—2000)。

涉及国家秘密的计算机信息系统安全保密测评指南(BMZ 3—2001)。

1.3.2.6 智能化系统标准

智能建筑设计标准(GB/T 50314—2006)。

建筑及居住区数字化技术应用系列标准(GB/T 20299—2006)。

建筑智能化系统设计技术规程(DB/J 01—615—2003)。

公共建筑节能标准(GB 50189—2005)。

民用建筑电气设计规范(JGJ/T)。

1.4 园区网络设计技术分析

为了实现网络设备的统一,设计方案应采用同一厂商的网络产品(本设计方案选用华为公司的网络设备)。全网使用同一厂商设备的好处是可以实现各种不同网络设备功能的相互匹配和补充。

园区网设计方案主要的构成部分为:交换部分、广域网接入部分、访问控制部分、网络安全部分和服务器群。网络系统的拓扑结构已由图 1-1 标示,在后面的章节中将对该图分块进行介绍。

1.4.1 OSI 参考模型与网络设备

在对园区网设计方案进行分析之前,先对 OSI 参考模型及主要网络设备作如下简单介绍。

1.4.1.1 OSI 参考模型

OSI(open system interconnection)参考模型是应用在局域网和广域网的一套普遍适用的规范集合,说明了网络的架构体系和标准,对发生在网络设备间的信息传输过程进行理论化的描述。采用同一标准的层次化模型后,各设备生产商遵循标准进行设计开发,有效保证了产品之间的兼容性,使不同类型的主机能够实现数据的传输。

国际标准化组织 ISO 将整个通信功能划分为七个层次,如图 1-2 所示。

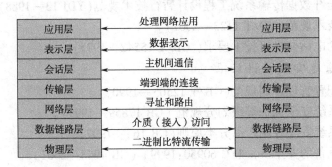

图 1-2 OSI 参考模型

(1)物理层。物理层定义了数据传输所需要的机械、电气、功能及规律特性,包括对数据传输速率、接口、电压、电缆线的定义等。物理层涉及的是信道上传输的原始比特流。

(2)数据链路层。数据链路层为网络层提供服务,并对物理层进行控制,检测并纠正可能出现的错误,为物理链路提供可靠的数据传输。数据传输单位是"帧",以太网交换机是工作在数据链路层的设备。

(3)网络层。网络层确定数据包从远端到目的端如何选择路由,根据路由信息完成数据包文的转发。数据传输单位是"包",路由器是工作在网络层的设备。

(4)传输层。传输层保证在不同子网的两台设备间的数据包可靠、顺序、正确地传输。传输层数据的传送单位是"段"。

(5)会话层。会话层将应用层的信息表示成一种格式,让对端设备能够正确识别。

(6)表示层。表示层利用传输层提供的端到端的服务,向会话用户提供服务。

(7)应用层。应用层提供 OSI 用户服务,如文件传输、数据检索、文件管理和电子邮件等。

1.4.1.2 主要网络设备

常用的网络设备有网卡、集线器与交换机、路由器、三层交换机、防火墙、VPN 设备等。

(1)网卡。网卡又称网络适配器,它安装在可以接入网络的计算机上,通过传输介质间交换机或集线器相连,是将计算机接入局域网的必备设备。

(2)集线器与交换机。集线器的作用可以简单地理解为将一些机器连接起来组成一个局域网。局域网构成的网络物理上是星型的拓扑结构,集线器采用的工作方式是共享带宽。就是说,如果网络中有 1 000 台计算机,即使采用 100Mbps 的设备,每台计算机的带宽也仅为 100Kbps,这样的性能是难以接受的。

集线器存在的缺陷是由共享带宽带来的,这是由于采用广播方式向所有节点发送数据,不能识别目的地址,因而降低了传输速率并且会带来安全隐患。交换机的产生解决了这些问题,节点在接收到数据包后,处理端口会查找内存中的 MAC 地址表,以确定目的 MAC 的网卡挂接在哪个端口上,然后直接将数据包传送到目的节点,只有在目的 MAC 不存在时才广播到所有的端口。这种独享带宽的方式只对目的地址发送数据,传输效率高,不浪费网络资源,传输安全,发送数据时其他节点难以侦听到所发送的信息。因此,交换机几乎已经完全取代了集线器。

(3)路由器。路由器用于广域网之间的连接,可以把数据包从一个网络经过合理的路径选择转发到另一个网络。路由器是用来连接不同的网络和子网的,所以它出现在需要连接外部网络,或者在局域网中有多个子网,需要互联互通的网络环境中。在单纯的局域网、单一子网的环境中是不需要路由器的。

(4)三层交换机。三层交换机具有路由的功能,将 IP 地址信息用于网络路径选择,并实现不同网段之间的线速交换(能够按照网络通信线上的数据传输速度实现无瓶颈的数据交换)。当网络规模较大时,需要将网络划分为多个虚拟局域网(VLAN),以提高安全性,防止广播风暴的产生。三层交换机用于大中型网络结构中的汇聚层和核心层的连接,通常采用模块化结构,以适应不同配置的需要。

(5)防火墙。防火墙是用来保护内部网络或者内部网络中特定用户的,应用于需要外部网络连接或者需要对局域网中某特定用户实施保护的网络环境中。在单纯局域网且无特殊保护需要的网络中是不需要使用防火墙的。

(6)VPN 设备。VPN 设备用于在远端用户、驻外机构、合作伙伴、供应商与公司总部之间建立可靠的安全连接,以保证数据传输的安全性。

1.4.2 交换部分

1.4.2.1 虚拟局域网及其 IP 地址规划
园区网中虚拟局域网及其 IP 编址方案如表 1-1 所示。

表 1-1 虚拟局域网及其 IP 编址方案

虚拟局域网 ID	虚拟局域网名称	网络地址	默认网关	说　明
VLAN 1	fuwuqi	172. 16. 0. 0/24	172. 16. 0. 254	服务器组 VLAN
VLAN 10	shifan	172. 16. 1. 0/24	172. 16. 1. 254	师范学院 VLAN
VLAN 20	waiyu	172. 16. 2. 0/24	172. 16. 2. 254	外语学院 VLAN
VLAN 30	chengjian	172. 16. 3. 0/24	172. 16. 3. 254	城建学院 VLAN
VLAN 40	huagong	172. 16. 4. 0/27	172. 16. 4. 254	化工学院 VLAN
VLAN 50	xinxi	172. 16. 5. 0/24	172. 16. 5. 254	信息学院 VLAN
VLAN 60	yishu	172. 16. 6. 0/24	172. 16. 6. 254	艺术学院 VLAN
VLAN 70	fuzhuang	172. 16. 7. 0/24	172. 16. 7. 254	服装学院 VLAN
VLAN 80	bangong	172. 16. 8. 0/24	172. 16. 8. 254	机关办公 VLAN

除表中的编址方案外,拨号用户可以从 172.16.100.0/24 中动态取得 IP 地址。

为简化起见,表 1-1 只规划了 9 个虚拟局域网,同时为每个 VLAN 定义了一个由拼音缩写组成的 VLAN 名称。

1.4.2.2 配置接入层交换机

接入层交换机为终端用户提供接入服务。对接入层交换机端口基本参数的配置包括以下各项。

(1)根据实际业务需求合理划分 VLAN。伴随着局域网的发展,用户越来越迫切地需要解决安全隔离和广播报文泛滥的问题。以 802.1Q 标准为基础的 VLAN 技术正是为了解决这一问题而产生的。

VLAN 除了能将网络划分为多个广播域,从而有效地控制广播风暴的发生,使网络的拓扑结构变得非常灵活外,还可以用于控制网络中不同部门、不同站点之间的访问。

(2)端口双工配置。以太网端口可以工作在全双工或者半双工状态下,通过接口视图下 duplex 命令,可以对以太网端口的双工状态进行设置。在缺省情况下,以太网端口的双工状态为自协商(auto)状态,即自动与对端协商是工作在全双工状态还是半双工状态;在实际组网中与对端交换机对接时,一般强制对方的端口都工作在全双工状态。

(3)端口速率配置。锐捷系列交换机的 24 个 100BASE-T/1 000BASE-TX 端口可以支持 100Mbit/s 和 1 000Mbit/s 两种速率。在缺省情况下,以太网端口的速率为 auto,即在实际组网时通过与所连接的对端自动协商确定本端的速率。

(4)端口类型配置。对于一台支持 802.1Q 标准的交换机来说,在端口上传送的数据帧需要区别对待,根据所传送数据的不同可以将链路分为 Trunk(干道)链路、Access(接入)链路、Hybrid(混杂)链路三种模式。

①Trunk 链路是用于连接支持 VLAN 技术的网络设备的端口,如交换机与交换机之间的连接。Trunk 端口接收到的数据帧一般都包含 VLAN 标签,在向外发送数据时,必须保证接收端能够区分不同的 VLAN 数据帧,所以每个数据帧都加入了一个 Tag 标识,只有当 Trunk 端口 VLAN ID 和数据帧的 VLAN ID 相同时才不会加入 Tag 标识。

②Access 链路用于连接交换机与终端设备。该链路只能传送某一特定的 VLAN 数据帧,并禁止携带 Tag 标识的数据帧通过。

③Hybrid 链路用于某些特殊情况,既可以用于交换机与交换机之间的连接,也可以用于交换机与终端之间的连接。

在实际应用中,需要注意区分各种链路的使用条件,从而避免由于链路类型错误而导致的网络不通。

为了提供网络主干道的吞吐量,可以采用链路捆绑(快速以太网信道)技术增加可用带宽。例如,可以将接入层交换机的多个连续端口捆绑在一起实现快速以太网信道。

1.4.2.3 配置汇聚层交换机

汇聚层除了可以将接入层交换机进行汇集外,还可以为整个交换网络提供 VLAN 间路由选择的功能。这里的汇聚层交换机采用的是锐捷 5500 系列交换机。作为汇聚层交换机,应提供更多的电口、光口等网络接口,并配有合适的背板带宽。对汇聚层交换机的基本参数配置方法与对接入层交换机基本参数的配置类似。

(1)群集技术。当网络中交换机数量很多时,需要分别在每台交换机上创建很多重复的 VLAN,不仅工作量很大、过程繁琐,而且容易出错。对此经常采用群集技术解决这个问题。

级联技术可以实现多台交换机之间的互联;堆叠技术可以将多台交换机组成一个单元,

从而得到更大的端口密度和更高的性能;群集技术可以将相互连接(级联或堆叠)的多台交换机作为一台逻辑设备进行管理,从而大大降低网络管理成本,简化管理操作。

群集中,一般只有一台起管理作用的交换机,称其为命令交换机,它可以管理若干台其他交换机。在网络中,这些交换机只需要占用一个 IP 地址(仅命令交换机需要),节约了宝贵的 IP 地址资源。在命令交换机统一管理下,群集中多台交换机协同工作,大大降低了管理强度。例如,管理员只需要通过命令交换机就可以对群集中所有交换机进行版本升级。

(2)汇聚层交换机功能配置。汇聚层交换机需要为网络中的各个 VLAN 提供路由功能。除选用三层交换机作为汇聚层交换机外,还需要定义通往 Internet 的路由。

1.4.2.4 配置核心层交换机

核心层将各汇聚层交换机互联进行穿越园区网骨干的高速数据交换。

本书中的核心层交换机采用的是 H3C S7502E 交换机。该产品基于 Comware V5 操作系统,主要基于 Web 界面进行管理。

对核心层交换机基本参数的配置步骤与对接入层交换机基本参数的配置类似。

核心层交换机通过端口同接入到 Internet 的路由器相连,因此需要启用核心层交换机的路由功能。同时,还需要定义通往 Internet 的路由。如何配置路由协议呢?本书将在第 8 章中详细论述。

1.4.3 广域网接入部分

在本书中,接入广域网的功能是由路由器完成的。除了完成主要的路由任务外,利用访问控制列表(access control list,ACL)和 QoS 技术,广域网接入路由器还可以完成以自身为中心的流量控制和过滤功能,并实现一定的安全功能。

1.4.3.1 配置接入路由器的基本参数

对接入路由器各接口参数的配置主要是对局域网接口以及广域网接口的 IP 地址、子网掩码的配置。

对接入路由器基本参数的配置步骤详见本书第 7 章(局域网络互联)。

1.4.3.2 配置接入路由器

接入路由器需要考虑两个问题。

(1)采用何种接入技术接入到广域网? 广域网连接可以采用不同类型的封装协议,如 HDLC、PPP、帧中继等。其中,PPP 除了提供身份认证功能外,还可以提供很多可选项配置,包括多链路捆绑、回叫等,因此更具优势,是本书所采用的广域网协议。

(2)定义几个方向上的路由? 一般来讲,应定义两个方向上的路由,即定义到园区网内部的静态路由以及定义到 Internet 上的缺省路由。

1.4.3.3 配置接入路由器上的 NAT

由于目前 IP 地址资源非常稀缺,不可能为园区网内部的所有工作站都分配一个公有 IP (Internet 可路由的)地址。为了满足所有工作站访问 Internet 的需要,必须使用 NAT(网络地址转换)技术。

为了接入 Internet,本园区网向当地 ISP 申请了 8 个 IP 地址。其中一个 IP 地址(202.97.38.57)

分配给了 Internet 接入路由器的串行接口,另外三个 IP 地址(202.206.22.1~202.206.22.3)用作 NAT。

1.4.4 访问控制部分

1.4.4.1 配置接入路由器上的 ACL

路由器是外网进入园区网内网的第一道关卡,是网络防御的前沿阵地。路由器上的访问控制列表(access control list,ACL)是保护内网安全的有效手段。一个设计良好的访问控制列表不仅可以起到控制网络流量和流向的作用,还可以在不增加网络系统软件和硬件投资的情况下完成一般软件和硬件防火墙产品的功能。由于路由器介于企业内网和外网之间,是内网与外网进行通信的第一道屏障,所以即使在网络系统中安装了防火墙产品,仍然有必要对路由器的访问控制列表进行缜密的设计,从而对企业内网实施保护。

本书后续章节将针对服务器以及内网工作站的安全,给出广域网接入路由器上 ACL 的配置方案。

1.4.4.2 配置接入路由器上的 QoS

传统网络所面临的服务质量问题,主要是由网络拥塞引起的。

虽然增加网络带宽是解决资源不足的一条直接的途径,但是它并不能解决所有网络拥塞的问题。解决网络拥塞问题的一个更有效的办法是在网络中增加流量控制和资源分配的功能,为有不同服务需求的业务提供有区别的服务,正确地分配和使用资源。在进行资源分配和流量控制的过程中,尽可能有效地控制那些可能引发网络拥塞的直接或间接因素,降低拥塞发生的概率;在拥塞发生时,依据业务的性质及其需求特性权衡资源的分配,将拥塞对 QoS 的影响降到最低。

1.4.5 网络安全部分

1.4.5.1 防火墙技术

防火墙是园区网信息安全保障的核心点,是园区网中最基本的信息服务系统的安全屏障,园区网一旦被非法闯入,就会产生内容被窃取、泄密、篡改、损坏等巨大风险,属于安全等级中最严重的事件。通过部署防火墙,能够将信息系统集中隔离到一个逻辑安全区中,在防火墙集中控制点设定严格的访问控制权限,实施严格的数据流监控。

防火墙的安全性源于其强大的访问控制功能,可做到基于 IP、协议、用户的访问控制,灵活地对服务对象、操纵权限、服务范围进行控制。

同时,防火墙也对各具体的服务系统从底层操作系统到应用系统做出针对性的安全优化,如停用无关服务、启用系统审计、精简定制系统等。

对安全性有特殊要求的服务系统,在防火墙和服务系统上也做了较为详细的日志记录,为安全事件的事后取证工作提供依据。当然,取证是多因素的综合,也包括其他手段,如 IDS、IPS 等手段的补充。

1.4.5.2 VPN 技术

虚拟私有网(virtual private network,VPN)是近年来随着 Internet 的发展而迅速发展起来的一种技术。虚拟专用网不是真正的专用网络,但却能够实现专用网络的功能。虚拟专用网指的是依靠 ISP(服务提供商)在公用网络中建立私人专用的数据通信网络。用于构建 VPN 的公共网络包括 Internet、帧中继、ATM 等。IETF 草案将基于 IP 的 VPN 理解为"使用 IP 机制仿真出一个私有的广域网",是通过私有的隧道技术在公共数据网络上仿真一条点到点的专线的技术。

VPN 可以在远端用户、驻外机构、合作伙伴、供应商与公司总部之间建立可靠的安全连接,保证数据传输的安全性。这一优势对于实现电子商务或金融网络同通信网络的融合将有特别重要的意义。若有需求,只需通过软件配置就可以增加、删除 VPN 用户,无须改动硬件设施。这使得 VPN 的应用具有很大的灵活性,支持驻外 VPN 用户在任何时间、任何地点的移动接入,将满足不断增长的移动业务需求。构建具有服务质量保证的 VPN(如 MPLS VPN),可为 VPN 用户提供不同等级的服务质量保证。

由于 VPN 是在 Internet 上临时建立的安全专用虚拟网络,用户在连接远地办事机构、出差人员和业务伙伴时就节省了租用专线的费用,在运行的资金支出上,除了购买 VPN 设备外,企业所付出的仅仅是向企业所在地的 ISP 支付的一定的上网费用,这也节省了长途话费。

本书中,将针对校本部和新校区,以及在外网登录学校办公网的用户给出 VPN 的配置方案。

1.4.6 服务器群

服务器用来对园区网的接入用户提供各种服务。在本书方案中,所有的服务器被集中到 VLAN 40,使其构成服务器群并通过核心层交换机的端口接入园区网。

园区网提供的常见的服务(服务器)有以下各项。

(1)Web 服务器:提供 Web 网站服务。

(2)DNS、目录服务器:提供域名解析以及目录服务。

(3)FTP、文件服务器:提供文件传输、共享服务。

(4)邮件服务器:提供邮件收发服务。

(5)数据库服务器:提供各种数据库服务。

(6)打印服务器:提供打印机共享服务。

(7)实时通信服务器:提供实时通信服务。

(8)流媒体服务器:提供各种流媒体播放、点播服务。

(9)网管服务器:对园区网络设备进行综合管理。

1.5 园区网络建设实施步骤

网络工程的实施过程包括用户调查与分析、网络系统设计(初步设计和详细设计)、用户和应用系统设计,以及系统测试和试运行。

1.5.1 用户调查与分析

对用户的调查与分析是正式进行系统设计之前必须做的工作。为用户设计网络系统,需要充分了解用户对网络系统的要求和期望,然后,通过了解到的情况确定网络系统设计的方向和设计方法。设计人员应做好以下工作。

1.5.1.1 一般状况调查

在设计具体的网络系统之前,设计人员先要比较确切地了解用户当前和未来 5 年内的网络规模和发展预测,还要分析用户当前的设备、人员、资金投入、站点分布、地理分布、业务特点、数据流量和流向,以及现有软件和通信线路使用情况等。运用这些信息,设计者要确定新的网络系统所应具备的基本配置需求。

1.5.1.2 性能和功能需求调查

设计者要了解用户对新的网络系统的功能、接入速率、所需存储容量(包括服务器和工作站)、响应时间、扩充性、安全性等方面的期望,以及行业特定应用需求等。这些内容都非常关键,一定要仔细询问,并做好记录。

1.5.1.3 应用和安全需求调查

应用和安全需求在用户调查中非常重要。其中,应用需求决定了所设计的网络系统是否能够满足用户的应用需求;在当今网络安全威胁日益增加、安全隐患日益增多的环境中,安全需求方面的调查显得格外重要。一个安全没有保障的网络系统,无论拥有多好的性能、多完善的功能、多强大的应用系统都没有任何意义。

1.5.1.4 成本/效益评估

设计者要根据用户的需求和现状分析,对设计新的网络系统所需要投入的人力、财力、物力,以及可能产生的经济、社会效益进行综合评估。这项工作是向用户提出系统设计报价和让用户接受设计方案的最有效的参考依据。

1.5.1.5 书写需求分析报告

在详细了解用户需求,并进行现状分析和成本/效益评估后,设计者要以报告的形式向用户和项目经理人做出说明,以此作为系统设计的基础与前提。

1.5.2 网络系统初步设计

在全面、详细地了解用户需求,并进行用户现状分析和成本/效益评估后,在用户和项目经理人认可的前提下,就可以正式进行网络系统设计了。设计人员首先需给出一个初步的设计方案,方案主要包括以下方面的内容。

1.5.2.1 确定网络的规模和应用范围

确定网络覆盖范围(这主要是根据终端用户的地理位置分布而定的)、定义网络应用的边界(着重强调的是用户的特定行业应用和关键应用,如 MIS 管理信息系统、数据库系统、广域网连接、企业网站系统、邮件服务器系统、VPN 连接等)。

1.5.2.2 统一建网模式

根据用户网络规模和终端用户地理位置分布确定网络的总体架构,比如是集中式还是分布式,是采用客户机/服务器模式还是采用对等模式等。

1.5.2.3 确定初步的设计方案

将网络系统的初步设计方案用文档记录下来,并提交给用户和项目经理人,审核通过后方可进行网络系统的详细设计。

1.5.3 网络系统详细设计

1.5.3.1 网络协议与体系结构的确定

（1）网络协议。不同的计算机及设备之间的通信通过协议来实现,网络协议就是为网络数据交换而制定的规则、约定和标准。

一份网络协议至少包括三要素。

①语法:用来规定信息格式,规定通信双方"如何讲"。

②语义:用来说明通信双方应当如何做,确定通信双方"讲什么"。

③时序:详细说明事件的先后顺序以及速度的匹配和排序。

网络层协议包括 IP(internet protocol)协议、ICMP(internet control message protocol)协议、ARP(address resolution protocol)协议、RARP(reverse arp)协议、IGMP(internet group management protocol)协议等。

传输层协议主要有 TCP 协议、UDP 协议。

应用层协议主要有 DHCP、FTP、Telnet、SMTP、HTTP、DNS 等。

（2）网络体系结构。根据应用需求,确定用户端系统应该采用的体系机构及网络拓扑结构类型。本书采用 TCP/IP 网络体系结构。TCP/IP 参考模型较 OSI 参考模型简化了层次设计,分为物理层、数据链路层、网络层、传输层、应用层。TCP/IP 协议栈与 OSI 参考模型有清晰的对应关系,如图 1-3 所示。

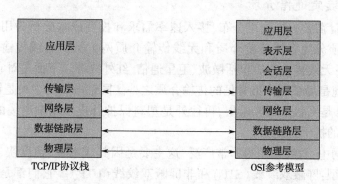

图 1-3　TCP/IP 协议栈与 OSI 参考模型的对应关系

可选择的网络拓扑通常包括总线型、星型、树型、环型、网状型拓扑结构等。

网络拓扑结构是指用传输介质互连各种设备的物理布局,是将网络中的计算机等设备连接起来的方式。拓扑图给出网络服务器、工作站的网络配置和相互间的连接。

①总线型拓扑结构。总线型拓扑结构是使用同一传输介质连接所有节点的一种方式,各工作站地位平等,无中心节点控制。总线型拓扑结构的优点是结构简单、成本低、安装使用方便,消耗线缆长度最短、最经济,并便于维护;缺点是主干线路一旦出现故障,会导致整个网络瘫痪,即存在单点故障。另外,总线型拓扑结构共享总线带宽,当网络负载过重时性能会下降。星型拓扑结构可以克服这些弊端。

②星型拓扑结构。星型拓扑结构是指以中央节点(如交换机或集线器)为中心,各工作站以星型方式连接成网,通过中央节点对各设备间的通信和信息交换进行集中控制和管理的一种拓扑结构。这种结构要求中心系统具有极强的可靠性,因为中心系统一旦损坏,整个系统便趋于瘫痪。星型拓扑结构的特点是系统可靠性高、不存在单点故障,扩充设备容易,且易于维护管理。

③树型拓扑结构。树型拓扑结构是分级的集中控制式网络,与星型拓扑结构相比,它的通信线路总长度短,成本较低,节点易于扩充,寻找路径比较方便。但是,除了叶节点及其相连的线路外,任一节点或其相连的线路故障都会使系统受到影响。

④环型拓扑结构。环型拓扑结构是将各节点通过一条首尾相连的通信线路连接起来的一个封闭的环型结构网。环型网络可以是单向的,也可以是双向的。每台设备和它的一个或者两个相邻节点直接通信。环型拓扑结构的特点是结构简单,系统中各工作站地位相同,建网容易,能实现数据传送的实时控制,网络性能可预知;缺点是一个节点向另一节点转发数据时,它们之间所有节点均参与传输,任何一个节点发生故障,都将导致环型中的所有节点无法正常通信。因此,在实际应用中一般采用多环结构。

⑤网状型拓扑结构。在网状型拓扑结构中,网络的每台设备之间均有点到点的链路连接。这种连接不经济,只有每个站点都要频繁发送信息时才使用这种方法。它的安装很复杂,但系统可靠性强,容错能力强。虽然网状拓扑结构具有较强的可靠性,但费用高、结构复杂、不易管理和维护,在实际应用中,部分节点通过网状结构相连,其他节点则采用另外的拓扑结构。

网状型拓扑结构适用于地域范围广、入网主机多(机型多)的环境,常用于构造广域网。

1.5.3.2 选定通信介质

网络系统设计需要根据网络分布、接入速率需求和投资成本分析为用户选定合适的传输介质。传输介质分为有线传输介质和无线传输介质两大类。有线传输介质包括同轴电缆、双绞线、光纤;无线传输介质包括微波、卫星通信、红外线等。下面是对它们的简要介绍。

(1)同轴电缆是局域网中最常见的传输介质之一。同轴电缆的中央是铜芯,铜芯外包着绝缘层,绝缘层外是网状金属屏蔽层,再往外是塑料保护外皮。同轴电缆的这种结构,使其对外界具有很强的抗干扰能力。

(2)在局域网中,双绞线用得非常广泛,这主要是因其成本低、速度快、可靠性高。双绞线有两种基本类型:屏蔽双绞线(STP)和非屏蔽双绞线(UTP)。它们都是由两根绞在一起的导线形成的传输电路。线对上的差分信号具有共模抑制干扰的作用,所以两根导线绞在一起主要是为了防止干扰。

(3)光纤可以传播光束。在网络应用要求较高,需要可靠、高速地长距离传送数据的情况下,光纤是一个理想的选择。按光在光纤中的传输模式可分为单模光纤和多模光纤。光缆(fiber optical cable)是由许多细小而柔韧的光导纤维外加绝缘护套组成的。与其他通信介质比较,光缆的电磁绝缘性能好,信号衰变小,频带较宽,传输距离较大。在进行数据通信时,电磁信号首先被光发送机转换成光信号,以光束的形式在光导纤维内传输,到达目的端后由光接收机接收,然后被还原成电磁信号。光缆防磁防电、通信可靠,适用于高速网络和骨干网。

(4)微波通信把微波信号作为载波信号,运用被传输的模拟信号或数字信号进行调制。

微波沿直线传输,由于受障碍物的影响大,所以,微波的收发器必须安装在建筑物的外面,最好是放置于建筑物顶部。微波通信的优点是调制技术成熟,通信容量大,传输频率宽,受外界干扰小,初建成本低;缺点是保密性差,误码率高。

(5)卫星通信是一种特殊的微波中继系统。为了增加微波的传输距离,可提高微波收发器或中继站的高度,当将微波中继站放在人造卫星上时,便形成了卫星通信系统。卫星通信的优点是覆盖面积大,可靠性高,信道容量大,传输距离远,传输成本不随距离的增加而增大,主要适用于远距离广域网络的传输;缺点是成本高,传播延迟时间长,受气候影响大,保密性较差。

(6)红外系统采用光发射二极管(LED)、激光二极管(ILD)进行站与站之间的数据交换。红外设备发出的光非常纯净,一般只包含电磁波或小范围电磁频谱中的光子,传输信号可以直接或经过墙面、天花板反射后被接收装置收到。红外信号没有能力穿透墙壁或类似的物体,每一次反射都要衰减一半左右,同时,红外线也容易被强光源给盖住。红外波的高频特性可以支持高速度的数据传输,一般分为点到点与广播式两类发射方式。红外信号传输是一种廉价、近距离、低功耗、保密性强的通信方式。

1.5.3.3 综合布线设计

综合布线系统是用于语音、数据、图像和其他信息技术的标准结构化布线系统。综合布线系统是建筑物或建筑群内的传输网络,它使语音和数据通信设备、交换设备及其他信息管理系统彼此相连。

综合布线系统采用结构模块化,是星型拓扑结构,它是具有开放性的布线系统。该系统一般包括以下六个独立的模块。

(1)工作区子系统,由终端设备到信息插座的连接(软线)组成。

(2)水平区子系统,将电缆从楼层配线架连接到各用户工作区上的信息插座上,一般处在同一楼层。

(3)垂直干线子系统,将主配与各楼层配线架系统连接起来。

(4)管理子系统,将垂直干缆线与各楼层水平布线子系统连接起来。

(5)设备间子系统,将各种公共设备(如计算机主机、数字程控交换机、各种控制系统、网络互联设备)等与主配线架连接起来。

(6)建筑群子系统,将一个建筑物的电缆延伸到建筑群的另外一些建筑物中的通信设备和装置上,支持提供楼群之间通信所需的硬件。该子系统由电缆、光缆和入楼处的过流过压电气保护设备等相关硬件组成,常用介质是光缆。

设计一个合理的综合布线系统一般有以下七个步骤。

第一,分析用户需求。

第二,获取建筑物平面图。

第三,进行系统结构设计,生成物理拓扑技术文档。

第四,进行布线路由设计,生成逻辑拓扑、插座和电缆索引表、设备 MAC 地址和 IP 地址索引表等文档。

第五,进行可行性论证。

第六,绘制综合布线施工图,生成插座标号,布设电缆标号等技术文档。

第七,编制综合布线用料清单。

星型拓扑结构布线方式,可以使任一子系统单独布线,每个子系统均为一个独立的单元组,更改其中一个,不会影响其他子系统。

1.5.3.4 网络设备的选型和配置

主要网络设备总的连接方法是:交换机—防火墙—路由器。内部网络核心交换机与网络防火墙的内部网络专用端口连接,防火墙的外部网络专用端口与边界路由器的局域网(LAN)端口连接,最终通过路由器的广域网端口与其他网络(包括外部专用网和广域网,如Internet 等)连接。设计人员需要根据用户需求和网络系统设计的方案,选择性价比最高的网络设备,并以适当的连接方式形成有效的组合。

网络中主要节点设备的档次和应该具备的功能,需要根据用户网络规模、网络应用需求和相应设备所在的网络位置来确定。局域网中核心层设备性能最高,汇聚层的设备性能次之,接入层的设备性能要求最低。广域网中,用户主要考虑的是接入方式的选择。所选择的网络设备应该是高技术性能和高可靠性的主流产品,能够适应今后不断升级和扩展的需求,具有良好的安全性、开放性、可扩充性和可维护性。

(1)核心层交换机。核心层交换机采用的是 H3C S7502E 交换机,具备三层交换功能,可以在主干网上实现虚拟局域网 VLAN、Trunk 链路、流量控制、组播以及防火墙等多种功能,大大提高了园区网的性能。

(2)汇聚层交换机。汇聚层交换机分布在各楼层设备间内,承担着各分支局域网络信息的传输工作。汇聚层交换机均采用 3Com 公司推出的 H3C S3528 交换机,因其具备三层交换功能,可堆叠,便于对 VLAN 及接入层交换机的管理。

(3)广域网络设备。接入广域网的设备采用的是 H3C 的 MSR 50-40 路由器。它通过自己的串行接口 Serial 0/0 使用 PPP 技术接入 Internet。它的作用主要是在 Internet 和园区网间路由数据包。

本书后续章节将对网络设备的选型和配置进行详细介绍。

1.5.3.5 确定网络操作系统

一个网络系统中,安装在服务器中的操作系统决定了整个网络系统的主要应用和管理模式,也基本上决定了终端用户所能采用的操作系统和应用软件系统。目前,服务器操作系统主要有三大类:第一类是 Windows,其代表产品是 Windows Server 2003;第二类是 UNIX,其代表产品包括 HP-UX、IBM AIX 等;第三类是 Linux,由于其开放性和高性价比等特点,近年来深受用户喜爱。设计中采用的网络操作系统主要有微软公司的 Windows Server 2003 系统和 Red Hat Enterprise Linux 4.0,其中,Windows Server 2003 是目前应用最广泛、最易掌握的操作系统。

1.5.3.6 网络安全系统设计

建设功能强大和安全可靠的网络化信息管理系统是企业实现现代化管理的必要手段。网络安全体系的核心目标是实现对网络系统和应用操作过程的有效控制和管理。

网络层安全系统通过防火墙系统(带 VPN 功能)实现访问控制、网络信息检查、通信加密、非法入侵检测和拦截、异常情况报警和审计等多项功能目标。设计者要根据用户的需求确定网络设备选型并进行合理设计。

1.5.3.7 确定详细方案

最后一步是确定网络总体及各部分的详细设计方案,并形成正式文档提交用户和项目经理审核,以便及时发现问题、解决问题,从而不断完善设计方案。

1.5.4 用户和应用系统设计

前述三个步骤是设计网络架构的,接下来要进行具体的用户和应用系统设计,其中包括用户计算机系统设计和数据库系统、MIS 管理系统选择等。具体设计包括以下各项。

1.5.4.1 应用系统设计

设计者要分模块地设计出满足用户应用需求的各种应用系统的框架,以及对网络系统的要求,特别是一些行业的特定应用和关键应用。

1.5.4.2 计算机系统设计

设计者要根据用户业务特点、应用需求和数据流量,对整个系统的服务器、工作站、终端以及打印机等外部设备进行配置和设计。

1.5.4.3 系统软件的选择

设计者要为计算机系统选择适当的数据库系统、MIS 管理系统及开发平台。

1.5.4.4 机房环境设计

设计者要确定用户端系统的服务器所在机房和一般工作站机房环境,包括机房温度、湿度、通风等要求。

1.5.4.5 确定系统集成详细方案

设计者要将整个系统涉及的各个部分加以集成,并最终形成系统集成的正式文档。

1.5.5 系统测试和试运行

当园区网初具规模后,还应该对园区网的整体运行情况进行测试并做出评估。主要的测试内容如下。

(1)对管理 IP 地址进行测试。

(2)对相同 VLAN 内的通信进行测试。

(3)对不同 VLAN 内的通信进行测试。

(4)对冗余链路的工作状态进行测试。

(5)对广域网接入路由器上的 NAT 进行测试。

(6)对广域网接入路由器上的 ACL 进行测试。

(7)对远程访问服务进行测试。

(8)对各种服务器提供的服务进行测试。

有关测试步骤,将在本书后面各章节的内容中有所体现。

需要说明的是,一个完整的园区网网络系统设计不仅是设备系统的设计,还应该有计费系统、防火墙系统、入侵检测系统等组成部分的设计。

对网络各组成部分性能测试一般通过专门的测试工具进行,主要测试网络的接入性能、响应时间,以及关键应用系统的并发用户支持和稳定性等方面。试运行要对网络系统的基本性能特别是对一些关键应用系统进行评估。试运行的时间一般不少于一周。小范围试运行成功后即可全面试运行,全面试运行时间不得少于一个月。

在试运行过程中出现的问题应及时给予解决,直到用户满意为止。当然,这需对用户的投资和实际应用需求等因素进行综合考虑。

1.6 实验实训——校园网拓扑结构绘制实训

1.6.1 实训目的

理解网络工程的相关概念,掌握使用 Visio 绘制网络拓扑图的方法。

1.6.2 实训内容

使用 Visio 绘制网络拓扑图。

1.6.3 实训要求

熟悉网络中的设备及其简单应用,掌握使用 Visio 绘制网络拓扑图的方法。

1.6.4 实训步骤

第一步,运行 Visio 2016 软件,在打开的如图 1-4 所示窗口左边"类别"列表中选择"网络"选项,然后在窗口右边中选择一个对应的选项,或者在 Visio 2003 主界面中执行"新建"—"网络"菜单下某项菜单项操作,都可打开如图 1-5 所示的界面(在此仅以选择"详细网络图"选项为例)。

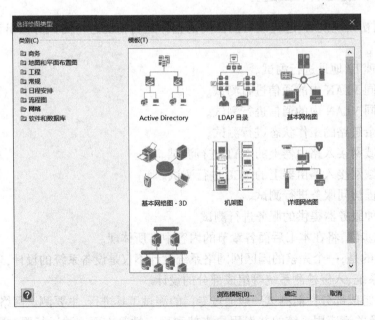

图 1-4 绘图类别选择

图 1-5 选择绘制详细网络图

第二步,在左边图元列表中选择"网络和外设"选项,在其中的图元列表中选择"交换机"选项(因为交换机通常是网络的中心,首先确定好交换机的位置),按住鼠标左键,将交换机图元拖到右边窗口中的相应位置,然后松开鼠标左键,得到一个交换机图元,如图 1-6 所示。还可以在按住鼠标左键的同时拖动四周的绿色方格来调整图元大小,通过按住鼠标左键的同时旋转图元顶部的小圆圈,以改变图元的摆放方向,再把鼠标放在图元上,当出现 4 个方向箭头时按住鼠标左键即可调整图元的位置。图 1-6 是调整后的一个交换机图元。通过双击图元可以查看它的放大图示。

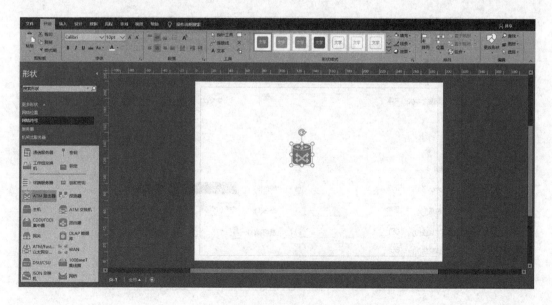

图 1-6 绘制图元

第三步，为交换机标注型号时，可单击工具栏中的文本按钮，即可在图元下方显示一个小的文本框，此时可以输入交换机型号，或其他标注，具体如图1-7所示。输入完后在空白处按下鼠标左键即可完成输入，图元恢复到调整后的大小。

图1-7　为图元标注文本

标注文本的字体、字号和格式等都可以通过工具栏中的 宋体 8pt B I U 选项进行调整，如果要使调整适用于所有标注，则可在图元上单击右键，在弹出菜单中选择"格式"下的"文本"菜单项，打开如图1-8所示的对话框，在此可以进行具体的设置。标注的输入文本框位置也可通过按住鼠标左键移动完成。

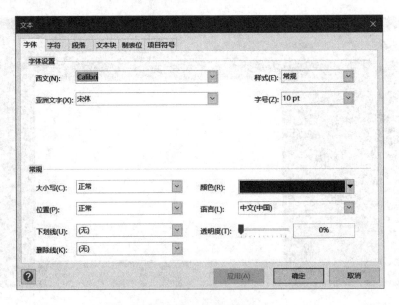

图1-8　文本格式设置

第四步,服务器的添加方法与交换机一样,即以同样的方法添加一台服务器,并把它与交换机连接起来。在此只介绍交换机与服务器的连接方法。在 Visio 2016 中介绍的连接方法很复杂,其实,只需使用工具栏中的"⟍⟋"连接线工具进行连接即可。在选择了该工具后,点击要连接的两个图元之一,此时会有一个红色的方框,移动鼠标选择相应的位置,当出现红色星状点时按住鼠标左键,将连接线拖到另一图元。注意此时如果出现一个大的红方框则表示不宜选择此连接点,只有当出现小的红色星状点时才可松开鼠标,使其连接成功。图1-9 所示就是交换机与一台服务器的连接。

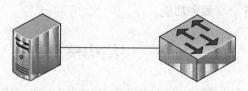

图 1-9　绘制图元连接线

第五步,最后,将其他网络设备图元——添加并与网络中的相应设备图元连接起来,当然,这些设备图元可能会在左边窗口中不同类别选项的窗格下面。如果左边已显示的类别中没有出现,则可通过单击工具栏中形状选择按钮,打开一个类别选择列表,从中可以添加其他类别显示在左边窗口中。图 1-1 就是一个通过 Visio 2016 绘制的网络拓扑结构示意图。

1
园区网络工程项目概述

2 校园网络层次结构

设计者在了解了用户对网络系统的要求后,应对网络工程进行分析和设计,即根据网络系统需求和组网策略进行网络规划,具体包括确定网络体系结构、网络拓扑结构、网络操作系统、网络硬件,以及使用的网络技术等。本章通过对这些内容的阐述,使读者理解和掌握网络总体规划与设计的各个步骤和功能。

2.1 网络三层结构模型概述

在网络通信中,可以通过分层的方法完成数据在网络中的传输。通过分层的方法,可以降低问题的复杂程度。现在的互联网是一个结构比较复杂的巨型网络,它包含了许多小的网络,要理解或分析这样一个巨型网络是不容易的。网络中集合了大量的主机、路由器、交换机及其他各种各样的网络设备。思科(Cisco)提出了一个从逻辑角度来看待、理解网络结构的方法或理论,其把整个网络分成了三层结构:核心层、汇聚层、接入层。

采用三层结构的分类方法并不与采用 OSI/RM 分层结构的分类方法相矛盾,它们只是看待问题的角度不同而已。OSI/RM 分层结构分类方法重点关注的是一个数据段是如何在网络上处理并且传输的;而三层结构分类方法关注的是整个网络的工作方式,从实际的网络应用角度来研究网络。三层结构分类方法对于设计者绘制拓扑结构,以及构建网络、进行不同层次的设备选型具有指导意义。图 2-1、图 2-2 是一个网络三层结构的划分示意图和设备使用示意图。

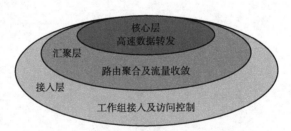

图 2-1 网络三层结构的划分示意图

2.1.1 接入层

接入层(access layer)主要控制用户和工作组对互联网络资源的访问,有时也被称为桌面层。

接入层提供从桌面连接到网络的各种方案及相应的技术规范。对于直接接入互联网的个人用户而言,目前常用的接入层技术主要包括 xSDL、ISDN 等技术;而对于企业网而言,大多采用的是局域网接入方式,即将个人的计算机接入交换设备(交换机)中,通过这种接入方式访问互联网的交换设备就称为接入层,具体如图 2-3 所示。

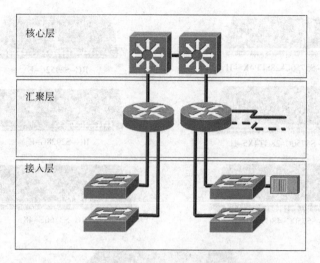

图 2-2 网络三层结构的设备使用示意图

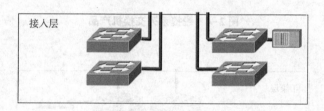

图 2-3 接入层

同其他厂商一样,锐捷也提供了接入层的交换机,如 SMB 交换机(RG-S2928G、RG-S2910、RG-S2952G 等)、智能二层/三层交换机(RG-S5750C、RG-NBS5710、RG-S5510 系列等)。在企业网络和园区网络中,接入层 S2928G 交换机通过千兆上行到汇聚层交换机,进而通过千兆捆绑或万兆上联到园区骨干网络,构成万兆骨干、千兆汇聚、百兆到桌面的解决方案,从而满足用户高带宽、多业务的需求。图 2-4 为锐捷系列交换机产品。

接入层的交换机产品主要能提供较多的端口,具有快速或千兆上行、可堆叠等功能。部分交换机还增加了其他特性,如智能型可网管、完备的安全和 QoS 控制策略等。此类产品不仅可以满足企业用户多业务融合及高安全、可扩展、易管理的建网需求,还可以作为企业、小区的宽带接入交换机,以及其他中小企业、分支机构的汇聚交换机。

2.1.2 汇聚层

汇聚层(distribution layer)有时又被称为分布层、工作组层,它处于接入层与核心层之间,起到承上启下的作用,如图 2-5 所示。

汇聚层主要完成下面的任务。

第一,汇聚层为来自接入层的数据提供路由功能,通过一定的路由算法选择一个比较好的通信链路将数据传送出去。在网络的实际运行过程中,在两个通信对象之间可能同时存

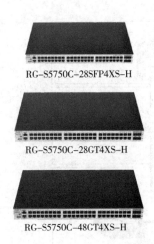

RG-S5750C-28SFP4XS-H

RG-S5750C-28GT4XS-H

RG-S5750C-48GT4XS-H

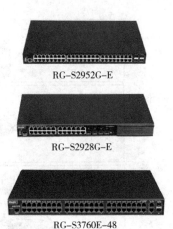

RG-S2952G-E

RG-S2928G-E

RG-S3760E-48

RG-S1850G

图 2-4　锐捷系列交换机产品

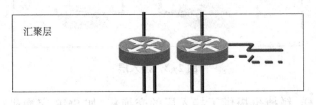

图 2-5　汇聚层

在多条通信链路,并且这些通信链路的状态是变化的。汇聚层必须根据实际情况来决定在某一个时刻,发往某个主机的数据分组将被路由到哪条通信链路上去。

第二,汇聚层还必须能够处理一些非正常的数据分组。对于一些数据分组根据规则不应该继续转发出去,那么汇聚层将会丢弃这些分组。这就是说,汇聚层具有一定的过滤功能:应该转发的数据分组按正常步骤进行转发;应该丢弃的分组就直接丢弃,不再继续转发,从而保证网络的带宽不被浪费。

第三,汇聚层还应该提供 WAN 接入功能。由于汇聚层会将处理的数据分组交给核心层进行传输,如果汇聚层的处理速度太慢,那么整个网络的工作速度也会大受影响,所以要求分配方式以最快的速度进行处理,对各种网络请求能够快速响应,从而最大限度地利用网络带宽资源。

锐捷网络的 RG-S5750C、RG-DS5730、RG-S2928G、RG-S2528G 等系统的全千兆智能交换机、RG-RSR30 系列开放多核路由器等产品,完全可以作为大型企业网络和园区网络的汇聚层选用的设备。图 2-6 是锐捷的 RG-RSR7716 路由器与 RG-S5750C 交换机汇聚层设备。

图 2-6 锐捷的 RG-RSR7716 路由器与 RG-S5750C 交换机汇聚层设备

此类设备以高带宽、高密度、多业务为基础,特别适合作为需要高带宽、高性能和高扩展性的中小企业网络的核心层、大型企业网络和园区网络的汇聚层,以及数据中心的服务器接入设备。

2.1.3 核心层

核心层(core layer),顾名思义,它是一个网络的核心部分。一个网络的中心工作就是能够进行数据的传送,因此核心层的主要任务就是确保网络可以高速、可靠地进行数据传输。核心层位于网络三层结构的最高层,其下面的汇聚层要为它完成这个功能提供服务,具体如图 2-7 所示。这一点与 OSI/RM 七层结构相同,均是下层结构要为上层结构提供服务。

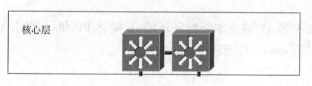

核心层

图 2-7 核心层

核心层在设计上要尽可能保证提供高效、高速的数据传输,其不必关心所传送数据的类型、内容等。由于核心层要为众多的用户提供服务,所以应尽可能保证核心层稳定、高效地进行工作,当遇到可能发生的各种问题时,须做到高效、稳定、可靠。

核心层在现实的互联网络中就是骨干网,只负责数据的传输,很少处理其他问题,其能够提供高速的数据传输服务。因此,在此层不能影响通信流量的大小,例如,不使用访问列表,不在 VLAN 之间进行路由选择,不进行包过滤。

锐捷公司可提供的核心层设备有路由交换机 RG-S5750C、RG-S7505C,以及 RG-RSR7716 系列路由器等。

RG-S5750C 系列交换机是锐捷公司面向以业务为核心的企业网络架构而推出的新一代高端多业务路由交换机。该产品基于锐捷公司自适应安全网络的技术理念,在提供稳定、可靠、安全的高性能 L2/L3 层交换服务基础上,进一步提供了业务流分析、基于策略的 QoS、可控组播等智能的业务优化手段,从而为企业 IT 系统构建面向业务的网络平台,实现通信整合和数据整合奠定了基础。该系列产品可广泛应用于 IP 城域网、大型企业园区网、中小型企业办公网络的核心层和汇聚层,能够为用户提供多种业务接入,以及交换、路由一体化的安全融合网络解决方案。图 2-8 是锐捷 RG-RSR7716 路由器与 RG-S7505C 交换机。

图 2-8　锐捷 RG-RSR7716 路由器与 RG-S7505C 交换机

2.2　实验实训——交换机、路由器的本地管理实训

2.2.1　交换机基本配置操作

本节以锐捷 RG-S1824+交换机为例阐述如何配置交换机。

2.2.1.1　通过 Console 口进行本地登录

通过交换机 Console 口进行本地登录是交换机登录的最基本的方式,也是配置其他交换机登录方式的基础。

第一步:如图 2-9 所示,建立本地配置环境,只需将 PC 机(或终端)的串口通过配置电缆与以太网交换机的 Console 口连接。

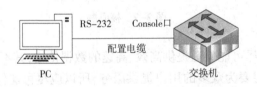

图 2-9　通过 Console 口连接交换机

第二步:在 PC 机上运行终端仿真程序(以 Windows XP 为例),依次单击【开始】|【所有程序】|【附件】|【通讯】|【超级终端】打开超级终端,这时会出现【连接描述】对话框,如图 2-10所示。在【名称】文本框中输入一个能够表示当前连接设备的文字信息,当然也可以是任意字符,然后点击【确定】按钮。

第三步:在对话框【连接到】中点击【连接时使用】下列框,选择连接时计算机所使用的端口,单击【确定】按钮,出现【COM1 属性】对话框。根据产品使用说明书上所说明的超级终端连接参数逐一选择参数:【每秒位数】为 9 600bit/s、【数据位】为 8 位、【奇偶校验】为无、

图 2-10　连接描述对话框

【停止位】为1、【数据流控制】为无,具体如图 2-11 所示。

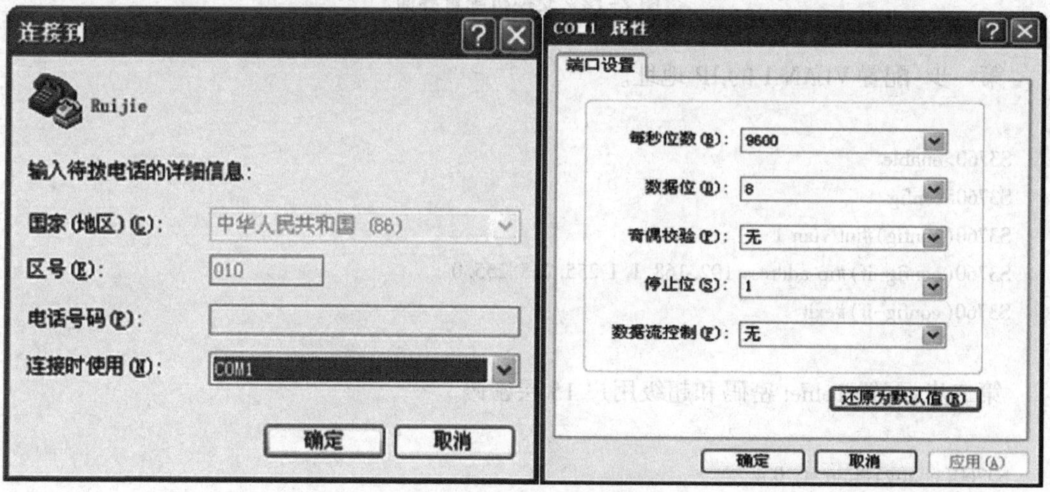

图 2-11　超级终端设置

第四步:以太网交换机上电,终端上显示设备自检信息,自检结束后提示用户键入回车键,之后将出现命令行提示符(如<Ruijie>),如图 2-12 所示。

第五步:键入命令,配置以太网交换机或查看以太网交换机运行状态。

2.2.1.2　通过 Telnet 进行登录

RG-S1824+以太网交换机支持 Telnet 功能,用户可以通过 Telnet 方式对交换机进行远程管理和维护。使用 Telnet 方式登录交换机时,对交换机和 Telnet 用户端需要进行相应的配置,才能保证正常登录交换机。交换机需要正确配置某 VLAN 接口的 IP 地址,并指定与终端相连的交换机端口属于该 VLAN;Telnet 用户端则需要知道交换机 VLAN 接口的 IP 地址。

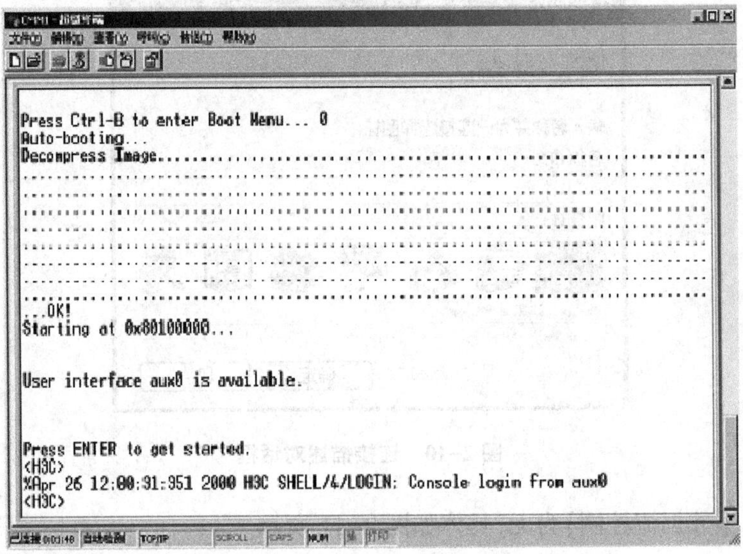

图 2-12 交换机配置界面

第一步:配置 VLAN 1 的 IP 地址。

```
S3760>enable
S3760#config
S3760(config)#int vlan 1
S3760(config-if)#ip address 192.168.1.1 255.255.255.0
S3760(config-if)#exit
```

第二步:配置 Telnet 密码和超级用户 15 层密码。

```
S3760(config)#line vty 0 4
S3760(config-line)#login local
S3760(config-line)#exit
S3760(config)# username abc pri   level 15 password 0 abc
```

第三步:配置 PC 的 IP 地址,必须保证和交换机 VLAN 1 处于同一网段,设置 IP 为 192.168.1.2,子网掩码为 255.255.255.0。

第四步:Telnet 登录,其他命令如下。

```
S3760(config)#hostname sw
S3760(config)#show run
S3760#del   config.text
S3760#reload
```

2.2.1.3 配置接口的 IP 地址

在交换机 SwitchA 上创建 VLAN 10、VLAN 20,并将 F0/5 端口划分到 VLAN 10 中,将 F0/15 端口划分到 VLAN 20 中。F0/24 设置成三层端口。

```
SwitchA # configure terminal
SwitchA(config)# vlan 10
SwitchA(config-vlan)# name sales
SwitchA(config-vlan)#exit
SwitchA(config)#interface fastethernet 0/5
SwitchA(config-if)#switchport access vlan 10
switchA(config-if)#exit
SwitchA(config)# vlan 20
SwitchA(config-vlan)# name technical
SwitchA(config-vlan)#exit
SwitchA(config)#interface fastethernet 0/15
SwitchA(config-if)#switchport access vlan 20
switchA(config-if)#exit
SwitchA(config)# interface fastethernet 0/24
SwitchA(config-if)#no switchport
SwitchA(config-if)#ip address 192.168.30.1 255.255.255.0        为给端口配置 IP 地址
SwitchA(config-if)#no shutdown
```

2.2.1.4 配置文件管理

配置文件用来保存用户对以太网交换机进行的配置,记录用户的整个配置过程。通过配置文件,用户可以非常方便地查阅这些配置信息。

(1)配置的类型。设备的配置按其作用的时间域分为以下两种。

①起始配置:当设备启动时,根据读取的配置文件进行初始化工作,该配置称为起始配置(saved-configuration)。如果设备中没有配置文件,则系统在启动过程中使用空配置进行初始化。

②当前配置:当设备运行时,用户对设备进行的配置称为当前配置(current-configuration)。当前配置与起始配置相对应,保存在设备的临时存储器中,设备重启之后会失效。

(2)保存当前配置。用户通过命令行可以修改设备的当前配置,而这些配置是暂时的。如果要使当前配置在系统下次重启时继续生效,在重启设备前需使用 save 命令将当前配置保存到配置文件中。

【命令】copy running-config startup-config。

【模式】特权配置模式。

【参数】startup-config:配置文件的路径名或文件名,取值范围为 5~56 个字符。

【描述】copy running-config 命令用来将当前配置保存为交换机 Flash 中的配置文件。

（3）清除设备中的配置文件。用户通过命令可以清除设备中的配置文件。配置文件被清除后，设备下次启动时将采用空配置启动。

【命令】Ruijie#delete flash:config. text。

【模式】特权配置模式。

【描述】reset saved-configuration 命令用来清除交换机 Flash 中的配置文件。

在以下两种情况下，用户可能需要清除设备中的配置文件。

①在设备软件升级之后，系统软件和配置文件不匹配。

②设备中的配置文件被破坏（常见原因是加载了错误的配置文件）。

（4）配置文件显示。在任意模式下执行 show 命令可以显示设备的当前配置和起始配置情况。用户可以通过显示信息查看配置的内容。

【命令】show running-config。

【模式】特权配置模式。

【描述】show running-config 命令用来显示设备当前的配置。

当用户完成一组配置之后，需要验证配置是否生效，则可以执行 show running-config 命令查看当前生效的参数。

【命令】show running-config。

【模式】特权配置模式。

【描述】show running-config 命令用来显示以太网交换机的起始配置文件。

2.2.1.5 端口基本配置

（1）进入相应端口模式。

【命令】interface interface-type interface-number。

【模式】特权配置模式。

【参数】interface-type：端口类型，取值可以为 Aux、Ethernet、LoopBack、NULL 或 Vlan-interface。

interface-number：端口编号，采用 Unit ID/槽位编号/端口编号的格式。

【描述】interface 命令用来进入相应端口的模式。比如，用户要配置以太网端口的相关参数，必须先使用该命令进入以太网端口模式。

配置举例：进入 interface 0/1 以太网端口模式。

配置步骤：

Switch>enable
Switch#configure terminal
Switch(config)#interface range f0/1

（2）设置以太网端口速率。

【命令】speed ｛ 10 ｜ 100 ｜ 1000 ｜ auto ｝。

【模式】以太网端口模式。

【参数】10：指定端口速率为 10Mbps。

100:指定端口速率为 100Mbps。

1 000:指定端口速率为 1 000Mbps(该参数仅千兆端口支持)。

auto:指定端口的速率处于自协商状态。

【描述】speed 命令用来设置端口的速率。缺省情况下,端口速率处于自协商状态。需要注意的是,千兆端口只能将速率配置为 1 000Mbps 或 auto 状态。

配置举例:设置以太网端口 Ethernet0/1 的速率为 100Mbps。

配置步骤:

```
Switch>enable
Switch#configure terminal
Switch(config)#interface f0/1
Switch(config-if)#speed 100
Switch(config-if)#end
Switch#
```

(3)关闭/开启以太网端口。缺省情况下,以太网端口处于开启状态。用户可以根据需要关闭/开启端口。

【命令】shutdown。

　　　　undo shutdown。

【模式】以太网端口模式。

【描述】shutdown 命令用来关闭以太网端口,undo shutdown 命令用来开启以太网端口。缺省情况下,以太网端口处于开启状态。

配置举例:关闭以太网交换机端口 1。

配置步骤:

```
Switch>enable
Switch#configure terminal
Switch(config)#interface f0/1
Switch(config)#shutdown
```

2.2.1.6　查看交换机端口的具体配置信息

【命令】Switch#show interfaces [port-ID] [counters | description | status | switchport | trunk]。

【模式】特权模式。

【参数】port-ID:可选,指定要查看的接口,可以是物理接口、VLAN 或 Aggregate Port 接口。

counters:可选,只查看接口的统计信息。

description:可选,只查看接口的描述信息。

status:可选,查看接口的各种状态信息,包括速率、双工等。

switchport：可选，查看二层接口信息，只对二层接口有效。

trunk：可选，查看接口的 Trunk 信息。

【描述】用来显示端口的配置信息。在显示端口信息时，如果不指定端口类型和端口号，则显示交换机上所有的端口信息；如果仅指定端口类型，则显示该类型端口的所有端口信息；如果同时指定端口类型和端口号，则显示指定的端口信息。

配置举例：查看交换机的 fastethernet0/1 口的信息。

配置步骤：

```
Switch>enable
Switch#show interfaces f0/1
Interface：FastEthernet0/1
Description：to-PC1
AdminStatus：up
OperStatus：down
Medium-type：fiber
Hardware：GBIC
Mtu：1500
LastChange：0d；0h；0m；0s
AdminDuplex：Auto
OperDuplex：Unknown
AdminSpeed：Auto
OperSpeed：Unknown
FlowControlAdminStatus：Auto
FlowControlOperStatus：Off
Priority：Auto
```

2.2.1.7 查看交换机的 MAC 地址与端口对应关系映射表

【命令】show mac-address {interface ethernet}。

【模式】系统模式。

【参数】无：显示交换机所有端口与 MAC 地址的对应关系。

interface ethernet：显示指定端口上的 MAC 地址。

【描述】show mac-address 命令用来显示交换机的 MAC 地址映射表。

配置举例：查看 MAC 与端口对应关系映射表。

配置步骤：

```
Switch>enable
Switch#configure terminal
Switch#show mac-address
Switch#show mac-address interface ethernet0/1
```

2.2.2　路由器基本配置操作步骤

第一步,启动路由器,完成后按回车键,进入用户视图模式。在此视图下键入"?",查看可用的命令。

```
Ruijie>?
```

第二步,进入系统视图,键入"enable"。

第三步,输入"show?"命令,查看信息,并注意空格键与回车键的使用。

第四步,查看系统版本信息以及路由表(初始)信息,理解各行信息的含义。使用的命令如下。

```
Ruijie#show version
Ruijie#show ip routing
```

第五步,设置各以太口的 IP 地址。使用的命令如下。

```
Ruijie(config)#int e0/0
Ruijie(config-if)#ip    address 1.0.0.254 255.255.255.0
Ruijie(config)#int e0/1
Ruijie(config-if)#ip    address 2.0.0.254 255.255.255.0
```

第六步,再次使用路由表查看命令,观察前后两次路由表内容的变化。

第七步,设置各计算机的 IP 地址及缺省网关地址,并使用 ping 命令测试两网的联通性。如果两网不通,则需查找原因。

3 交换机基本配置与管理

3.1 交换机的工作原理

3.1.1 冲突域、广播域

在基于星型拓扑的网络中,需要由一个中心节点连接各个分节点,以实现彼此的数据共享。在最初的以太网中,人们通过集线器实现这个目的。

集线器本质上是一种多端口的信号中继器,它能够将衰减的网络信号放大后传输出去。其基本的工作原理是使用广播技术,即集线器从任一个端口收到一个数据包后,都将此数据包以广播的形式发送到其他的所有端口。当其他所有端口上连接的计算机接收到这个数据包后,会判断这个数据包是不是发送给自己的,如果是则接收它,否则就不予理睬。

由于集线器采用共享链路带宽、半双工的工作方式,使得以它为中心节点的网络随着节点数量的增多,冲突与广播也随之增加,最终导致网络性能急剧下降。

冲突的产生降低了以太网的有效带宽,而且这种情况是不可避免的。所以,当传输介质上的节点越来越多后,冲突的数量将会增加。显而易见,较好的解决方法是限制以太网传输介质上的节点。冲突域实际上是连接在同一传输介质上的所有节点的集合,与另一个节点有可能产生冲突的所有节点都被看作同一个冲突域。

广播是指要发送到网段上的所有节点,而不是单个节点或一组节点的数据。要广播的节点将数据送到广播地址(用十六进制表示即为 ff:ff:ff:ff:ff:ff),以此实现上述目的。广播域由一组能够接收同组中所有其他节点发来的广播报文的节点构成,即广播域是一组能互相发送广播报文的节点的集合。

由于各种原因,网络操作系统需要使用广播,TCP/IP 协议需要通过广播从 IP 地址中解析 MAC 地址,还需要使用广播通过 RIP 和 IGRP 协议进行宣告。随着网络规模的扩大,如果不对广播进行适当的维护和控制,它们便会充斥在整个网络中,产生大量的网络通信,广播域中广播报文相遇的次数也随之增加。所有这些广播报文确实会影响网络的性能,如果管理不当,甚至会导致整个网络的崩溃。

影响局域网性能的两个常见问题是过高的碰撞率和过多的广播业务,每个问题都可通过"分段"方法解决,该方法将网络分割成较小的段。

显然,集线器无法完成这种"分段",设计者只能使用交换机实现"分段"。交换机通过将冲突域分割成较小的部分,从而降低对带宽的竞争,减少碰撞。对于广播,一般使用路由器进行控制,而交换机则不能控制广播,因为它会对所有的广播信息进行转发。图 3-1 显示了集线器与交换机分隔冲突域的比较。

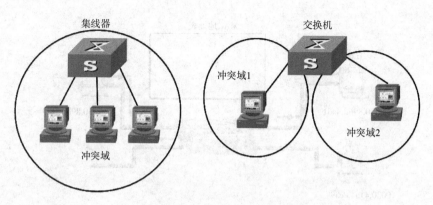

图 3-1　集线器与交换机分隔冲突域的比较

3.1.2　交换机

交换机本质上是一个多端口网桥。交换机仅处理数据链路层的帧,OSI 高层协议对它们而言都是透明的,即交换机支持任何高层协议。交换机对帧进行重新生成,并经过内部处理后转发至指定端口,其具备自动寻址功能和交换能力。由于交换机根据所传递帧的目的地址,将每一数据包独立地从源端口送至目的端口,因此避免了与其他端口发生碰撞,从而提高了网络性能。

3.1.2.1　交换机的工作原理

交换机在工作时,会在其内部建立一张可以动态更新,包含有节点 MAC 地址与交换机端口对应关系的映射表,如表 3-1 所示。交换机通过提取帧所包含的目的 MAC 地址,在映射表中进行查找,找到匹配的条目后就将条目中所包含的交换机端口提取出来与帧来源端口建立连接,从而实现节点间一对一的数据通信。如果映射表中没有相关条目,交换机可以通过学习的方式对映射表进行更新,从而保证映射表内容是完整的、最新的。

表 3-1　交换机中 MAC 地址映射表

端口号	MAC 地址
1	00-30-89-bd-4a-61(节点 1)
2	00-30-89-bd-7f-23(节点 2)
3	00-30-41-a1-ec-59(节点 2)

(1)交换机根据接收到数据帧中的源 MAC 地址,建立该地址同交换机端口的映射,并将其写入 MAC 地址与交换机端口映射表中。

以交换机为中心节点,将多个节点连接在一起的网络拓扑结构如图 3-2 所示。在图 3-2 中,交换机端口 1、2、3 分别与节点 1、节点 2、节点 3 相连接。节点 1、节点 2、节点 3 彼此的数据通信都将通过交换机完成。

当节点 1 需要向节点 2 发送数据时,节点 1 将包含有自己 MAC 地址(源 MAC 地址)和

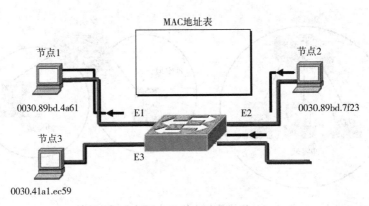

图 3-2 网络拓扑结构

节点 2 MAC 地址(目的 MAC 地址)的数据帧发往与自己相连接的交换机端口 1。交换机接收到这个帧后,首先提取帧中包含的源 MAC 地址,并在地址映射表中检查是否存在这个 MAC 地址与端口的对应关系。如果已经存在,那么交换机将更新这个条目;如果不存在,那么交换机会将节点 1 的 MAC 地址与端口 1 的对应关系添加到映射表中。MAC 地址表的变化如图 3-3 所示。

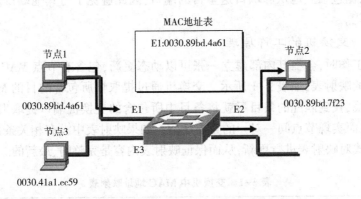

图 3-3 节点 1 发送帧后 MAC 地址表的变化

(2)交换机将数据帧中的目的 MAC 地址同已建立的 MAC 地址与端口对应关系映射表进行比较,进而决定由哪个端口进行转发。

交换机完成源 MAC 地址与端口对应关系的处理后,提取帧中包含的目的 MAC 地址,在 MAC 地址与交换机端口对应关系映射表中进行查找。通过查找,交换机获知拥有目的 MAC 地址的节点 2 是通过端口 2 与自己相连接的,这样,交换机就直接将帧发往端口 2。

(3)如果数据帧中的目的 MAC 地址不在 MAC 地址与端口对应关系映射表中,则交换机向所有端口转发。

如果找不到目的 MAC 地址,交换机就将该数据帧广播到除来源端口外的其他所有端口上,这样节点 2、节点 3 都可以接收到这个帧。因为这个帧是发往节点 2 的,所以节点 3 对这个发往自己的帧不予理睬,而节点 2 则接收这个帧,同时向交换机发送一条消息,告知交换机这个帧是发送给"我"(节点 2)的。当交换机接收到节点 2 返回的消息后,就将节点 2 的 MAC 地址与端口号 2 添加到映射表中,此时交换机就学习到了一条新的地址映射条目。这就是交换机的 MAC 地址表的学习过程。MAC 地址表的变化如图 3-4 所示。

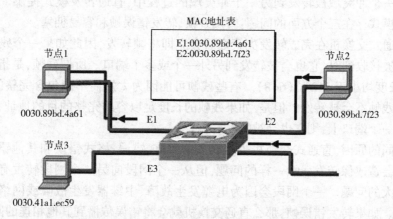

图 3-4　节点 2 发送帧后 MAC 地址表的变化

(4)广播帧和组播帧向所有的端口转发数据。交换机虽然能够通过分段来增加带宽、减少冲突,但不能阻止广播或对网络进行逻辑分段。因为交换机永远学不到广播帧或组播帧的地址,对于所接收到的这类帧,会全部通过转发的方式发送出去。为了避免因为广播帧和组播帧数据量过大而使交换机性能降低,现在很多交换机都可以通过设置限定广播通信量的带宽,来削弱广播帧和组播帧对交换机性能的影响。

通过对交换机工作原理的阐述,可归纳出以下的交换机工作特性。

①交换机的每一个端口所连接的网段都是一个独立的冲突域。

②交换机所连接的设备仍然在同一个广播域内,即交换机不隔绝广播(唯一的例外是在配有 VLAN 的环境中)。

③交换机依据帧头的信息进行转发,因此交换机是工作在数据链路层的网络设备。

3.1.2.2　交换机的交换方式

与集线器广播形式的数据包发送不同,交换机在发送数据帧时,采用的是一种交换、转发的形式,即交换机在发送数据帧前,需要进行一些简单的判断,以决定数据帧应该发送到哪个端口。

现在的交换机通常采用动态交换方式,也称为帧交换方式,即根据数据帧中的目的 MAC 地址,查询交换机中 MAC 地址与交换机端口对应关系的映射表,自动建立和断开输入端口和输出端口之间的连接通道。常用的动态交换方式有直通转发模式、存储转发模式和改进后的直通转发模式三种。

(1)直通转发模式。直通转发模式(cut through)提供非常短的转发反应时间(或称迟延时间)。交换机的延迟时间(forwarding latency)是指帧的一个比特被一个端口(入站端口)收到和帧的第一个比特由另外一个端口发出两个事件之间的时间间隔。直通式交换机将检查进入端口的数据帧的目的地址,然后搜索已有的地址表,当端口数据包标明的目的地址找到时,交换机将立即在输出和输入两个端口间建立直通连接,并迅速传输数据。通常,交换机在接收到数据包的前6个字节时,就已经获知准确的目的地址,从而可以决定向哪个端口转发这个数据包。也就是说,当转发帧的开始部分正在发送时,该帧的部分数据仍在接收之中。在帧从一个冲突域被转发到另一个冲突域的过程中,直通转发模式提供了非常短的反应时间。该模式存在三个方面的问题:转发残帧、转发错误帧和容易拥塞。

因为直通式交换机在完成转发决策之后会立即将帧转发,因此如果一个残帧在直通式交换机端口被接收到时,它也会被转发到另外一个或多个端口。所谓残帧,是指由冲突而造成的帧,其长度均小于512位(64B)。有些残帧可能因为太短而不能包含完整的目的地址,这些超短的残帧不会被转发。但是,如果残帧的长度足以容纳完整的目的地址,而且这个目的地址在另一个端口上,则它也会被转发。

基于相同的原因,直通式交换机也会转发有CRC错误、格式错误和其他错误的帧。转发有效帧也会造成像转发残帧一样的问题,但从一个网段向另一个网段转发有错误的帧就可能造成更大的问题。一个网段会因为电缆发生故障、中继器发生故障或网络接口发生故障出现问题。如果转发错误帧,那么直通交换机就会将错误传播到其他相连的网段上。

由此可见,直通转发模式的优点是转发速率快、延时较短、整体吞吐率较高,而缺点则是交换机在没有完全接收并检查数据包的正确性之前就已经开始了数据转发。这样,当网络非常忙碌或当硬件出现故障时,交换机就会转发所有的残帧和错误帧,从而导致网络效率的降低,并有可能产生拥塞。

(2)存储转发模式。存储转发模式(store and forward,SAF)是指交换机首先在缓冲区中存储整个接收到的封装数据包,然后使用CRC检测法检查该数据包是否正确。如果正确,交换机便从地址表中寻找目的端口地址,获得地址后,建立两个端口的连接并开始传输数据;如果不正确,表明该数据中包含一个或一个以上的错误,交换机则将该数据包予以丢弃。除了检查CRC外,存储转发交换机还将检查整个数据帧。当发现超短帧或超长帧等错误时,也会自动将其过滤掉。

由此可见,与直通转发模式相比,存储转发模式最大的优点是没有残帧或错误帧的转发,避免了潜在的不必要的数据转发,从而提高了网络的传输效率。但其缺点也是明显的,即转发延迟时间要比直通转发模式长得多,因为在帧被发出之前,整个帧必须都被保存在缓存中,该过程要花费较长时间。另外,存储转发式交换机通常也需要更大量的内存空间来保存帧。内存空间越大,处理拥塞的能力就越强,当然价格也就越高。

(3)改进后的直通转发模式。改进后的直通转发模式是对直通转发模式的一种简单改进,只转发长度至少为512位的帧。既然所有残帧的长度都小于512位的长度,那么,该种转发模式自然也就避免了残帧的转发。

为了实现该功能,改进后的直通转发交换机使用了一种特殊的缓存。这种缓存是一种先进先出的队列(FIFO),字节从一端进入后再以同样的顺序从另一端出来。当帧被接收时,它被保存在FIFO中。如果帧以小于512位的长度结束,那么FIFO中的内容(残帧)就会被丢弃。因此,不存在普通直通转发交换机的残帧转发问题。此模式是一个非常好的解决方案,也是目前大多数交换机使用的直通转发方式。包在转发之前将被缓存,可以确保碰撞碎片不通过网络传播,能够在很大程度上提高网络传输效率。图3-5是交换机的三种转发模式。

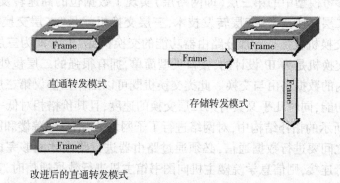

直通转发模式

存储转发模式

Frame

改进后的直通转发模式

图 3-5 交换机的转发模式

3.1.2.3 交换机相互间的连接

交换机可以有两种连接方式:级联(uplink)和堆叠(stack)。

(1)级联,是最常见的连接方式,即使用传输介质将两个交换机进行连接。连接的结果是,在实际的网络运行中,两个交换机仍然各自独立地工作。级联的优点是可以延长网络的距离,理论上可以通过双绞线和多级的级联方式无限延长网络距离。级联基本上不受设备的限制,不同厂家的设备可以任意级联。级联的缺点是多个设备的级联会产生级联瓶颈。

(2)堆叠,是通过交换机的背板进行连接的,是一种建立在芯片级上的连接,需要交换机具有专用的堆叠模块和堆叠线缆。连接的结果是,在实际的网络中,对于其他网络设备以及网络员而言,它们是一台交换机,即两台24口的交换机堆叠以后,效果就相当于一个48口的交换机。堆叠功能一般只有中、高端交换机才具备。堆叠的优点是可以增加交换机的背板带宽,不会产生性能瓶颈。通过堆叠可以在网络中提供高密度的集中网络端口。根据设备的不同,一般情况下最大可以支持8层堆叠,这样就可以在某一位置提供上百个端口。堆叠后的设备在网络管理过程中就变成了一台网络设备,只要赋予一个 IP 地址,即可方便管理,这样还可以节约管理成本。堆叠的缺点是受设备限制,并不是所有的交换机都支持堆叠。堆叠需要特定的设备支持。此外堆叠还受距离限制,因为受到堆叠线缆长度的限制,堆叠的交换机之间的距离要求很近。

交换机提供以上两种连接方式,主要用来满足不同的需求,且在本质上,这两种连接方式是不同的。用户可以根据实际需要和实际情况选择不同的连接方式。

3.1.2.4 三层交换机简介

出于安全和管理方便的考虑,更主要的是为了降低广播风暴的危害,网络管理员需要把大型局域网按功能或地域等因素划分成一个个小的局域网,这就使 VLAN 技术在网络中得以大量应用,而各个不同 VLAN 间的通信都要经过路由器完成转发。随着网间互访的不断增加,单纯使用路由器实现网间访问时,由于端口数量有限,而且路由速度较慢,会限制网络的规模和访问速度。基于这种情况三层交换机便应运而生。

传统的交换技术是在 OSI 参考模型中的第二层(即数据链路层)进行操作的,而三层交换技术是在 OSI 参考模型中的第三层(即网络层)实现了数据包的高速转发。简单地说,三层交换技术就是二层交换技术+三层转发技术,三层交换机就是"二层交换机+基于硬件的路由器",即三层交换机就是具有部分路由器功能的交换机,图 3-6 即为三层交换机的应用拓扑结构。三层交换机是为 IP 设计的,接口类型简单,拥有很强的二层包处理能力,非常适用于大型局域网内的数据路由与交换。此类交换机既可以工作在协议第三层替代或部分完成传统路由器的功能,同时几乎又具有第二层交换的速度,且其价格相对低一些。

在如图 3-6 所示的拓扑结构中,对网络进行了子网划分,信息学院楼和图书馆处于不同的子网中。它们之间要进行数据通信,必须通过路由器进行路由才能够完成。如果将它们用三层交换机进行连接,则信息学院楼主机向图书馆主机进行数据通信时,其发送的第一个数据包是经过三层交换机中的路由模块进行路由才到达图书馆的目的主机,但是当以后的数据包再发向图书馆的目的主机时,就不必再经过路由模块处理了,因为三层交换机"记忆"了刚刚的路由而直接由交换模块进行转发了。

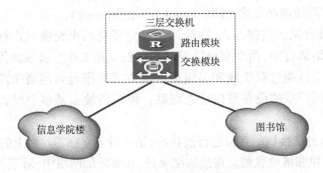

图 3-6　三层交换机应用拓扑结构

三层交换机的路由记忆功能是由路由缓存实现的。当一个数据包发往三层交换机时,三层交换机首先在它的缓存列表里进行检查,查看路由缓存里是否有记录,如果有记录就直接调取缓存的记录进行路由,而不再经过路由模块进行处理。这样,数据包的路由速度就大大得到提高。如果三层交换机在路由缓存中没有发现记录,再将数据包发往路由处理器进行处理,处理之后再转发数据包。三层交换机的详细工作原理请参阅本书的后续章节。

三层交换机除了良好的性能之外,还具有一些传统的二层交换机不具备的特性,这些特性可以为网络带来如下的许多好处。

(1)高可扩充性。三层交换机在连接多个子网时,子网只是与第三层交换模块建立逻辑连接,不像传统外接路由器那样需要增加端口,从而节约了用户对网络的投资,并可在一段时间内满足网络应用快速增长的需要。

(2)高性价比。三层交换机具有连接大型网络的能力,功能上可以取代某些传统路由器,但是其价格却接近二层交换机的价格。

(3)内置安全机制。三层交换机可以与普通路由器一样,具有访问列表的功能,可以实现不同 VLAN 间的单向或双向通讯。如果在访问列表中进行设置,可以限制用户访问特定的 IP 地址,利用一定的安全功能,提高了网络的安全性。

(4)具有更丰富的 QoS(服务质量)控制功能。三层交换机具有丰富的 QoS 控制功能,可以为不同的应用程序分配不同的带宽。

3.2 VLAN 基础

3.2.1 VLAN 概述

VLAN(virtual local area network)即虚拟局域网,是一种可以将局域网内的设备逻辑地而不是物理地划分成一个个网段,从而实现虚拟工作组的新兴技术。IEEE 于 1999 年颁布了用以标准化 VLAN 实现方案的 802.1Q 协议标准草案。

VLAN 技术允许网络管理员将一个物理的 LAN 逻辑地划分成不同的广播域(或称虚拟 LAN,即 VLAN),每一个 VLAN 都包含一组有着相同需求的计算机工作站,与物理上形成的 LAN 有着相同的属性。但由于它是逻辑地而不是物理地划分,所以同一个 VLAN 内的各个工作站无须被放置在同一个物理空间里,即这些工作站不一定属于同一个物理 LAN 网段。一个 VLAN 内部的广播和单播流量都不会转发到其他 VLAN 中,从而有助于控制流量、减少设备投资、简化网络管理、提高网络的安全性。VLAN 的划分如图 3-7 所示。

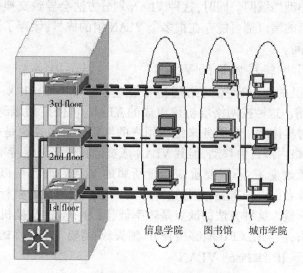

图 3-7 VLAN 的划分

VLAN 是为解决以太网的广播和安全性问题而提出的一种协议,它在以太网帧的基础上增加了 VLAN 头,利用 VLAN ID 将用户划分为更小的工作组,限制不同工作组间的用户二层互访,每个工作组就是一个 VLAN。VLAN 的优势是可以限制广播范围,并能够形成虚拟工作组,动态管理网络。

3.2.2 VLAN 的分类

VLAN 在交换机上的实现方法,可以大致划分为以下六类。

3.2.2.1 基于端口的 VLAN

基于商品的 VLAN 是应用最为广泛、最简单的一种划分方法,目前绝大多数交换机都支持这种 VLAN 配置方法。这种划分 VLAN 的方法是根据以太网交换机的物理端口进行的,它根据交换机上的物理端口定义 VLAN 成员,管理员可以将交换机上的端口划分到不同的 VLAN 中,此后从某个端口接收的报文将只能在相应的 VLAN 内进行传输,从而实现广播域的隔离和虚拟工作组的划分。

这种 VLAN 划分方法的优点是定义 VLAN 成员时非常简单,只要将所有的端口都定义为相应的 VLAN 组即可。其缺点是,如果某用户离开了原来的端口,到了一个新的交换机的某个端口,则必须重新定义,因此此划分方法适用于连接位置比较固定的网络。

3.2.2.2 基于 MAC 地址的 VLAN

基于 MAC 地址的 VLAN 是根据每个主机的 MAC 地址进行划分的,它实现的机制是每一块网卡都对应一个唯一的 MAC 地址,交换机按照 MAC 地址识别其所属的 VLAN。这种 VLAN 划分方法允许网络用户从一个物理位置移动到另一个物理位置时,自动保留其所属 VLAN 的成员身份,无须重新配置。它的缺点是,交换机初始化时,所有的 VLAN 成员都必须进行配置。如果网络中有几百台甚至上千台的主机,VLAN 的配置是非常累的,所以这种划分方法通常适用于小型局域网。同时,这种 VLAN 划分方法会导致交换机执行效率的降低,因为在每一个交换机的端口都可能存在很多个 VLAN 组的成员,保存了许多主机的 MAC 地址,查询起来较费时间。

3.2.2.3 基于网络层协议的 VLAN

基于网络层协议的 VLAN 按网络层协议划分,可分为 IP、IPX、DECnet、AppleTalk、Banyan 等 VLAN 网络。这种按网络层协议组成的 VLAN,可使广播域跨越多个 VLAN 交换机。这对于希望针对具体应用和服务来组织用户的网络管理员来说是非常具有吸引力的。而且,用户可以在网络内部自由移动,但其 VLAN 成员的身份仍然保持不变。这种方法的优点是用户的物理位置改变了,不需要重新配置所属的 VLAN,而且可以根据协议类型划分 VLAN,这对网络管理者而言很重要,并且这种方法不需要用附加的帧标签识别 VLAN,这样可以减少网络的通信量。这种方法的缺点是效率低,因为一般的交换机 CPU 可以自动检查数据包的以太网帧头,但要让 CPU 能够检查 IP 帧头,则需要花费更多的处理时间。

3.2.2.4 基于 IP 组播的 VLAN

IP 组播实际上也是一种 VLAN 的定义,即认为一个 IP 组播就是一个 VLAN。这种划分方法可以将 VLAN 扩大到广域网,因此这种方法具有更大的灵活性,而且也很容易通过路由器进行扩展,主要适合于不在同一地理范围的局域网用户组成一个 VLAN,但不适合局域网,因为其效率不高。

3.2.2.5 基于策略划分的 VLAN

基于策略划分的 VLAN 能够实现多种分配方法,包括 VLAN 交换机端口、MAC 地址、IP 地址、网络层协议等。网络管理者可根据管理模式和本单位的需求决定选择哪种类型的 VLAN。

3.2.2.6 基于用户定义、非用户授权划分的 VLAN

基于用户定义、非用户授权划分的 VLAN,是指为了适应特别的 VLAN 网络,根据具体的网络用户的特别要求来定义和设计 VLAN,而且可以让非 VLAN 群体用户访问 VLAN,但是需要提供用户密码,在得到 VLAN 管理的认证后才可以加入一个 VLAN。

3.2.3 VLAN 的优点

3.2.3.1 安全性

安全性一直是网络中牵涉面最广的一个问题,当创建各个 VLAN 时,即创建多个相分隔的独立的网络,不同 VLAN 中的主机是不能通信的。如果 IP 子网与 VLAN 之间是一一映射的,那么不同 VLAN 中的主机就必须通过 IP 路由选择进行通信。配置了路由选择后,就能实现 VLAN 间的通信。

3.2.3.2 广播控制

事实上,所有的网络控制协议都会产生广播数据,广播会被广播域内的所有设备接收和处理。广播会对工作站的性能产生明显的影响,随着广播数据包的增加,除了造成工作站功能的降低,还会消耗实际的带宽,如果不控制还会严重影响网络的性能。解决该问题的方法是将网络中任何不必要的广播降到最低。

VLAN 的创建将有助于减少广播的数量。一个 VLAN 中的广播流量不会传输到该 VLAN 外,邻近的端口也不会接收到其他 VLAN 产生的数据包。这种配置方式大大减少了广播的数量,为用户的实际流量释放了带宽,减少了广播风暴。VLAN 越小,VLAN 中受影响的用户就越少。

3.2.3.3 减少延迟

VLAN 的创建能减少同一个 VLAN 内的主机在通信时所需要通过的网段的数量。 VLAN 内的主机在通信时,只需要经过交换机,不需要经过路由器的多个网段,这就减少了端到端的网络延迟。

3.2.3.4 灵活性和可扩展性

当 VLAN 增加到一定程度时,可以划分更多的 VLAN。

3.2.4 VLAN 的工作原理

VLAN 的标准最初是由 Cisco 公司提出的,后来由 IEEE 接收,演化为以 IEEE 802.1Q 为代表的国际标准,它主要规定了在现有的局域网数据帧的基础上添加用于 VLAN 信息传输的标志位的各种规范。

IEEE 802.1Q 标准制定于 1996 年 3 月,它规定了 VLAN 组成员之间传输的物理帧需要在帧头部增加 4 个字节的 VLAN 信息,而且还规定了诸如帧发送与校验、回路检测、对服务质量参数的支持,以及对网管系统的支持等方面的标准。IEEE 802.1Q 标准包括三个方面的内容:VLAN 的体系结构说明、为在不同设备厂商生产的不同设备之间交流 VLAN 信息而制定的局域网物理帧的改进标准,以及 VLAN 标准的未来发展展望。IEEE 802.1Q 标准提供了对 VLAN 明确的定义及其在交换式网络中的应用,此标准是目前各交换机厂家都遵循的技术规范。

下面就 IEEE 802.1Q 标准对 VLAN 的工作原理做出简单介绍。

　　VLAN 通常用一个 VLAN 号(VLAN ID)和 VLAN 名(VLAN name)对其进行标识。如果 VLAN 跨多个交换机,则使用 VLAN Tag 和 VLAN 中继(Trunk)技术实现 VLAN 信息的传递。中继(Trunk)是指在网络设备之间的同一条物理链路上可以传递多个 VLAN 信息。通过 Trunk 进行传输的帧都将使用 VLAN ID 进行标记。当交换机收到 Trunk 上的帧时,它读取标记,然后将帧发往相应的 VLAN。当然,跨多个交换机的 VLAN 传递需要遵守相同的 VLAN 协议。

　　为使交换机能够分辨不同的 VLAN 报文,IEEE 802.1Q 规定需要在报文中添加标识 VLAN 的字段。因为交换机工作在 OSI 模型的数据链路层,所以 VLAN 报文只能在数据链路层进行封装和识别。

　　如图 3-8 所示,VLAN Tag 共四个字节,包含四个字段,分别是 TPID(tag protocol identifier,标签协议标识符)、Priority(优先级)、CFI(canonical format indicator,标准格式指示位)和 VLAN ID。

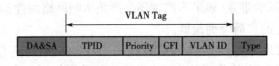

图 3-8　VLAN Tag 的组成字段

　　(1)TPID:用来标识本数据帧是带有 VLAN Tag 的数据。该字段长度为 16bit。

　　(2)Priority:用来表识 802.1p 的优先级。该字段长度为 3bit。

　　(3)CFI:用来标识 MAC 地址是否以标准格式进行封装。该字段长度为 1bit,取值为 0 表示 MAC 地址以标准格式进行封装,取值为 1 表示以非标准格式封装,缺省取值为 0。

　　(4)VLAN ID:用来标识该报文所属 VLAN 的编号。该字段长度为 12bit,取值范围为 0~4 095。由于 0 和 4 095 通常不使用,所以 VLAN ID 的取值范围一般为 1~4 094。

　　当 VLAN 数据帧在多个交换机之间传递时,交换机就利用 VLAN ID 识别报文所属的 VLAN,以决定应该向哪个 VLAN 发送这份报文。当交换机接收到的报文不携带 VLAN Tag 字段时,交换机就会为该报文封装带有接收端口缺省 VLAN ID 的 VLAN Tag,然后将报文在接收端口的缺省 VLAN 中进行传输。

　　当交换机上配置了 VLAN 后,交换机内部的 MAC 地址与端口对应关系映射表的维护方式就会发生变化,这主要体现在 MAC 地址的学习方式上,具体如下。

　　一是 SVL(shared VLAN learning,共享 VLAN 学习):交换机将所有 VLAN 中的端口学习到的 MAC 地址表项全部记录到一个共享的 MAC 地址转发表内,从任意 VLAN 内的任意端口接收的报文都参照此表中的信息进行转发。

　　二是 IVL(independent VLAN learning,独立 VLAN 学习):交换机为每个 VLAN 维护独立的 MAC 地址转发表。由某个 VLAN 内的端口接收的报文,其源 MAC 地址只被记录到该 VLAN 的 MAC 地址转发表中,且报文的转发只以该表中的信息作为依据。

3.3 跨交换机相同 VLAN 的通信与控制

对 VLAN 进行配置时,首先应根据需求创建 VLAN。

VLAN 配置包括:①开启/关闭设备 VLAN 特性(E026/E050 支持);②创建/删除 VLAN;③为 VLAN 指定以太网端口;④为 VLAN 指定描述字符。

RUIJIE 以太网交换机支持的以太网端口链路类型有以下三种。

一是 Access 类型:端口只能属于一个 VLAN,一般用于交换机与终端用户之间的连接。

二是 Trunk 类型:端口可以属于多个 VLAN,可以接收和发送多个 VLAN 的报文,一般用于交换机之间多 VLAN 的连接。

三是 Hybrid 类型:端口可以属于多个 VLAN,可以接收和发送多个 VLAN 的报文,可以用于交换机之间连接,也可以用于用户计算机的连接。

这三种类型的端口可以共存在一台设备上。

3.3.1 开启/关闭设备 VLAN 特性

当交换机的 VLAN 特性被关闭后,交换机在报文交换的过程中将不再使用 VLAN 标记,从而失去了 VLAN 域的隔离功能。使用下面的命令来开启/关闭设备 VLAN 特性(见表 3-2)。在系统视图下进行下列配置。

表 3-2　开启/关闭设备 VLAN 特性

操　作	命　令
开启/关闭 VLAN 特性	vlan{ enable | disable}

缺省情况下,开启设备的 VLAN 特性。E 系列以太网交换机(E026/E050)支持该配置。

3.3.2 创建/删除 VLAN

使用下面的命令创建/删除 VLAN(见表 3-3)。创建 VLAN 时,如果该 VLAN 已存在,则直接进入该 VLAN 视图;如果该 VLAN 不存在,则此配置任务将首先创建 VLAN,然后进入 VLAN 视图。在系统视图下进行下列配置。需要注意的是,缺省 VLAN 即 VLAN 1 不能被删除。

表 3-3　创建/删除 VIAN

操　作	命　令
创建 VLAN 并进入 VLAN 视图	vlan vlan_id
删除已创建的 VLAN	no vlan{ vlan_id　[to vlan_id] | all}

配置举例:新建 VLAN 2,删除 VLAN 3。

配置步骤:

```
Ruijie>enable
Switch#configure terminal
Switch(config)#vlan vlan-id
Switch(config-vlan)#name vlan-name
Switch(config-vlan)# quit
Switch(config)#no vlan 3
```

3.3.3 为 VLAN 指定以太网端口

使用下面的命令为 VLAN 指定以太网端口(见表 3-4)。在 VLAN 视图下进行下列配置。

表 3-4　为 VLAN 指定以太网端口

操　　作	命　　令
为指定的 VLAN 增加以太网端口	switchport interface_list
删除指定的 VLAN 的某些以太网端口	noport　interface_list

配置举例:创建 VLAN 2,并向 VLAN 2 中加入从 interface0/1 到 interface0/12 的交换机以太网端口。

配置步骤:

```
Ruijie>enable
Switch#configure terminal
Switch(config)#vlan vlan-id
Switch(config-vlan)# switchport interface0/1 to interface0/12
```

缺省情况下,系统将所有端口都加入到一个缺省的 VLAN 中,该 VLAN 的 ID 为 1。需要注意的是,Trunk 和 Hybrid 端口只能通过以太网端口视图下的 port 和 no port 命令加入 VLAN 或从 VLAN 中删除,而不能通过本命令实现。

3.3.4 为 VLAN 指定描述字符

使用下面的命令为 VLAN 指定描述字符(见表 3-5),以区分各个 VLAN,如小组名称、部门名称等。在 VLAN 视图下进行下列配置。

表 3-5　为 VLAN 指定描述字符

操　　作	命　　令
为 VLAN 指定一个描述字符串	description string
恢复 VLAN 的描述字符串为缺省描述	no description

缺省情况下,VLAN 缺省描述字符串为该 VLAN 的 VLAN ID,例如"VLAN0001"。

3.4 园区网络 VLAN 与 IP 地址规划

通过划分子网可以减少网络流量、提高网络性能以及简化管理等。子网地址规划需要考虑以下五个方面的问题。

(1)被选定的子网掩码可以产生多少个子网?

(2)每个子网内部可以有多少个合法的子网号?

(3)这些合法的主机地址是什么?

(4)每个子网的广播地址是什么?

(5)每个子网内部合法的网络号是什么?

本书中,由于核心设备采用了三层交换机,由此在交换机上作了 VLAN 的划分。

整个校园网中虚拟局域网及 IP 编址方案如表 3-6 所示。

表 3-6 虚拟局域网及 IP 编址方案

虚拟局域网 ID	虚拟局域网名称	网络地址/掩码	默认网关	说　明
VLAN 1	xinxizhongxi	10.1.0.0/24	10.1.0.254	信息中心核心区(DMZ 等各区的 IP 地址皆以 10.1 开头,再进一步划分)
VLAN 2	bangong	10.2.0.0/24	10.2.0.254	办公楼
VLAN 3	Xinxijishu3	10.3.0.0/24	10.3.0.254	信息技术学院
VLAN 103	Xinxijishu103	10.103.0.0/24	10.103.0.254	信息技术学院
VLAN 4	jixiexueyuan	10.4.0.0/24	10.4.0.254	机械工程学院
VLAN 5	chengshijianshe	10.5.0.0/24	10.5.0.254	城市建设学院
VLAN 6	jingjiguanli	10.6.0.0/24	10.6.0.254	经济管理学院
VLAN 7	shengwugongcheng	10.7.0.0/24	10.7.0.254	生物工程学院
VLAN 8	guojiwenhua	10.8.0.0/24	10.8.0.254	国际文化交流学院
VLAN 9	Tushuguan3	10.9.0.0/24	10.9.0.254	图书馆
VLAN 109	Tushuguan109	10.109.0.0/24	10.109.0.254	图书馆
VLAN 10	Shiyan1	10.10.0.0/24	10.10.0.254	实验楼 1
VLAN 11	Shiyan2	10.11.0.0/24	10.11.0.254	实验楼 2
VLAN 12	Sushe1	10.12.0.0/24	10.12.0.254	宿舍楼 1
VLAN 13	Sushe2	10.13.0.0/24	10.13.0.254	宿舍楼 2
VLAN 14	Sushe3	10.14.0.0/24	10.14.0.254	宿舍楼 3
VLAN 15	Sushe4	10.15.0.0/24	10.15.0.254	宿舍楼 4

两台核心主交换机的每个端口都划分为一个独立的 VLAN,连接至其他各个楼宇,且此端口的 IP 地址是该网段的最后一个 IP 地址,即 254,也就是本网段的网关地址。253 则分配给各汇聚层的交换机。各网段的主机 IP 地址的最末位范围是 1~252,即每个网段容纳的主机数为 252 台。信息技术学院和图书馆的主机数各将近 400 台,给予它们两个网段。

各设备的 IP 地址分配如表 3-7 所示。

表 3-7　设备 IP 编址方案

设备名称	端　口	IP 地址/掩码	网关地址	说　明
路由器 C_R_1	E0/0(Internet 端口)	202.70.40.2/29	202.70.40.1	ISP1 分配接入 Internet
	E0/1(内网端口)	10.1.1.254/24	202.70.40.1	连接防火墙
防火墙 C_F_1	E1/0/0	10.1.1.253/24	10.1.1.254	防火墙与 C_R_1 连接端口
	E0/0/0	10.1.0.253/24	10.1.1.254	防火墙与内网的接口
	E0/0/1	10.1.3.254/24	10.1.1.254	防火墙的 DMZ 接口
路由器防火墙 C_R_2	E0/0(Internet 端口)	40.240.35.2/30	40.240.35.1	ISP2 分配接入 Internet
	E0/1(内网端口)	10.1.4.254/24	40.240.35.1	连接防火墙
防火墙 C_F_2	E1/0/0	10.1.4.253/24	10.1.1.254	防火墙与 C_R_2 连接端口
	E0/0/0	10.1.0.252/24	10.1.1.254	防火墙与内网的接口
Web 服务器	网卡	外:202.70.40.2~202.70.40.6 内:10.1.3.2~10.1.3.6	10.1.3.254	校园网内、外 Web 服务器
主交换 C_S_1	VLAN 1	10.1.0.243/24	—	主交换机管理 IP 地址
主交换 C_S_2	VLAN 1	10.1.0.242/24	—	主交换机管理 IP 地址
校内服务器组	网卡	10.1.0.230~10.1.0.239	10.1.0.243	校内服务器组 IP 地址
汇聚层交换机 D_S_X	VLAN 1	10.x.0.253/24	10.x.0.254	各汇聚层交换机管理 IP 地址,x 为 VLAN 号
图书馆服务器组	网卡	10.9.0.240~10.9.0.249/24	10.9.0.254	图书馆服务器群的 IP 地址

3.5　实验实训 1——VLAN 配置实训

3.5.1　组网需求

现有 VLAN 2、VLAN 3,通过配置将端口 interface 0/1 和 Interface0/2 归入 VLAN 2 中,将端口 Interface0/3 和 Interface0/4 归入 VLAN 3 中。

3.5.2　组网图

图 3-9 为 VLAN 的典型配置。

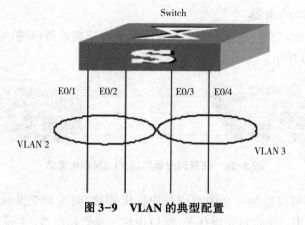

Switch

E0/1   E0/2   E0/3   E0/4

VLAN 2   VLAN 3

图 3-9   VLAN 的典型配置

3.5.3   配置步骤

第一步,创建 VLAN 2。

Switch(config)#vlan 2

第二步,将端口 1、2 加入 VLAN 2。

Switch(config)#interface f0/1
Switch(config-if)#switchport access vlan 2
Switch(config)#interface f0/2
Switch(config-if)#switchport access vlan 2

第三步,创建 VLAN 3。

Switch(config)#vlan 3

第四步,将端口 3、4 加入 VLAN 3。

Switch(config)#interface f0/3
Switch(config-if)#switchport access vlan 3
Switch(config)#interface f0/4
Switch(config-if)#switchport access vlan 3

3.5.4   VLAN 间的路由选择

默认时,只有在同一个 VLAN 中的主机才能通信。要实现 VLAN 间的通信,就需要第三层网络设备。

3.5.4.1 外部路由器

(1)可以使用一个与交换机上的每一个 VLAN 都有连接的外部路由器,由此实现 VLAN 间的通信,如图 3-10 所示。

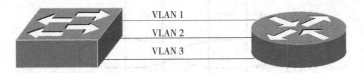

图 3-10　使用路由器实现 VLAN 间的通信

(2)外部路由器可以通过一个中继线与交换机连接,而这台交换机连接了所有必要的 VLAN。该路由器只用一个接口完成任务,所以也称为单臂路由器。"臂"指的是连接路由器和交换机的中继,如图 3-11 所示。

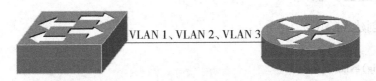

图 3-11　使用单臂路由器实现 VLAN 间的通信

3.5.4.2 内部路由器

另一种设备为集成了路由处理器的多层交换机。这种情况下,路由处理器位于交换机机箱的某块线路板上或交换引擎的模块上。交换机的背板提供了交换引擎和路由处理器之间的通信路径,如图 3-12 所示。

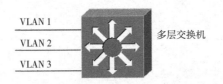

图 3-12　使用内部路由器实现 VLAN 间的通信

3.6　实验实训 2——Trunk 链路配置实训

第一步:进入端口视图,配置端口的链路类型为 Trunk 类型。

第二步:设置 Trunk 端口的缺省 VLAN ID。Access 端口只能属于一个 VLAN,所以其缺省 VLAN 就是所在的 VLAN,无须设置;Hybrid 端口和 Trunk 端口可以属于多个 VLAN,所以需要设置端口的缺省 VLAN ID。这一步是可选的,如果不设置,Trunk 端口的缺省 VLAN 为 VLAN 1。

第三步:将当前 Trunk 端口加入指定的 VLAN,用户可以将当前以太网端口加入指定的 VLAN 中。执行该配置以后,以太网端口即可转发指定 VLAN 的报文,从而实现本交换机上的 VLAN 与对端交换机上相同 VLAN 的互通。

首先,将 Trunk 端口 Interface0/1 的缺省 VLAN 设为默认 VLAN 1。

【命令】switchport mode trunk。

【视图】以太网端口视图。

【参数】access:设置端口为 Access 端口。

        hybrid:设置端口为 Hybrid 端口。

        trunk:设置端口为 Trunk 端口。

【描述】switchport link-type 命令用来设置以太网端口的链路类型。no port link-type 命令用来恢复端口的链路类型为缺省状态,即为 Access 端口。缺省情况下,端口为 Access 端口。

配置举例:将 Trunk 端口 Interface0/1 的缺省 VLAN 设为默认 VLAN 1。

配置步骤:

```
Ruijie>enable
Switch#configure terminal
Switch#interface interface 0/1
[Switch-interface 0/1] switchport mode trunk
```

其次,将 Trunk 端口 Interface0/1 的缺省 VLAN 设为 VLAN 2。

【命令】switchport trunk pvid vlan vlan-id。

        no port trunk pvid。

【视图】以太网端口视图。

【参数】vlan-id:IEEE 802.1Q 中定义的 VLAN ID,取值范围为 1~4 094。缺省值为 1。

【描述】switchport trunk pvid vlan 命令用来设置 Trunk 端口的缺省 VLAN ID。no port trunk pvid 命令用来恢复端口的缺省 VLAN ID。

本端 Trunk 端口的缺省 VLAN ID 和与之相连的对端交换机的 Trunk 端口的缺省 VLAN ID 必须一致,否则报文将不能正确传输。

配置举例:将 Trunk 端口 Interface0/1 的缺省 VLAN 设为 VLAN 2。

配置步骤:

```
Ruijie>enable
Switch#configure terminal
Switch#interface Interface 0/1
[Switch-interface 0/1] switchport link-type trunk
[Switch-interface 0/1] switchport trunk pvid vlan 2
```

最后,将 Trunk 端口 Interface0/1 添加到多个 VLAN 中。

【命令】switchport trunk permit vlan { vlan-id-list | all }。

        no port trunk permit vlan{ vlan-id-list | all }。

【视图】以太网端口视图。

【参数】vlan-id-list:vlan-id-list = [vlan-id1 [to vlan-id2]]&<1~10>,表示此 Trunk 端口可以加入的 VLAN 范围可以是不连续的,vlan-id 取值范围为 1~4 094。&<1~10>表示前面的参数最多可以输入 10 次。

all:将 Trunk 端口加入所有的 VLAN 中。

【描述】switchport trunk permit vlan 命令用来将 Trunk 端口加入指定的 VLAN。

no port trunk permit vlan 命令用来将 Trunk 端口从指定的 VLAN 中删除。

Trunk 端口可以属于多个 VLAN。如果多次使用 port trunk permit vlan 命令,那么 Trunk 端口上允许通过的 VLAN 是 vlan-id-list 的集合。

配置举例:将 Trunk 端口 Interface0/1 加入 VLAN 2、VLAN 4、VLAN 10~VLAN 20 中。

配置步骤:

```
Ruijie>enable
Switch#configure terminal
Switch#interface Interface 0/1
[Switch-interface 0/1 ] switchport link-type trunk
[Switch-interface 0/1] switchport trunk permit vlan 2 4 10 to 20
```

3.7 实验实训 3——使用 Sniffer 软件捕获 IP 数据包分析实训

Sniffer 是一款可以对计算机网络上不同数据的传送进行跟踪与分析,从而对网络行为进行统计、管理的软件。Sniffer 提供了丰富的图形工具,可以非常直观地呈现当前网络的连接情况。

Sniffer 软件还可以对发生在本网络内的数据传送进行捕获,并在网络模型的数据链路层、网络层、传输层等各层进行解码分析,从而找出数据传送的规律或问题。从这一点上看,Sniffer 正如一个内科医生,它可以深入网络通信的内部,获取网络通信的数据。

在 Sniffer Pro 4.70 软件的主界面中,在菜单"Capture"下,点击"Start"菜单项,即可对以后发生在网络内的通信进行数据捕获,当通信完毕时点击"Stop",可终止捕获,或者点击"Stop and Display";终止捕获并查看捕获的数据。

上述操作也可以使用工具栏上的"开始捕获"按钮,捕获完成后,点击终止捕获并查看和分析捕获的数据。

特别需要指出的是,即使数据传送发生在与本主机并不相干的其他主机之间,本机上的 Sniffer 软件也可捕获到。

3.7.1 需求分析

Sniffer(嗅探器)是一种常用的、收集有用数据的软件,这些数据可以是用户的账号和密码,也可以是一些商用机密数据,还可以是具体协议的数据包、报文等。通过软件设计者可以有效地监控分析网络流量,方便地找出网络中存在的问题。若网络运行速度慢,数据发送也会比较慢,通过此软件能够排查问题出在哪,此软件是网络管理人员必不可少的强大的工具。

本节通过 Sniffer 软件,设计者可以观察局域网内各个节点流量数据量的大小、哪些节点进行了相互通信,观察 ICMP 报文格式,以及 ARP 协议格式、UDP 协议的 DNS 协议格式、TCP 的 HTTP 协议格式、FTP 协议和邮箱协议等格式。

通过本节可以帮助读者掌握 Sniffer Pro 软件的功能和使用方法,以及利用该软件解决问题的思路和一些分析方法;掌握 Sniffer Pro 专家分析系统诊断问题的方法;掌握 Sniffer Pro 实时监控网络活动的方法;掌握 Sniffer Pro 捕获工具的使用方法,并捕获以太网封包,从而掌握分析以太网帧结构及各字段的功能的方法。

3.7.2 Sniffer 软件工作原理

首先,要知道 Sniffer 软件捕获的东西必须是物理网卡能接收到的报文信息。显然,只要通知网卡接收其收到的所有包(杂收 promiscuous 模式,是指网络上的所有设备都对总线上传送的数据进行侦听,并不仅仅侦听自己的数据),在共享模式下就能接收到这个网段的所有包,但是,交换模式下就只能接收自己的包加上广播包。要想在交换模式下接收他人的包,就要让其将包发往自己机器所在的端口。交换模式记住一个口的 MAC 是通过接收来自这个口的数据后并记住其源 MAC,就像一个机器的 IP 与 MAC 对应的 ARP 列表,交换机维护一个物理口(即交换机上的网线插口,这之后提到的所有交换机口都是指网线插口)与 MAC 的表,所以可以欺骗交换 HUB。发一个包设置源 MAC 是想接收机器的 MAC,那么交换机就把机器的网线插的物理口与那个 MAC 对应起来了,以后发给那个 MAC 的包就发往你的网线插口了,也就是你的网卡可以捕获到了。注意此物理口同 MAC 的地址表与机器的 ARP 表一样是动态刷新的,那机器发包后交换机就又记住他的端口了,所以实际上是两个在争,这只能应用在只要收听少量包就可以的场合。内部网基于 IP 的通信可以用 ARP 欺骗别人主机让其发送给你的机器,如果要想不影响原来两方的通信,可以欺骗两方,让其都发给你的机器再由你的机器转发,相当于做中间人,这用 ARP 加上编程很容易实现。并且现在很多设备支持远程管理,有很多交换机可以设置一个口监听别的口,不过这就要管理权限了。利用这一点,可以将一台计算机的网络连接设置为接受所有以太网总线上的数据,从而实现 Sniffer。

3.7.3 数据包采集和数据分析

3.7.3.1 Sniffer Pro 网络监控模式

(1)传输地图。图 3-13 中的各点连线表明了当前处于活跃状态的点对点连接,也可通过将鼠标放在 IP 地址上点右键 show select nodes 查看特定的一点对多点的网络连接。图中线表示正在发生的网络连接和过去发生的网络连接。

(2)细节显示。此软件还可以看出各主机之间数据传输流量情况,如图 3-14 所示。

(3)protocol distribution。利用软件查看协议分布状态,可以看到不同区块代表不同的网络通信协议,如图 3-15 所示。

园区网络规划与设计案例

教程

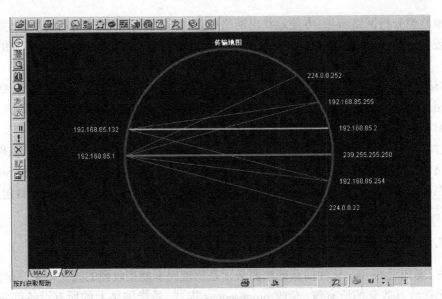

图 3-13　Sniffer Pro 工作界面

图 3-14　主机之间数据传输流量情况

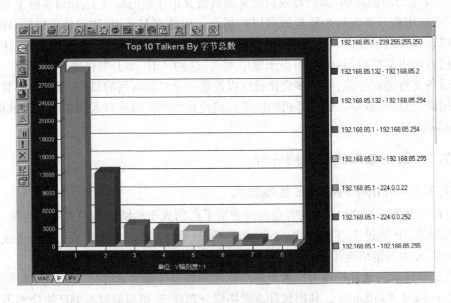

图 3-15　抓包分析网络通信协议分布状态

（4）host table。图 3-16 中所有区块代表了同一网段内与自己主机相连接的通信量的多少。本书以 IP 地址为测量基准，如图 3-17 所示。

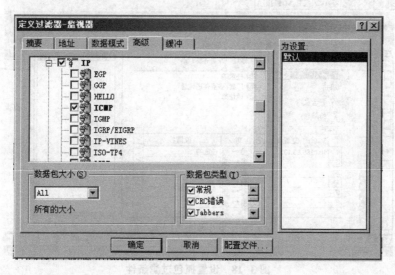

图 3-16 设置分析协议

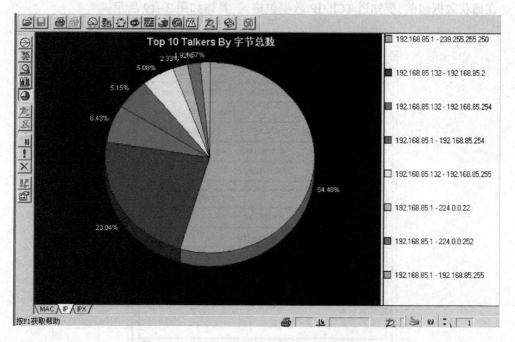

图 3-17 抓包分析源主机、目的主机通讯情况

3.7.3.2 Sniffer 抓包使用说明

在抓包的过程中，可以设置过滤器过滤出制定 IP 地址的数据，因分析问题的不同，可能需要捕获的数据包也是不同的，那么可以只过滤捕获制定数据包的数据，以便分析。具体过滤方法如下。

选择过滤的数据包,如图 3-18 所示。

定义过滤器-监视器
摘要
地址
数据模式
高级
缓冲
地址类型:(A)
已知的地址:(Dragable)(K)
IP
模式
包含(I)
排除(E)
任意的
广播/多点传送地址
地址薄
位置1
Dir.
位置2
192.168.85.132
任意的
确定
取消
配置文件...
为设置:
默认
序号
专家

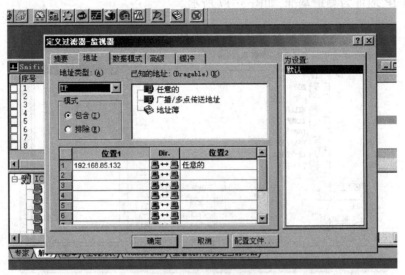

图 3-18　设置抓包过滤条件

在捕获数据包前,要知道 TCP/IP 数据包格式,具体如图 3-19 所示。

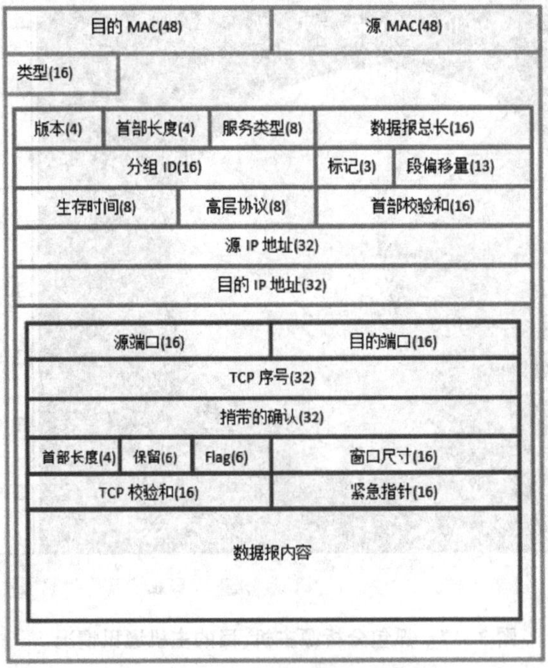

目的 MAC(48)
源 MAC(48)
类型(16)
版本(4)
首部长度(4)
服务类型(8)
数据报总长(16)
分组 ID(16)
标记(3)
段偏移量(13)
生存时间(8)
高层协议(8)
首部校验和(16)
源 IP 地址(32)
目的 IP 地址(32)
源端口(16)
目的端口(16)
TCP 序号(32)
捎带的确认(32)
首部长度(4)
保留(6)
Flag(6)
窗口尺寸(16)
TCP 校验和(16)
紧急指针(16)
数据报内容

图 3-19　IP 数据包格式

首先捕获 ICMP 数据包。

欲捕获 ICMP 数据包,要用本机 ping 局域网内其他 IP 地址,ping 后,便捕获到了 ICMP 数据包,保存后解码分析,表 3-8 为 ICMP 报文格式。

表 3-8　ICMP 报文格式

类型　8 位	代码　8 位	校验和　16 位
首部其余部分		
数据部分		

其中类型为 8 位时回送请求,为 0 位时回答,如图 3-20 所示。

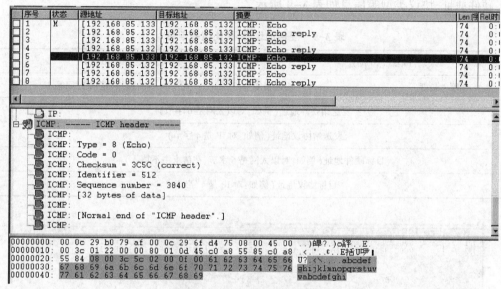

图 3-20　捕获 ICMP 协议包

回送与回答报文,如图 3-21 所示。

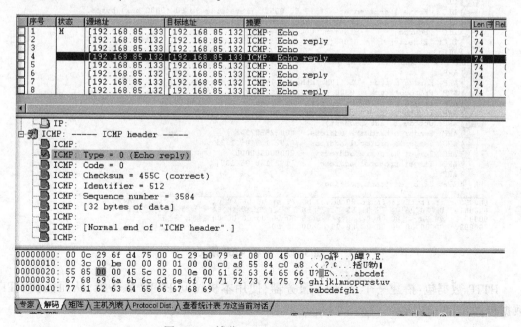

图 3-21　捕获 ICMP 回送与回答报文

3.7.3.3 抓包分析 ARP 数据包

　　首先将过滤监视器地址改为 hardware,已知某台机器的 IP 地址,即可获知其物理地址。在每台安装有 TCP/IP 协议的电脑里都有一个 ARP 缓存表,表里的 IP 地址与 MAC 地址是一一对应的。计算机会先发送一个包含 IP 地址信息的 ARP 请求包(广播包),当某台符合 IP 条件的计算机接收到广播包时,就会给此台发送广播包的计算机发送一个响应,同时把自己的 MAC 地址告知发送至 ARP 广播包的计算机。具体抓包如图 3-22 所示。

　　硬件地址、协议类型等信息如表 3-9 所示。

表 3-9　硬件地址、协议类型等信息

硬件地址(16 位)		协议类型(16 位)	
硬件长度	协议长度	操作(请求 1,回答 2)	
发送站硬件地址(例如:对以太网是 6 字节)			
发送站协议地址(例如:对 IP 是 4 字节)			
目标硬件地址(例如:对以太网是 6 字节,在请求中不填入)			
目标协议地址(例如:对 IP 是 4 字节)			

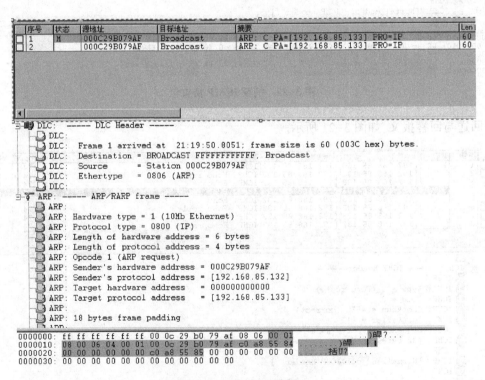

图 3-22　分析 ARP 报文

　　HTTP 数据包:搭建一个 Apache 服务器,使用本机访问 HTTP 服务器,从而捕获 HTTP 数据包,如图 3-23 所示。

图 3-23   测试 Apache 服务器

HTTP 数据包如图 3-24 所示。

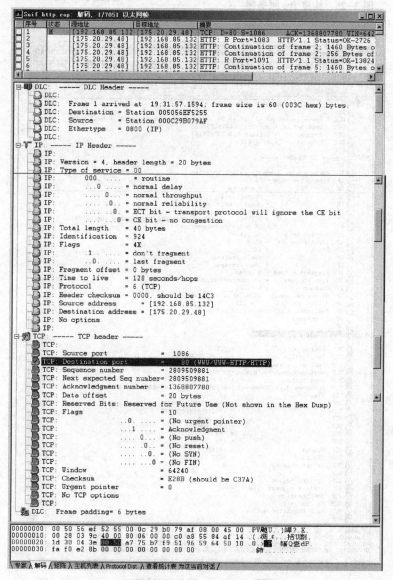

图 3-24   HTTP 协议抓包分析

图 3-25 构建 ftp 服务器

ftp 捕获:制作 ftp 服务器,在本机访问 ftp 服务器进行文件下载,从而捕获 ftp 数据包,访问 ftp 服务器,如图 3-25 所示。

ftp 服务抓包结果如图 3-26 所示。

主机上 DNS 服务如图 3-27 所示。

UDP 数据包:以 DNS 为例,搭建 DNS 服务器,捕获 UDP 数据包,如图 3-28 所示。

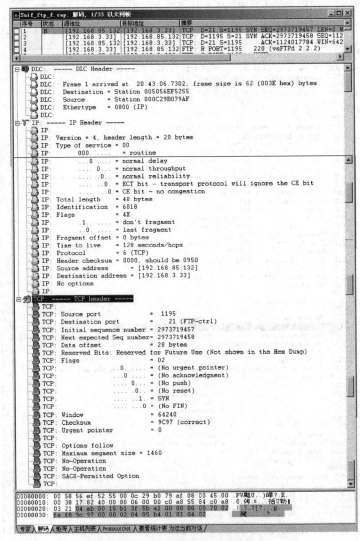

图 3-26 ftp 服务抓包结果

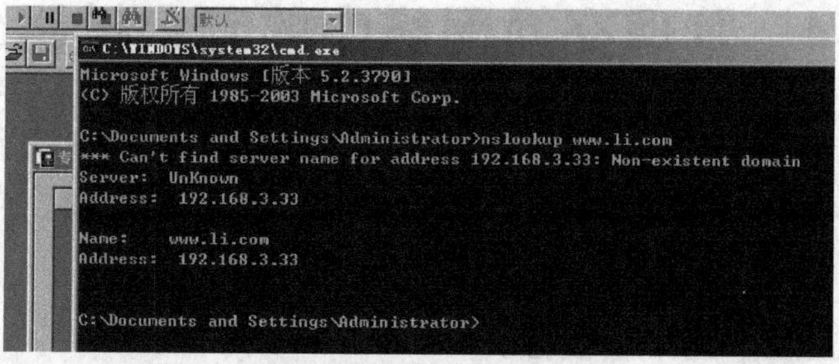

图 3-27　主机上 DNS 服务

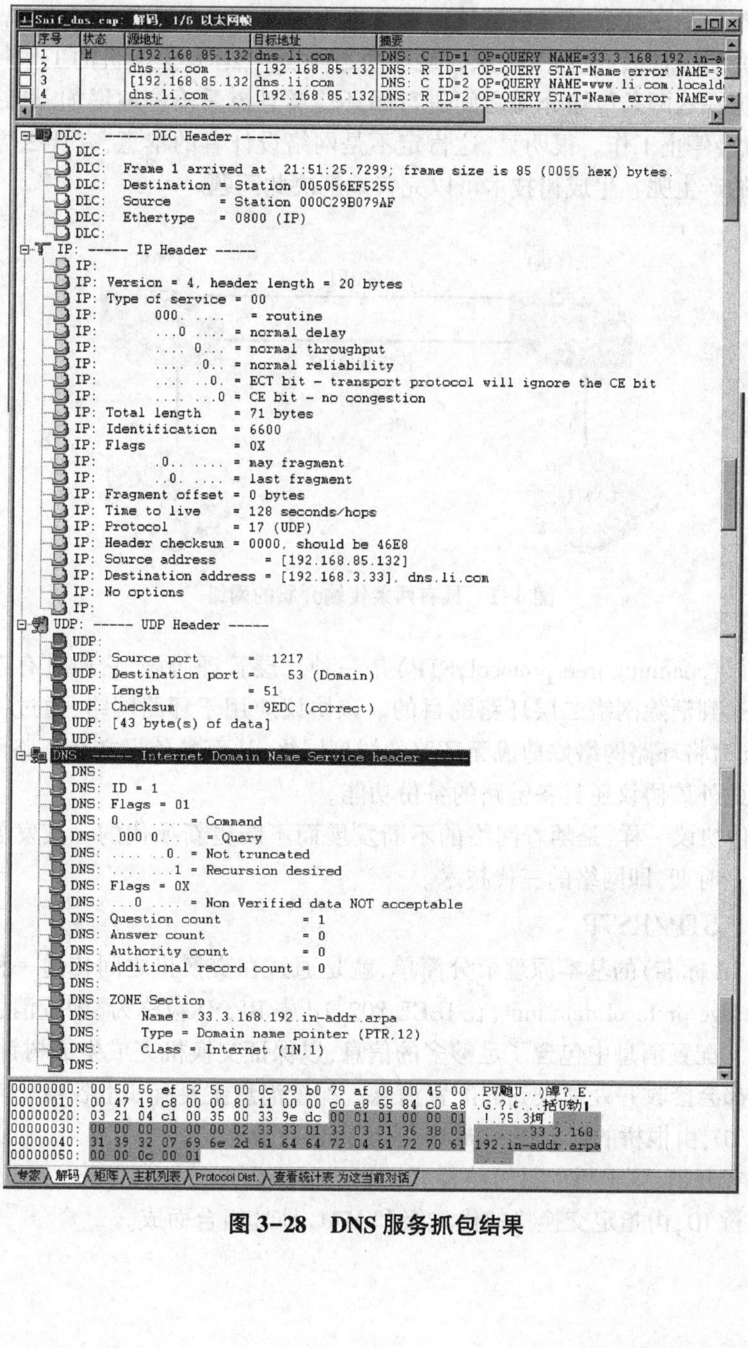

图 3-28　DNS 服务抓包结果

3
交
换
机
基
本
配
置
与
管
理

4 管理交换网络中的冗余链路

4.1 生成树技术

4.1.1 Spanning Tree 协议简介

在如图 4-1 所示的网络中,交换机 1 与交换机 2 之间存在着传输介质 1 与传输介质 2。网络设计者的本意是在这个网络中设计一个冗余——当某一条传输介质出现故障时,能够有另一条传输介质接替其进行工作,从而避免网络瘫痪。然而,交换机的工作特性却使得网络中的广播数据在这两条传输介质之间进行循环传递且流量不停地增加,最终形成广播风暴,这时网络就会停止工作。很明显,这肯定不是网络设计者的本意,有什么方法可以避免这种广播风暴的产生呢? 生成树技术可以完善地解决此问题。

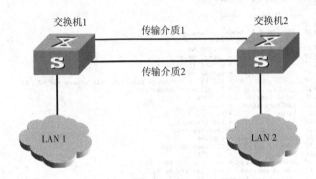

图 4-1 具有两条传输介质的网络

生成树协议(spanning tree protocol,STP)是一种二层管理协议,它通过有选择性地阻塞网络冗余链路达到消除网络二层环路的目的。该协议应用于环路网络,通过一定的算法实现路径冗余,同时将环路网络修剪成无环路的树型网络,从而避免报文在环路网络中的增生和无限循环。此外该协议还具备链路的备份功能。

STP 与其他协议一样,是随着网络的不断发展而不断更新换代的。其发展过程大致可划分为下面三个时期,即网络的三代技术。

4.1.1.1 STP/RSTP

STP(802.1d 标准)的基本原理十分简单,就是通过在交换机之间传递一种特殊的协议报文 BPDU(bridge protocol data unit,在 IEEE 802.1d 中 BPDU 被称为"配置消息")来确定网络的拓扑结构。配置消息中包含了足够多的信息,以保证交换机完成生成树计算,所有支持 STP 的交换机都会接收并处理收到的配置消息。配置消息主要有如下各项。

一是根桥 ID,由根桥的优先级和 MAC 地址组合而成。

二是根路径开销,到根桥的最短路径开销。

三是指定桥 ID,由指定交换机的优先级和 MAC 地址组合而成。

四是指定端口 ID,由指定端口的优先级和端口编号组成。

对一台交换机而言,指定桥是与本机直接相连并且负责向本机转发配置消息的交换机,指定端口是指定桥向本机转发配置消息的端口;对于一个局域网而言,指定桥就是负责向这个网段转发配置消息的交换机,指定端口就是指定桥向这个网段转发配置消息的端口。如图 4-2 所示,AP1、AP2、BP1、BP2、CP1、CP2 分别表示 SwitchA、SwitchB、SwitchC 的端口,SwitchA 通过端口 AP1 向 SwitchB 转发配置消息,则 SwitchB 的指定桥就是 SwitchA,指定端口就是 SwitchA 的端口 AP1;与局域网 LAN 相连的有两台交换机:SwitchB 和 SwitchC,如果 SwitchB 负责向 LAN 转发配置消息,则 LAN 的指定桥就是 SwitchB,指定端口就是 SwitchB 的 BP2。

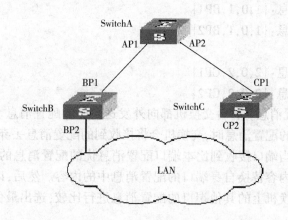

图 4-2 指定端口 ID 和指定交换机 ID 的含义

STP 通过 BPDU 的交流构造一棵自然树,以达到裁剪冗余环路的目的,同时实现链路备份和路径最优化。用于构造这棵树的算法称为生成树算法(spanning tree algorithm,SPA)。

下面结合举例说明生成树协议算法实现的计算过程,其网络拓扑如图 4-3 所示。

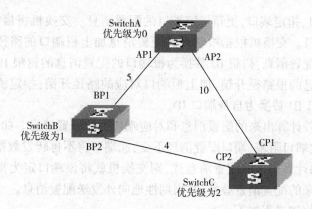

图 4-3 生成树协议算法实现计算过程的网络拓扑

图 4-3 给出了配置消息的前四项:根桥 ID(用以太网交换机的优先级表示),路径开销,

指定桥 ID(用以太网交换机的优先级表示),指定端口 ID(以端口号表示)。如图 4-3 所示，SwitchA 的优先级为 0,SwitchB 的优先级为 1,SwitchC 的优先级为 2,各个链路的路径开销如图 4-3 所示,分别为 5、10、4。计算步骤如下。

(1)初始状态。各台交换机的各个端口在初始时会生成以自己为根的配置消息,根路径开销为 0,指定桥 ID 为自身交换机 ID,指定端口为本端口,即如下表示。

SwitchA:

端口 AP1 配置消息:{0,0,0,AP1}

端口 AP2 配置消息:{0,0,0,AP2}

SwitchB:

端口 BP1 配置消息:{1,0,1,BP1}

端口 BP2 配置消息:{1,0,1,BP2}

SwitchC:

端口 CP1 配置消息:{2,0,2,CP1}

端口 CP2 配置消息:{2,0,2,CP2}

(2)选出最优配置消息。各台交换机都向外发送自己的配置消息。当某个端口接收到比自身的配置消息差的配置消息时,交换机会将接收到的配置消息丢弃,并对该端口的配置消息不做任何处理。当端口接收到比本端口配置消息优的配置消息的时候,交换机就用接收到的配置消息中的内容替换自身端口的配置消息中的内容。然后,以太网交换机将自身端口的配置消息和交换机上的其他端口的配置消息进行比较,选出最优的配置消息。配置消息的比较原则如下。

①根桥 ID 较小的配置消息优先级高。

②若根桥 ID 相同,则比较根路径开销,比较方法为:用配置消息中的根路径开销加上本端口对应的路径开销(和设为 S),则 S 较小的配置消息优先级较高。

③若根路径开销也相同,则依次比较指定桥 ID、指定端口 ID、接收该配置消息的端口 ID 等。

(3)确定根端口、指定端口,更新指定端口的配置消息。交换机将接收最优配置消息的那个端口定为根端口。交换机根据根端口的配置消息加上根端口的路径开销,为每个端口计算一个指定端口配置消息:树根 ID 替换为根端口的配置消息的树根 ID;根路径开销替换为根端口的配置消息的根路径开销,加上根端口对应的路径开销;指定桥 ID 替换为自身交换机的 ID;指定端口 ID 替换为自身端口 ID。

然后交换机比较计算出来的配置消息和对应端口上的配置消息。如果端口上的配置消息优,则交换机将此端口阻塞,端口配置消息不变,此端口将不再转发数据,并且只接收但不发送配置消息;如果计算出来的配置消息优,则交换机就将该端口定为指定端口,端口上的配置消息被计算出来的配置消息替换,并周期性地向外发送配置消息。

各台交换机的比较过程如下。

SwitchA:

端口 AP1 接收到 SwitchB 的配置消息,SwitchA 发现本端口的配置消息优先级高于接收到的配置消息的优先级,就把接收到的配置消息丢弃。端口 AP2 的配置消息处理过程与端口 AP1 类似。SwitchA 发现自己各个端口的配置消息中树根和指定桥都是自己,则认为自己是树根,对各个端口的配置消息都不做任何修改,以后会周期性地向外发送配置消息。此时两个端口的配置消息如下。端口 AP1 配置消息:{0,0,0,AP1};端口 AP2 配置消息:{0,0,0,AP2}。

SwitchB:

端口 BP1 接收到来自 SwitchA 的配置消息,SwitchB 发现接收到的配置消息的优先级比端口 BP1 的配置消息的优先级高,于是更新端口 BP1 的配置消息。

端口 BP2 接收到来自 SwitchC 的配置消息,经过比较后 SwitchB 发现该端口的配置消息优先级高于接收到的配置消息的优先级,就把接收到的配置消息丢弃。

则此时各个端口的配置消息如下。端口 BP1 配置消息:{0,0,0,AP1};端口 BP2 配置消息:{1,0,1,BP2}。

SwitchB 对各个端口的配置消息进行比较,选出端口 BP1 的配置消息为最优配置消息,然后将端口 BP1 定为根端口,整台交换机各个端口的配置消息都进行如下更新。根端口 BP1 配置消息不做改变:{0,0,0,AP1}。端口 BP2 配置消息中,树根 ID 更新为最优配置消息中的树根 ID,根路径开销更新为 5,指定桥 ID 更新为本交换机 ID,指定端口 ID 更新为本端口 ID,配置消息变为{0,5,1,BP2}。

然后 SwitchB 各个指定端口周期性地向外发送自己的配置消息。

SwitchC:

端口 CP2 先会收到来自 SwitchB 端口 BP2 更新前的配置消息{1,0,1,BP2},SwitchC 触发更新过程,更新后的配置消息为{1,0,1,BP2}。

端口 CP1 接收到来自 SwitchA 的配置消息{0,0,0,AP2}后,SwitchC 也触发更新过程,更新后的配置消息为{0,0,0,AP2}。

经过比较,端口 CP1 的配置消息被选为最优的配置消息,端口 CP1 就被定为根端口,它的配置消息不做改变;而端口 CP2 的端口配置消息和交换机自身的指定桥配置消息进行比较后,转为指定端口,配置消息更新为{0,10,2,CP2}。

接着端口 CP2 会接收到 SwitchB 更新后的配置消息{0,5,1,BP2},由于接收到的配置消息比原配置消息优,则 SwitchC 触发更新过程,更新后的配置消息为{0,5,1,BP2}。

同时,端口 CP1 接收到来自 SwitchA 的配置消息,进行比较后 SwitchC 不会触发更新过程,配置消息仍然为{0,0,0,AP2}。

经过比较,端口 CP2 的配置消息{0,5,1,BP2}被选为最优的配置消息,端口 CP2 就被定为根端口,它的配置消息不做改变,而端口 CP1 和计算出来的指定端口配置消息进行比较后,端口 CP1 就被阻塞,端口配置消息不变,同时不接收从 SwitchA 转发的数据,直到新的情况触发生成树的计算,比如从 SwitchB 到 SwitchC 的链路中断。

此时生成树就被确定下来,形状如图 4-4,树根为 SwitchA。

生成树经过一段时间(配置消息发送周期 HelloTime,默认值是 30 秒左右)稳定之后,所有端口要么进入转发状态,要么进入阻塞状态,配置消息仍然会定时从各个交换机的指定端口发出,以维护链路的状态。如果网络拓扑结构发生变化,生成树就会重新计算,端口状态也会随之改变。

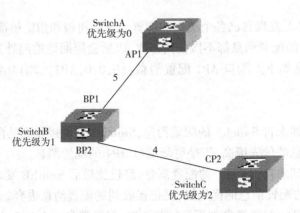

图 4-4 最终稳定的生成树

表 4-1 为交换机开启 STP 功能后的端口状态。

表 4-1 交换机开启 STP 功能后的端口状态

端口状态	功　能
转发	端口转发数据
阻塞	端口为阻断状态,不能进行数据收发
侦听	侦听到来的 Hello 消息,确保没有环路,但不转发数据,也不获悉 MAC 地址
学习	侦听 BPDU,并获悉 MAC 地址,但不转发数据。这是阻断和转发之间的过渡状态
禁用	管理性关闭

当拓扑结构发生变化,新的配置消息要经过一定的延时才能传播到整个网络,这个延时称为端口状态迁移延时(forward delay),协议默认值是 15 秒。在所有网桥收到这个变化的消息之前,若旧拓扑结构中处于转发的端口还没有发现自己应该在新的拓扑结构中停止转发,则可能存在临时环路。为了解决临时环路的问题,生成树使用了一种定时器策略,即在端口从阻塞状态到转发状态中间加上一个只学习 MAC 地址但不参与转发的中间状态,两次状态切换的时间长度都是端口状态迁移延时值,这样就可以保证在拓扑结构变化时不会产生临时环路。但是,这个看似良好的解决方案实际上带来的却是至少两倍端口状态迁移延时值的收敛时间。

为了解决 STP 协议的这个缺陷,IEEE 推出了 802.1w 标准,作为对 802.1d 标准的补充。在 IEEE 802.1w 标准里定义了快速生成树协议(rapid spanning tree protocol,RSTP)。RSTP 协议在 STP 协议的基础上做了三项重要改进,使得收敛速度快得多,从而缩短了网络拓扑稳定需要的时间。其重要的三项改进如下。

第一,RSTP 协议为根端口和指定端口设置了快速切换用的替换端口(alternate port)和备份端口(backup port),当根端口或指定端口失效时,替换端口或备份端口就会无延时地进入转发状态。在正常情况下,根端口或指定端口进行工作,而替换端口或备份端口处于阻塞状态,当根端口或指定端口失效而引起拓扑结构变化时,STP 开始进行重新计算。这时替换端口或备份端口将立即进入转发状态,而无须等待两倍端口状态迁移延时值。

第二,RSTP 协议在只连接了两个交换端口的点对点链路中,指定端口只需与下游交换机进行一次"握手"就可以无延时地进入转发状态。如果是连接了三个以上交换机的共享链路,下游交换机是不会响应上游指定端口发出的"握手"请求的,只能等待两倍端口状态迁移延时值进入转发状态。

第三,RSTP 协议将直接与终端相连的端口,而不是将与其他交换机相连的端口定义为边缘端口(edge port)。边缘端口可以直接进入转发状态,不需要任何延时。由于交换机无法获知端口是否是直接与终端相连,所以需要人工配置。

应用 RSTP 的交换机可以兼容应用 STP 的交换机,两种协议报文都可以被应用 RSTP 的交换机识别并应用于生成树计算。STP/RSTP 虽然为网络提供了一种冗余,提高了网络的可靠性,但是它们仍然有一些缺陷,主要表现在以下三个方面。

第一,当整个交换网络只有一棵生成树时,在网络规模较大时会导致较长的收敛时间,拓扑结构改变的影响面也较大。

第二,在网络结构不对称的情况下,STP/RSTP 会影响网络的连通性,例如,划分了VLAN 的交换机会因为 STP 的重新计算而造成 VLAN 链路的中断。

第三,当链路被阻塞后端口将不承载任何流量,会造成带宽的极大浪费,这在环型城域网结构中比较明显。

为了克服这些缺陷,推出了支持 VLAN 的多生成树协议。

4.1.1.2 PVST/PVST+

每个 VLAN 都生成一棵树,能够保证每一个 VLAN 都不存在环路。但是由于种种原因,以这种方式工作的生成树协议并没有形成标准,而是各个设备生产厂商各自建立了一套标准,其中以 Cisco 公司的 VLAN 生成树 PVST(per VLAN spanning tree)为主要代表。

相对于 STP/RSTP 的 BPDU,为了携带更多的信息,PVST BPDU 的格式已经发生变化,同时在 VLAN 中使用 Trunk 方式的情况下,PVST BPDU 被打上了 802.1Q VLAN 标签。所以,PVST 协议并不兼容 STP/RSTP 协议。很快,Cisco 公司又推出了经过改进的 PVST+协议,该协议成为交换机产品的默认生成树协议。

经过改进的 PVST+协议在默认的 VLAN 1 上运行的是普通 STP 协议,而在其他 VLAN上运行 PVST 协议。为了让 PVST+协议能够与 STP/RSTP 兼容,使用 PVST+的交换机在默认的 VLAN 1 上的生成树状态按照 STP 协议计算,而在其他 VLAN 上,则会把 PVST BPDU当作多播报文按照 VLAN 号进行转发,但这并不影响网络环路的消除,只是 VLAN 1 可能与其他 VLAN 的根桥状态不一致。

在如图 4-5 所示的拓扑结构中,交换机 SW1、SW3 运行 STP 协议,SW2 运行 PVST+协议。所有链路都默认属于 VLAN 1,并且在 SW1、SW2、SW3 上都 Trunk 了 VLAN 10 和 VLAN 20。从VLAN 1 的角度看,可能 SW1 是根桥,SW2 的端口 1 被阻塞;而在 VLAN 10 和 VLAN 20 上,SW2 只能看到自己的 PVST BPDU,所以在这两个 VLAN 上,SW2 认为自己是根桥。因为所有的交换机都使用 Trunk 方式,以转发 VLAN 10 和 VLAN 20 的报文,因此 VLAN 10 和VLAN 20 的 PVST BPDU 会被 SW1 和 SW3 转发,当 SW2 检测到这种环路后,就会在端口 2 上阻塞 VLAN 10 和 VLAN 20。这就是 PVST+协议提供的 STP/RSTP 兼容性。可以看出,当网

络中 PVST+与 STP 共存时,网络中的二层环路能够被识别并消除,因此强求根桥的一致性是
没有任何意义的。

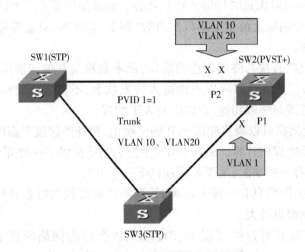

图 4-5 PVST+与 STP 在网络中的共存

如图 4-6 所示的拓扑结构中,交换机 SW1、SW2、SW3 和 SW4 都运行 PVST+协议,并且
都 Trunk 了 VLAN 10 和 VLAN 20。假设 SW1 是所有 VLAN 的根桥,通过配置可以使得 SW4
端口 1 上的 VLAN 10 和端口 2 上的 VLAN 20 阻塞,SW4 的端口 1 所在链路仍然可以承载
VLAN 20 的流量,端口 2 所在链路也可以承载 VLAN 10 的流量,这样链路就具备了链路备份
的功能,这在以往使用 STP 的情况下是无法实现的。

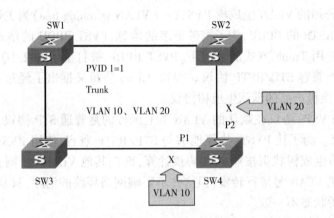

图 4-6 PVST+负载均衡示意图

虽然 PVST/PVST+协议能够实现 VLAN 的负载均衡,同时也可以同 STP 兼容,但是此协
议仍然有如下缺陷。

(1)由于每个 VLAN 都需要生成一棵树,PVST BPDU 的数据通信量将正比于 Trunk 的
VLAN 个数,这样将消耗掉部分带宽。

(2)当 VLAN 个数较多时,维护多棵生成树的计算量和资源占用量将急剧增长。特别是

当 Trunk 了很多 VLAN 的接口状态变化时,所有生成树的状态都要重新计算,交换机 CPU 将不堪重负。所以,Cisco 交换机限制了 VLAN 的使用个数。同时,不建议在一个端口上 Trunk 很多 VLAN.

(3)由于协议的私有性,PVST/PVST+不能像 STP/RSTP 一样得到广泛的支持,不同厂家的设备并不能在这种模式下直接互通,只能通过其他变通的方式实现互通。

一般情况下,网络的拓扑结构不会频繁变化,所以 PVST/PVST+的这些缺点并不会很致命。但是,端口 Trunk 大量 VLAN 这种需求还是存在的。于是,Cisco 公司对 PVST/PVST+又做了新的改进,推出了多实例化的 MISTP 协议。

4.1.1.3 多实例化的第三代生成树协议:MISTP/MSTP

多实例生成树协议(multi-instance spanning tree protocol, MISTP)定义了"实例"(instance)的概念。简单地说,STP/RSTP 是基于端口的,PVST/PVST+是基于 VLAN 的,而 MISTP 是基于实例的。所谓实例就是多个 VLAN 的一个集合,通过多个 VLAN 捆绑到一个实例中去的方法可以节省通信开销并降低资源占用率。

MISTP 在使用时可以把多个相同拓扑结构的 VLAN 映射到一个实例里,这些 VLAN 在端口上的转发状态将取决于对应实例在 MISTP 里的状态,完成这样的操作必须有一个前提,就是网络里的所有交换机的 VLAN 和实例映射关系必须都一致,否则会影响网络的连通性。为了检测这种错误,MISTP BPDU 里除了携带实例号以外,还要携带实例对应的 VLAN 关系等信息。MISTP 协议不处理 STP/RSTP/PVST BPDU,所以不能兼容 STP/RSTP 协议,甚至不能向下兼容 PVST/PVST+协议。为了让网络能够平滑地从 PVST+模式迁移到 MISTP 模式,Cisco 公司在交换机产品里又增了一个可以处理 PVST BPDU 的混合模式 MISTP-PVST+,网络升级时需要先把设备都设置成 MISTP-PVST+模式,然后再全部设置成 MISTP 模式。

MISTP 既有 PVST 的 VLAN 认知能力和负载均衡能力,又拥有可以和 STP 媲美的低 CPU 占用率。不过,极差的向下兼容性和协议的私有性阻碍了 MISTP 的大范围应用。

多生成树协议(multiple spanning tree protocol, MSTP)是 IEEE 802.1s 中定义的一种新型多实例化生成树协议。这个协议目前仍然在不断的优化过程中,现在只有草案(draft)版本可以获得。Cisco 公司已经在 CatOS 7.1 版本里增加了 MSTP 的支持,锐捷公司 Switch 系列的三层交换机产品也推出了支持 MSTP 协议的新版本。

MSTP 协议的精妙之处在于把支持 MSTP 的交换机和不支持 MSTP 的交换机划分为不同的区域,分别称为 MST 域和 SST 域。在 MST 域内部运行多实例化的生成树,在 MST 域的边缘运行 RSTP 兼容的内部生成树(internal spanning tree, IST)。

MSTP 相对于之前的种种生成树协议而言,优势非常明显。MSTP 具有 VLAN 认知能力,可以实现负载均衡,可以实现类似 RSTP 的端口状态快速切换,可以捆绑多个 VLAN 到一个实例中,以降低资源占用率,可以很好地向下兼容 STP/RSTP 协议。此外,MSTP 是 IEEE 标准协议,推广的阻力相对小得多。

4.1.2 Spanning Tree 配置

RSTP 允许在启动前配置设备或以太网接口端口的相关参数。
RSTP 主要配置如下。

(1)开启/关闭设备 RSTP 特性。

(2)在指定端口上开启/关闭 RSTP 特性。

(3)配置/恢复交换网络的网络直径。

(4)配置/恢复 RSTP 协议的工作模式。

(5)配置/恢复特定网桥的 Bridge 优先级。

(6)配置/恢复特定网桥的 ForwardDelay 特性。

(7)配置/恢复特定网桥的 HelloTime 特性。

(8)配置/恢复特定网桥的 MaxAge 特性。

(9)配置/恢复特定端口的最大发送速率。

(10)配置特定端口是否可以作为边缘端口。

(11)配置/恢复特定端口的 Path Cost。

(12)配置/恢复特定端口的优先级。

(13)配置特定端口是否与点对点链路相连。

(14)配置特定端口的 mCheck 变量。

(15)配置 STP 收到 TCN 报文后的处理方式。

4.1.2.1 开启/关闭设备 RSTP 特性

在系统配置视图进行下列配置:开启/关闭设备 RSTP 特性(见表 4-2)。

表 4-2 开启/关闭设备 RSTP 特性

操　作	命　令
开启设备 RSTP 协议	stp enable
关闭设备 RSTP 协议	stp disable

开启设备的 Spanning Tree 特性后,会占用一部分网络资源。

缺省情况下,不运行 RSTP。

4.1.2.2 在指定的端口上开启/关闭 RSTP 特性

为了灵活地控制 RSTP 工作,可以关闭指定的以太网端口的 RSTP 特性,使这些端口不参与生成树计算。在接口配置视图进行下列配置:在指定的端口上开启/关闭 RSTP 特性(见表 4-3)。

表 4-3 在指定的端口上开启/关闭 RSTP 特性

操　作	命　令
在指定的端口上开启 RSTP 特性	stp enable
在指定的端口上关闭 RSTP 特性	stp disable

需要注意的是,如果对以太网端口所连接的网络拓扑结构不了解,关闭该端口上的 RSTP 协议后,可能会产生冗余路径。

缺省情况下,RSTP 启动后在所有端口上开启 RSTP 协议。

4.1.2.3 配置/恢复交换网络的网络直径

网络直径是指交换网络中任意两个终端设备之间交换机的最大数目。设计者可以根据实际的组网情况进行该参数的配置。在系统配置视图进行下列配置:配置/恢复交换网络的网络直径(见表4-4)。

表4-4 配置/恢复交换网络的网络直径

操　作	命　令
配置交换网络的网络直径	stp bridge-diameter value
恢复交换网络的网络直径的缺省值	no stp bridge-diameter

需要注意的是,IEEE 802委员会建议交换网络的网络直径不要超过7。

缺省情况下,网络直径被配置为7。

4.1.2.4 配置/恢复 RSTP 协议的工作模式

RSTP协议有两种工作模式:RSTP模式和STP兼容模式。RSTP协议可以工作在STP兼容模式下,与STP协议互通。如果交换网络中存在运行STP协议的网桥,可以通过命令配置当前的RSTP协议运行在STP兼容模式下。

在系统配置视图进行下列配置:配置/恢复RSTP协议的工作模式(见表4-5)。

表4-5 配置/恢复 RSTP 协议的工作模式

操　作	命　令
配置RSTP协议的工作模式为RSTP模式	stp moderstp
配置RSTP协议的工作模式为STP兼容模式	stp mode stp
恢复RSTP协议的工作模式为缺省值	no stp mode

需要注意的是,RSTP协议可以自动检测到交换网络中存在运行STP协议的网桥,并可以自动迁移到STP兼容模式下运行,一般情况下用户可以不用手工配置。

缺省情况下,RSTP协议运行的是RSTP模式。

4.1.2.5 配置/恢复特定网桥的 Bridge 优先级

网桥优先级的大小决定了这个网桥是否能够被选择为整个生成树的根。通过设置较小的优先级可以指定某个网桥作为生成树的根。

在系统配置视图进行下列配置:配置/恢复特定网桥的Bridge优先级(见表4-6)。

表4-6 配置/恢复特定网桥的 Bridge 优先级

操　作	命　令
配置特定网桥的Bridge优先级	stp priority value
恢复特定网桥的Bridge优先级为缺省值	no stp priority

需要注意的是,如果整个交换网络中所有网桥的优先级采用相同的值,则 MAC 地址最小的那个网桥将被选择为根。在 RSTP 协议开启的情况下,如果配置网桥的优先级,会引起生成树重新计算。

缺省情况下,网桥的优先级被配置为 32768。

4.1.2.6 配置/恢复特定网桥的 ForwardDelay 特性

网桥的 ForwardDelay 特性即端口从 Discarding 状态进入 Forwarding 状态需要经历的延时间隔。该参数与交换网络的网络直径有关,建议用户此处采用缺省值进行配置。

在系统配置视图进行下列配置:配置/恢复特定网桥的 ForwardDelay 特性(见表 4-7)。

表 4-7　配置/恢复特定网桥的 ForwardDelay 特性

操　作	命　令
配置特定网桥的 ForwardDelay	stp timer forward-delay value
恢复特定网桥的 ForwardDelay 为缺省值	no stp timer forward-delay

需要注意的是,如果 ForwardDelay 配置得过小,网络拓扑结构改变后可能会引入临时的冗余路径;如果 ForwardDelay 配置得过大,网络拓扑结构改变后可能会较长时间不能恢复连通。

缺省情况下,网桥的 ForwardDelay 被配置为 15 秒。

4.1.2.7 配置/恢复特定网桥的 HelloTime 特性

网桥的 HelloTime 特性即 RSTP 协议定时发送配置消息的时间间隔,合适的 HelloTime 时间值可以保证网桥能够及时发现网络中的链路故障,又不会占用过多的网络资源。建议用户采用缺省值配置网桥的 HelloTime 时间值。

在系统配置视图进行下列配置:配置/恢复特定网桥的 HelloTime 特性(见表 4-8)。

表 4-8　配置/恢复特定网桥的 HelloTime 特性

操　作	命　令
配置特定网桥的 HelloTime	stp timer hello value
恢复特定网桥的 HelloTime 为缺省值	no stp timer hello

需要注意的是,过长的 HelloTime 会导致因为个别协议报文丢失而使网桥误认为链路故障,开始重新计算生成树;过短的 HelloTime 会导致网桥频繁发送配置消息,增加网络负担和CPU 负担。

缺省情况下,网桥的 HelloTime 被配置为 2 秒。

4.1.2.8 配置/恢复特定网桥的 MaxAge 特性

网桥的 MaxAge 特性即配置消息的最大生存期限。该参数用来判断配置消息是否"过时",进而判断配置消息是否丢弃,用户可以根据实际的网络情况对其进行配置。建议用户采用缺省值配置网桥的 MaxAge 时间值。

在系统配置视图进行下列配置:配置/恢复特定网桥的 MaxAge 特性(见表 4-9)。

表 4-9　配置/恢复特定网桥的 MaxAge 特性

操　　作	命　　令
配置特定网桥的 MaxAge	stp max-age value
恢复特定网桥的 MaxAge 为缺省值	no stp max-age

需要注意的是,如果该参数被配置得过小,生成树计算就会比较频繁,而且有可能将网络拥塞误认为链路故障;如果该参数被配置得过大,很可能不能及时发现链路故障,会降低网络的自适应能力。

缺省情况下,网桥的 MaxAge 被配置为 20 秒。

4.1.2.9　配置/恢复特定端口的最大发送速率

以太网端口的最大发送速率即 HelloTime 时间间隔内允许发送的最大配置消息数目。该参数同端口的物理状态和网络结构有关,建议用户采用缺省值配置该参数。

在接口配置视图进行下列配置:配置/恢复特定端口的最大发送速率(见表 4-10)。

表 4-10　配置/恢复特定端口的最大发送速率

操　　作	命　　令
配置特定端口的最大发送速率	stp transit-limit value
恢复特定端口的最大发送速率为缺省值	no stp transit-limit

需要注意的是,如果该参数被配置得过大,会占用过多的网络资源。

缺省情况下,网桥所有以太网端口的最大发送速率被配置为 3。

4.1.2.10　配置特定端口是否可以作为边缘端口

以太网端口的边缘端口(EdgePort)属性表示该端口是否直接或间接连接到其他网桥。如果端口没有和任何其他网桥的以太网端口相连,则应该将该端口配置为边缘端口。这样,如果网桥工作在 RSTP 模式下,该端口能够直接迁移到 Forwarding 状态,以减少不必要的迁移时间。如果某个特定端口被配置为边缘端口,但是该端口与其他网桥的端口相连,RSTP 协议就可以自动检测并将其重新设置为非边缘端口。

在接口配置视图进行下列配置:配置特定端口是否可以作为边缘端口(见表 4-11)。

表 4-11　配置特定端口是否可以作为边缘端口

操　　作	命　　令
配置以太网端口为边缘端口	stp edge-port enable
配置以太网端口为非边缘端口	stp edge-port disable
恢复该参数值为缺省值	no stp edge-port

需要注意的是,如果当前以太网端口由非边缘端口转变成边缘端口时,用户最好手动将该参数配置为边缘端口,RSTP 协议无法检测非边缘端口是否转变成边缘端口。另外,边缘

端口的属性只有在 RSTP 工作模式下,才能体现快速迁移到转发状态的特性。

缺省情况下,网桥所有端口均被配置为非边缘端口。

4.1.2.11 配置/恢复特定端口的 Path Cost

以太网端口的路径开销与该端口的链路速率有关,链路速率越大,应该将该参数配置得越小,当该参数被配置为缺省值时,RSTP 协议可以自动检测当前以太网端口的链路速率,并换算成相应的路径开销。建议用户使用缺省值,让 RSTP 协议自己计算当前以太网端口的路径开销。

在接口配置视图进行下列配置:配置/恢复特定端口的 Path Cost(见表 4-12)。

表 4-12   配置/恢复特定端口的 Path Cost

操　　作	命　　令
配置特定端口的 Path Cost	stp pathcost value
恢复特定端口的 Path Cost 为缺省值	no stp pathcost

需要注意的是,配置特定端口的路径开销会引起生成树重新计算。

4.1.2.12 配置/恢复特定端口的优先级

通过设置以太网端口的优先级可以指定特定的以太网端口包含在生成树内,一般情况下,配置的值越小,端口的优先级就越高,该以太网端口就越有可能包含在生成树内。如果网桥所有的以太网端口采用相同的优先级参数值,则以太网端口的优先级高低就取决于该以太网端口的索引号。

在接口配置视图进行下列配置:配置/恢复特定端口的优先级(见表 4-13)。

表 4-13   配置/恢复特定端口的优先级

操　　作	命　　令
配置特定端口的优先级	stp port-priority value
恢复特定端口的优先级为缺省值	no stp port-priority

需要注意的是,配置特定端口的优先级会引起生成树重新计算。

缺省情况下,网桥所有以太网端口的优先级被配置为 128。

4.1.2.13 配置/恢复特定端口是否与点对点链路相连

如果网桥工作在 RSTP 模式下,点对点链路相连的两个端口可以通过传送同步报文快速迁移到 Forwarding 状态,减少了不必要的转发延迟时间。如果将该参数配置为自动模式,RSTP 协议可以自动检测当前的以太网端口是否与点对点链路相连。用户可以手动配置当前以太网端口是否与点对点链路相连,但建议用户将其设为自动模式。

在接口配置视图进行下列配置:配置/恢复特定端口是否与点对点链路相连(见表 4-14)。

表 4-14　配置/恢复特定端口是否与点对点链路相连

操　　作	命　　令
配置特定端口与点对点链路相连	stp point-to-point force-true
配置特定端口没有与点对点链路相连	stp point-to-point force-false
配置该参数为自动模式	stp point-to-point auto
恢复该参数为缺省值	no stp point-to-point

需要注意的是,当前以太网端口必须是聚合组的主端口或者是全双工模式,才可以将其配置成点对点链路,否则所配置的值与实际的端口属性不符合,可能会引入临时的冗余路径。另外,点对点链路的属性只有在 RSTP 工作模式下,才能体现其快速迁移的特性。

缺省情况下,该参数被配置为 auto。

4.1.2.14　配置特定端口的 mCheck 变量

端口的 mCheck 属性用来检测运行在 STP 兼容模式下的端口是否可以转换到 RSTP 模式。通过设定 mCheck,可以检查与当前以太网端口相连的网段内是否存在运行 STP 协议的网桥。如果在与当前以太网端口相连的网段内存在运行 STP 协议的网桥,RSTP 协议会将该端口的协议运行模式迁移到 STP 兼容模式,但在网络比较稳定的情况下,虽然网段内运行 STP 协议的网桥被拆离,但 RSTP 协议仍然会运行在 STP 兼容模式下,通过设定 mCheck 变量可以迫使其迁移到 RSTP 模式下运行。所以在端口上使用该命令之后,如果端口仍然运行在 STP 兼容模式,表示该端口所连接的网段存在 STP 网桥,否则该端口就会回到 RSTP 模式,表示该端口所连接的网段已经没有任何 STP 网桥。

在接口配置视图进行下列配置:配置特定端口的 mCheck 变量(见表 4-15)。

表 4-15　配置特定端口的 mCheck 变量

操　　作	命　　令
配置特定端口的 mCheck 变量	stp mcheck true
配置特定端口的 mCheck 变量	stp mcheck false

需要注意的是,将 mCheck 变量设为 false 不起任何作用。另外,mCheck 命令只有在 RSTP 工作模式下,才能实现检测 STP 网桥的功能。

4.1.2.15　配置 STP 收到 TCN 报文后的处理方式

在系统配置视图进行下列配置:配置 STP 收到 TCN 报文后的处理方式(见表 4-16)。

表 4-16　配置 STP 收到 TCN 报文后的处理方式

操　　作	命　　令
配置 STP 收到 TCN 报文后的处理方式	stp converge { fast | normal [packet packetnum] }

如果设置为 ARP 老化方式,则还需设置每秒发送老化报文的个数。

缺省情况下,采用 ARP 老化方式,即 normal 方式。

4.1.3 Spanning Tree 显示和调试

show 命令在所有视图下进行操作。debugging 命令在用户视图下进行操作。
RSTP 的显示和调试命令如下(见表 4-17)。

表 4-17 RSTP 的显示与调试命令

操　作	命　令
显示本设备及当前端口配置信息和统计信息	show stp [statistics] [only-up] [interface { { interface-type interface-num | interface-name } [to interface-type interface-num | to interface-name] } &<1-10>]
打开 RSTP 的调试开关(收发报文、事件、错误等)	[no] debugging stp { error | event | packet

show stp 命令可显示 RSTP 当前运行状态等信息,以及以太网端口各种 RSTP 配置参数。
显示以太网端口 Interface8/0/0 的 RSTP 信息如下。

[Switch] show stp
The bridge is executing the IEEE Rapid Spanning Tree protocol
　　The bridge has priority 32768, MAC address:0a0b-0c0d-0e0f
　　Configured Hello Time 2 second(s), Max Age 20 second(s),
　　Forward Delay 15 second(s)
　　Spanning Tree converge mode is normal,　100 detecting packets
　　Root Bridge has priority 32768, MAC address 0a0b-0c0d-0e0f
　　The bridge is Root Bridge now
　　Path cost to root bridge is 0, Bridge diameter is 7
interface13/0/0(Port 384) of bridge is down
　　Spanning Tree Protocol is enabled
　　The port is a DisabledPort
　　Port path cost 20000
　　Port priority 128
　　Designated bridge has priority 32768, MAC address 0a0b-0c0d-0e0f
　　Configured as a non-edge port
　　Connected to a non-point-to-point LAN segment
　　Maximum transmission limit is 3　BPDUs every hello time
　　Times:Hello Time 2 second(s),　　Max Age 20 second(s)
　　　　　Forward Delay 15 second(s), Message Age 0 second(s)

4.2　端口聚合技术

4.2.1　端口聚合技术概述

端口聚合也称为以太通道(interface channel),主要用于交换机之间的连接。当两个交换机之间有多条冗余链路时,STP 会将其中的几条链路关闭,只保留一条,这样可以避免二层的环路产生。但是 STP 的链路切换会很慢,在 50s 左右。使用以太通道,交换机会把一组物理端口联合起来,作为一个逻辑的通道,也就是 channel-group,这样交换机会认为这个逻辑通道为一个端口。

端口聚合技术的优点如下。

(1)带宽增加,带宽相当于组成组的端口的带宽总和。

(2)增加冗余,只要组内不是所有的端口都卸载,两个交换机之间仍然可以继续通信。

(3)负载均衡,可以在组内的端口上配置,使流量在这些端口上自动进行负载均衡。

端口聚合可将多物理连接当作一个单一的逻辑连接进行处理,它允许两个交换器之间通过多个端口并行连接,同时传输数据,以提供更高的带宽、更大的吞吐量和可恢复性的技术。一般来说,两个普通交换器连接的最大带宽取决于媒介的连接速度(100BAST-TX 双绞线为 200M),而使用 Trunk 技术可以将 4 个 200M 的端口捆绑后成为一个高达 800M 的连接。这一技术的优点是以较低的成本通过捆绑多端口提高带宽,而其增加的开销只是连接用的普通五类网线和多占用的端口。此项技术可以有效地提高子网的上行速度,从而消除网络访问中的瓶颈。另外,Trunk 还具有自动带宽平衡,即容错功能:即使 Trunk 只有一个连接存在时也仍然会工作,这无形中增强了系统的可靠性。

4.2.2　端口聚合技术的配置

4.2.2.1　speed

【命令】

在 100Mbit/s 以太网端口下命令的形式为:

speed { 10 | 100 | auto }

在 1 000Mbit/s 以太网端口下命令的形式为:

speed { 10 | 100 | 1000 | auto }

命令的 no 形式为:

no speed

【视图】

以太网端口视图。

【参数】

10：表示端口速率为 10Mbit/s。

100：表示端口速率为 100Mbit/s。

1 000：表示端口速率为 1 000Mbit/s。

auto：表示端口速率处于双方自协商状态。

【描述】

speed 命令用来设置端口的速率，no speed 命令用来恢复端口的速率为缺省值。

缺省情况下，端口速率处于双方自协商状态。相关配置可参考命令 duplex。

【举例】

将以太网端口 Interface0/1 的端口速率设置为 10Mbit/s。

[switch-Interface0/1] speed 10

4.2.2.2　duplex

【命令】

duplex { auto | full | half }

no duplex

【视图】

以太网端口视图。

【参数】

auto：端口处于自协商状态。

full：端口处于全双工状态。

half：端口处于半双工状态。

【描述】

duplex 命令用来设置以太网端口的全双工/半双工属性，no duplex 命令用来将端口的双工状态恢复为缺省的自协商状态。

缺省情况下，端口处于自协商状态。相关配置可参考命令 speed。

【举例】

将以太网端口 Interface0/1 端口设置为自协商状态。

[switch-Interface0/1] duplex auto

4.2.2.3 link-aggregation

【命令】

link-aggregationport_num1 to port_num2 { both | ingress }
no link-aggregation { master_port_num | all }

【视图】

系统视图。

【参数】

port_num1:用来表示加入汇聚的以太网端口起始范围值。

port_num2:用来表示加入汇聚的以太网端口终止范围值。

both:表示汇聚组中各成员端口根据源 MAC 地址和目的 MAC 地址对出端口方向的数据流进行负荷分担。

ingress:表示汇聚组中各成员端口仅根据源 MAC 地址对出端口方向的数据流进行负荷分担。E026-SI 以太网交换机不支持 ingress 汇聚模式。

master_port_num:端口汇聚的主端口号。

all:所有汇聚端口。

【描述】

link-aggregation 命令用来将一组端口设置为汇聚端口,并将端口中端口号最小的作为主端口,no link-aggregation 命令用来删除以太网端口汇聚。需要注意的是,进行汇聚的以太网端口必须同为 10M_FULL(10Mbit/s 速率,全双工模式)或 100M_FULL(100Mbit/s 速率,全双工模式)或 1 000M_FULL(1 000Mbit/s 速率,全双工模式),否则无法实现汇聚。相关配置可参考命令 show link-aggregation。

【举例】

根据源 MAC 地址和目的 MAC 地址对出端口方向的数据流进行负荷分担。

[Switch] link-aggregation interface0/1 to interface0/2 both

4.3 实验实训1——通过 RSTP 建立冗余链路实训

如图 4-7 所示,两台路由交换机 S8016A 和 S8016B 通过端口 Interface1/0/0 相连,同时下接一台以太网交换机,连接端口为 Interface1/0/1。三台设备形成了一个环状结构,图 4-7 中实线表示活动链路,虚线表示冗余备份链路。

4.3.1 配置步骤

4.3.1.1 配置交换机 A

(1)启动交换机 A 的 RSTP 功能。

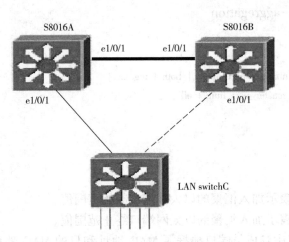

图 4-7　Spanning Tree 配置实例

SW1(config)#spanning-tree

SW1(config)#spanning-tree mode rstp

　(2)配置交换机 A 的优先级,其他参数保持默认值,使 A 成为根交换机。

[S8016A] stp priority 24576

4.3.1.2　配置交换机 B

(1)启动交换机 B 的 RSTP 功能。

[S8016B] stp enable

(2)配置交换机 B 的优先级,使 B 的优先级高于交换机 C。

[S8016B] stp priority 28672

4.3.1.3　配置以太网交换机 C

环网中的以太网交换机 C 也应当启动生成树协议,所有生成树参数保持默认值即可。

4.3.2　状态检查

4.3.2.1　检查 S8016A 和 S8016B 的 RSTP 的状态

[S8016A] show stp

[S8016B] show stp

交换机 S8016A 由于是根桥,它的所有 up 端口都处于 Forwarding 状态,而交换机 S8016B 的 Interface1/0/0 是根端口,处于 Forwarding 状态;Interface1/0/1 是指定端口,也处于 Forwarding 状态。

4.3.2.2 检查以太网交换机 C 的 RSTP 状态

与 S8016A 相连的端口是根端口,处于 Forwarding 状态;而与 S8016B 相连的端口是备选端口,处于 Discarding 状态,从而避免了环路的产生。

在 S8016A 发生故障或与以太网交换机 C 相连的链路发生故障时,以太网交换机 C 可以在较短时间内,将与 S8016B 相连的端口激活到 Forwarding 状态,从而保证以太网交换机 C 的上行通畅。

4.3.3 Spanning Tree 故障排除

故障现象:在交换机的 STP 功能启动之后,出现环路。

故障排除:首先判断是否存在如下两种情况。

第一,两台交换机对接多条平行链路,其中一台交换机对这些端口配置聚合,另外一台交换机对这些端口没有配置聚合。

第二,一台交换机对多个端口配置聚合,但是聚合端口组中有一个端口与本设备的其他端口连接自环。

另外,假设 STP 功能启动之后,同属于 VLAN 100 的两个用户二层不通,则有可能是因为 VLAN 配置和 RSTP 协议不协调造成的,需要进行检查。

检查这两个用户是否连接在一个交换机上,如果是,则进行第二项检查,否则进行第三项检查。

检查连接这两个用户的端口的 STP 状态,如果其中一个是 Discarding 状态,则表明故障原因是 VLAN 配置和 RSTP 协议不协调。

检查这两台交换机之间是否存在环路,如果是,则进行第四项检查,否则表示该故障与 RSTP 协议无关,需检查有无其他故障。

环路中没有被生成树阻断的那条通路是否允许 VLAN 100 通过?如果是,则表示该故障与 RSTP 协议无关,需检查有无其他故障,否则表明故障原因是 VLAN 配置和 RSTP 协议不协调。

如果上述检查的结论为"故障原因是 VLAN 配置和 RSTP 协议不协调"表示二层不通是由于 STP 将同一个 VLAN 的链路阻断引起的,只要允许 VLAN 100 通过那条没有被生成树阻断的路径即可排除故障。也就是说,将这条路径上的交换机端口设置为 Trunk 端口,并允许 VLAN 100 通过。

4.4 实验实训2——交换机之间设置端口汇聚实训

4.4.1 功能需求及组网说明

功能需求及组网说明如图 4-8 所示。

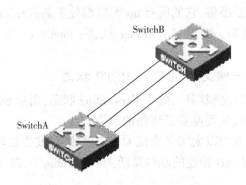

图 4-8　交换机端口汇聚配置

4.4.1.1　配置环境参数

SwitchA 的端口 E0/1、E0/2 和 E0/3 分别同 SwitchB 的端口 E0/1、E0/2 和 E0/3 互连。

4.4.1.2　组网需求

配置时,设计者需要增加 SwitchA 与 SwitchB 之间的带宽,将 SwitchA 与 SwitchB 之间的流量进行负荷分担,并达到链路备份的效果。

4.4.2　数据配置步骤

当交换机之间采用 Trunk 端口互连时,配置端口汇聚可将流量在多个端口上进行分担,即采用端口汇聚可以达到带宽增加、负载分担和链路备份的效果。

4.4.2.1　SwitchA 相关配置

(1)进入端口 E0/1。

[SwitchA]interface Interface 0/1

(2)参与端口汇聚的端口必须工作在全双工模式。

[SwitchA-Interface0/1]duplex full

(3)参与端口汇聚的端口工作速率必须一致。

[SwitchA-Interface0/1]speed 100

(4)端口 E0/2 和 E0/3 的配置同端口 E0/1 的配置一致。

(5)根据源 MAC 地址和目的 MAC 地址对出端口方向的数据流进行负荷分担。

[SwitchA]link-aggregation Interface 0/1 to Interface 0/3 both

4.4.2.2　SwitchB 相关配置

SwitchB 相关配置与 SwitchA 的配置顺序及配置内容相同。

4.4.3　说明

需要说明的是,配置端口汇聚时可使用参数 ingress 或者 both,两者的区别是:前者表示端口汇聚组中各成员端口,仅根据源 MAC 地址对出端口的流量进行负荷分担;而后者表示端口汇聚组中各成员端口根据源 MAC 地址、目的 MAC 地址对出端口的流量进行负荷分担。

为了保证负荷分担的效果,参与端口汇聚的端口要配置在相同的速率和双工模式下,而且,只有数目较多的主机进行访问时,才能观测出分担负载的效果。

5 路由器基本配置与管理

5.1 路由器的工作原理

随着局域网内接入计算机数量的不断增加,对网络带宽的有效利用越来越受到人们的关注。不同局域网间不但需要有有效的连接,而且要能够将信息包选择最佳的路径转发出去,从而到达目的地,为此必须使用工作在三层以上的设备完成这些功能,路由器当仁不让地成为首选。

5.1.1 路由器的功能

路由器的主要功能是"路由",即"向导"功能,主要用来为数据包转发指明方向,如图5-1所示。能够将到达的数据包选择合适的路径转发出去的网络设备就是路由器。在网络之间将信息包传递到目的的过程,称为 IP 路由。

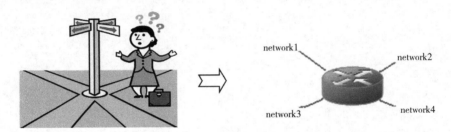

图 5-1 路由器的功能

从图5-1可以看出,路由器主要完成两项工作:一是路径选择,二是数据转发。进行数据转发相对容易一些,难的是如何判断到达目的网络的最佳路径。路由器的"路由"功能可以细分为以下五个方面。

5.1.1.1 路径选择

路由器在网际间接收节点发来的数据包,然后,根据数据包中的源地址和目的地址,查询自己的路由表,根据路由表中的信息选择合适的出口将数据包转发到下一节点。如图5-2所示,两个网络之间的通信就是靠中间的路由器进行转发传递的。

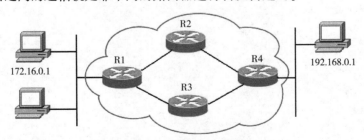

图 5-2 网络的路径选择

5.1.1.2 路径优化

为网际间通信选择最合理的路由,这个功能其实是路由选择的一个扩展功能。如果到达目标网络的路径不止一条的话,在进行数据包转发时,路由器就会分析发出请求的源地址和接收请求的目的节点地址中的网络 ID 号,找出一条最优的通信路径。当然,如何确定哪条路径最优,还取决于路由算法,不同的路由算法考虑的因素有较大差别。

5.1.1.3 数据包的拆分与包装

数据包的拆分与包装是路由功能的附属功能。一方面,路由器虽然主要工作在第三层,但下面两层的功能也是必须具备的。除了要对 IP 包进行处理外,也会对不同类型的数据帧进行转换。另一方面,有时在数据包转发过程中,由于网络带宽、通信链路等因素,还会将过大的数据包拆分成小的数据包,到了目的网络的路由器后,目的网络的路由器就会再把拆分的数据包恢复成原来大小的数据包,发给本地网络的节点。

5.1.1.4 协议转换

路由器可以将使用不同协议的网络连接起来。目前多数的中、高档路由器往往具有多通信协议支持的功能,这样就可以起到连接两个不同通信协议网络的作用。例如,使用支持 TCP/IP 和 SPX/IPX 的路由器,就可以将通常使用 TCP/IP 协议 Windows NT 操作平台与使用 SPX/IPX 通信协议的 NetWare 网络系统互联起来。

5.1.1.5 其他辅助功能

目前路由器通常还具有其他的一些功能。例如,使用具有防火墙功能的路由器可以用来屏蔽内部网络的 IP 地址,自由设定 IP 地址、通信端口过滤,使网络更加安全;使用具有 VPN 功能的路由器,可以在公网上建立自己的"私有"网络,使数据通信更安全。

5.1.2 路由器的系统结构及工作过程

5.1.2.1 路由器的系统结构

路由器被人们看成是专门进行路由寻址及数据包转发的计算机,它的组成结构同普通计算机差不多,只不过针对上述的功能从硬件、软件等方面进行了优化。路由器从 20 世纪 80 年代末诞生至今经历了五个发展阶段,图 5-3 是路由器的五个发展阶段,即:固定接口集中转发路由器、模块化集中转发路由器、基于分布式 CPU 转发总线式路由器、基于 ASIC 的交换式路由器,以及现在基于 NP(网络处理器)的交换式路由器。

第五代路由器在性能和业务提供能力方面都超越了前四代路由器,特别适合作为骨干网、城域网或大型园区网的核心设备。

5.1.2.2 路由器的工作过程

如图 5-4 所示,数据包由以太口接收,在数据链路层拆帧后将包含的数据(即 IP 包)提交给网络层。网络层将数据包拆包,根据目标网络地址,查看自己的路由表,根据路由表中记录的有关目的网络的信息对数据包做必要处理后,将数据包传递给相应接口的数据链路层,数据链路层再根据所使用的介质情况将数据包组装成合适的帧,发送到下一个网段中。中间路由器重复这些动作,直到数据包被传递到目标网络。图 5-5 描述了数据包在路由器内的处理流程。

第一代：固定接口集中
转发路由器

第二代：模块化集中
转发路由器

第三代：基于分布式CPU转发
总线式路由器

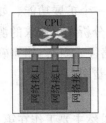  

第四代：基于ASIC的交换式路由器

第五代：基于NP（网络处理器）的交换式路由器

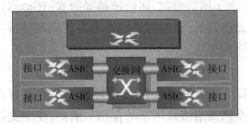 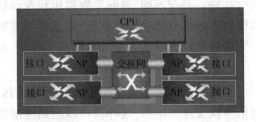

图 5-3　路由器的五个发展阶段

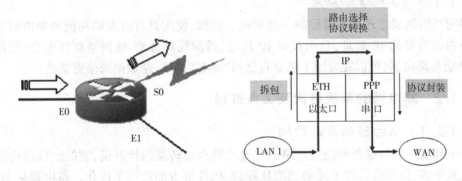

图 5-4　路由器的工作过程

实际上，路由器在进行路径选择时，可能需要考虑的因素多一些，例如，距离、速度、带宽等。这就如同到一个地方可能有多条路、多种方法，可以坐火车、坐汽车甚至徒步，那么选择路径的依据是什么呢？当然，选择依据的出发点不同，则结果也会不一样。网络中同样也会涉及这些问题，如何选择到达目的网络的最佳路径，是路由器重要工作之一。

5.1.3　路由表

路由器的主要工作就是为经过路由器的每个数据包寻找一条最佳的传输路径，并完成该数据包的转发任务。由此可见，选择最佳路径的策略（路由算法）是路由器的关键所在。为了完成这项工作，在路由器的内部缓存中保存着各种传输路径的相关数据——路由表（routing table）。这个路由表中包含有该路由器掌握的目的网络地址，以及通过此路由器到达这些网络的最佳路径，如某个接口或下一出口的地址。当路由器从某个接口中收到一个

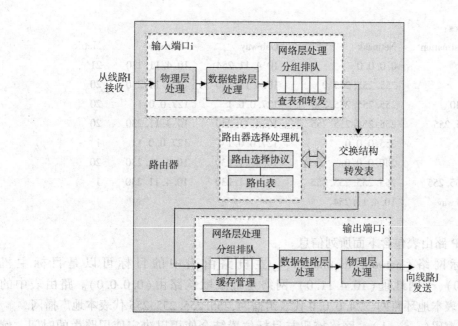

图 5-5   数据包在路由器内的处理流程

数据包时,路由器会查看数据包中的目的网络地址,如果发现数据包的目的地址不在接口所在的子网中,路由器会查看自己的路由表,找到数据包的目的网络所对应的接口,并从相应的接口转发出去。

路由表可以由以下三种途径建立。

第一,直连路由:路由器自动添加和自己直接连接的网络路由。

直连路由是由链路层协议发现的,一般指去往路由器的接口地址所在网段的路径,该路径信息不需要网络管理员维护,也不需要路由器通过某种算法进行计算获得,只要该接口处于活动状态(active),路由器就会把通向该网段的路由信息填写到路由表中,直连路由无法使路由器获取与其不直接相连的路由信息。

第二,静态路由:管理员手动输入路由器的路由。

第三,动态路由:由路由协议动态建立的路由。

5.1.3.1   计算机的本地路由表

在运行 Windows 系列操作系统的计算机上输入 route print 命令,即可得到类似以下内容的本机的路由表信息。

```
C:\>route print
===========================================================
Interface List
0x1 ........................... MS TCP Loopback interface
0x10003 ...00 c0 9f 2f 6a b0 ...... VIA Compatable Fast Ethernet Adapter
===========================================================
===========================================================
```

Active Routes：

Network Destination	Netmask	Gateway	Interface	Metric
0. 0. 0. 0	0. 0. 0. 0	10. 4. 11. 254	10. 4. 11. 230	21
10. 4. 11. 0	255. 255. 255. 0	10. 4. 11. 230	10. 4. 11. 230	20
10. 4. 11. 230	255. 255. 255. 255	127. 0. 0. 1	127. 0. 0. 1	20
10. 255. 255. 255	255. 255. 255. 255	10. 4. 11. 230	10. 4. 11. 230	20
127. 0. 0. 0	255. 0. 0. 0	127. 0. 0. 1	127. 0. 0. 1	1
224. 0. 0. 0	240. 0. 0. 0	10. 4. 11. 230	10. 4. 11. 230	20
255. 255. 255. 255	255. 255. 255. 255	10. 4. 11. 230	10. 4. 11. 230	1

Default Gateway：   10. 4. 11. 254

主机的 IP 路由表包含下面所列信息。

（1）目标网络（network destination）。主机路由表中的目标可以是目标主机（10.4.11.230）、子网地址（10.4.11.0）、网络地址或默认路由（0.0.0.0）。路由表中的 127.0.0.0 代表本地环路网，224.0.0.0 代表组播网，255.255.255.255 代表本地广播网。

（2）网络掩码（netmask）。网络掩码与目标位置结合使用以决定使用路由的时间。例如，主机路由的掩码为 255.255.255.255，默认路由的掩码为 0.0.0.0，而子网或网络路由的掩码在这两个极限值之间。

掩码 255.255.255.255 表明只有精确匹配的目标位置使用此路由，掩码 0.0.0.0 表示任何目标位置都可以使用此路由。当以二进制形式撰写掩码时，1 表示必须匹配，而 0 表示不需要匹配。

（3）网关（gateway）。网关是数据包需要发送到的下一个路由器的 IP 地址。在 LAN 连接上（例如以太网或令牌环），使用"接口"栏中显示的接口的路由器必须直接接通网关。在 LAN 连接上，网关和接口决定通信由路由器转发的方式。本书中的网关有三个：127.0.0.1 代表发往本地环回地址；10.4.11.230 是本机的 IP 地址，代表发往本机网卡；10.4.11.254 是本机的默认网关地址，凡是不能在路由表中查找到的目标，皆发往本地地址。

（4）接口（interface）。接口表明用于接通下一个路由器的本机网卡的 IP 地址或本地环回地址。

（5）量化参数（metric）。本机的量化参数使用的是跳点数，表明到达目标位置所通过的路由器数目。如果有多个相同目标位置的路由，跳点数最低的路由为最佳路由。

5.1.3.2 路由器的路由表

针对图 5-6 所示的拓扑结构，在锐捷系列路由器上执行 show IP route 命令后，即可查看路由表的信息。

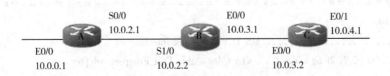

图 5-6　配置静态路由拓扑结构

路由器 B 的路由表信息如下所示。

```
[Router_B] show IP route
Routing Tables：Public
Destinations：8Routes：8
Destination/Mask    Proto    Pre    Cost      NextHop        Interface
10. 0. 0. 0/8       RIP      100    1         10. 0. 2. 1     Serial1/0
10. 0. 0. 0/24      Static   60     0         10. 0. 2. 1     Serial1/0
10. 0. 4. 0/24      Static   60     0         10. 0. 3. 2     Ethernet0/0
10. 0. 2. 0/24      Direct   0      0         10. 0. 2. 2     Serial1/0
10. 0. 2. 2/32      Direct   0      0         127. 0. 0. 1    InLoopBack0
10. 0. 3. 0/24      Direct   0      0         10. 0. 3. 1     Ethernet0/0
10. 0. 3. 1/24      Direct   0      0         127. 0. 0. 1    InLoopBack0
127. 0. 0. 1/32     Direct   0      0         127. 0. 0. 1    InLoopBack0
```

路由表的各列含义见表 5-1。

表 5-1　路由起各列含义

序号	列名	含　义
1	Destination/Mask	目标网络/子网掩码。如果子网掩码为 32，则是主机(路由器端口)地址
2	Protocl	路由协议：表明路由器是如何获得本条路由信息的。本书中只列举两种：①Direct 表示路由的端口是直接连接的网络；②RIP 表示路由器通过运行 RIP 协议算法学习获得的网络信息
3	Preference	优先级：衡量路由协议算法优劣的一个数值。数值越小级别越高，越优先选用
4	Cost	开销：到达目标网络所付出的花费。不同协议考虑的因素、计算的方法也有所不同
5	NextHop	下一跳地址：到达目标网络的下一个中继地址
6	Interface	接口：到达目标网络的本地路由器的出口

如表 5-1 中所示，假设 1. 0. 0. 0 网内的一台主机 Host A，IP 地址是 1. 0. 0. 4，想访问 4. 0. 0. 0 网内的服务器 Sever B，地址是 4. 0. 0. 4。路由器 A 的 E0/0 端口接收到一个源地址是 1. 0. 0. 4、目标地址是 4. 0. 0. 4 的 IP 包，路由器 A 查询路由表，找到与目标子网 4. 0. 0. 0 最匹配的条目，将 IP 包处理后放到下一跳的地址：2. 0. 0. 2，即本地的 S0/0 端口上。该包被发送到了下一个路由器 B 上。路由器 B 再重复与路由器 A 一样的查询过程，将该包又发往下一跳的路由器 C，直到该包被发送到目标网络上，此过程才结束。

对于两种不同的路由协议到一个目的地的路由信息，路由器首先根据管理距离决定相信哪一个协议。路由器在进行路由选择时，会选出具有最小管理距离的路由。表 5-2 是常见路由协议的默认管理距离。管理距离显示多种路由协议同时运行时优先级别的高低。

表 5-2　默认的管理距离值

路 由 源	默 认 值
直接相连的端口	0
静态路由	1
EIGRP	90
IGRP	100
OSPF	110
RIP	120
外部 EIGRP	170
未知/不可信的	255（不可用）

5.1.4　路由协议的分类

　　路由器进行路由转发的依据是路由表,路由表的内容决定了路由器选择路径的能力。因此,路由表内容的构建是重中之重。路由表的内容可以由管理员根据网络的状况进行设置,也可以充分发挥路由器的智能特点,让它使用某种路由协议自己去学习、维护网络信息。

　　路由协议是指路由器获得路由信息的方法。根据它的获得方式,将路由协议分为两类:静态路由与动态路由。

5.1.4.1　静态路由

　　静态路由需要由网络管理员手工配置路由信息。当网络的拓扑结构或链路的状态发生变化时,网络管理员需要手工修改路由表中相关的静态路由信息。

　　静态路由一般适用于比较简单的网络环境,在这样的环境中,网络管理员易于清楚地了解网络的拓扑结构,便于设置正确的路由信息。

　　使用静态路由的另一个好处是网络安全保密性高。因为动态路由需要路由器之间频繁地交换各自的路由表,因此,出于网络安全方面的考虑可以采用静态路由。

　　大型和复杂的网络环境通常不宜采用静态路由。一方面,网络管理员难以全面地了解整个网络的拓扑结构;另一方面,当网络的拓扑结构和链路状态发生变化时,路由器中的静态路由信息需要大范围地调整,这一工作的难度和复杂程度非常高。设计者可以使用动态路由,让路由器自己去适应网络拓扑结构的变化。

5.1.4.2　动态路由

　　动态路由是指利用路由器上运行的动态路由协议定期与其他路由器交换路由信息,从其他路由器上学习路由信息,自动建立起自己的路由。

　　动态路由机制的运作依赖路由器的两个基本功能:对路由表的维护,路由器之间实时的路由信息交换。

　　可以看出,动态路由适合于网络结构比较复杂、拓扑结构经常发生变化的场合。但是,动态路由需要路由器之间不时地交换有关的信息,所以会占用一部分带宽。路由器之间的路由信息交换是基于路由协议实现的。路由协议包含路由器间共享网络是否可达和连接状态等相关信息,是彼此进行相互交流的"语言"。

动态路由协议如下:①RIP,路由信息协议;②IGRP,内部网关路由协议;③OSPF,开放式最短路径优先;④IS-IS,中间系统—中间系统;⑤EIGRP,增强型内部网关路由协议;⑥BGP,边界网关协议。

根据是否在一个自治系统内部使用,动态路由协议分为内部网关协议(IGP)和外部网关协议(EGP)。

这里的自治系统(AS)是指一个具有统一管理机构、统一路由策略的网络。

当前的 Internet 被组成一系列的自治系统,各自治系统通过一个核心路由器连到主干网上。而一个自治系统往往对应一个组织实体(比如一个公司或大学)内部的网络与路由器集合。每个自治系统都有自己的路由技术,不同的自治系统对应的路由技术是不相同的。用于自治系统间接口上的单独的协议称为外部网关协议,简称 EGP(exterior gateway protocol),常用的是 BGP 和 BGP-4。用于自治系统内部的路由协议称为内部网关协议,简称 IGP(interior gateway protocol),常用的有 RIP、IGRP、EIGRP、OSPF 等。内部网关协议与外部网关协议不同,外部网关协议只有一个,而内部网关协议则是一族。内部网关协议与外部网关协议的关系如图 5-7 所示。

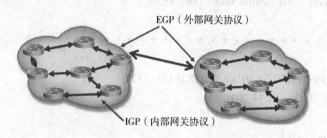

图 5-7　内部网关协议与外部网关协议的关系

Internet 编号管理局(The Internet Assigned Numbers Authority, IANA)是一个负责分配自治系统号的机构。自治系统的标识符是一个 16 位的数字。

外部网关协议(EGP)是一种在自治系统的相邻两个网关主机间交换路由信息的协议。EGP 通常用来在 Internet 主机间交换路由表信息。它是一个轮询协议,能让每个网关控制接收网络可达性信息的速率,允许每个系统控制自己的路径代价,同时发出命令请求更新响应。路由表包含一组路由器、可达地址以及路径代价,从而可以选择最佳路由。每个路由器每间隔 120 秒或 480 秒会访问其邻居一次,邻居通过发送完整的路由表以示响应。

5.2　路由器的基本配置与管理

下面以锐捷系列路由器为例学习如何配置路由器。

5.2.1 搭建路由器配置环境

首先要登录路由器,掌握搭建路由器配置环境的方法。

5.2.1.1 通过 Console 口搭建配置环境——进行本地登录

通过路由器 Console 口进行本地登录是登录路由器的最基本的方式,第一次安装使用锐捷系列路由器时,只能通过配置口进行配置。

选择一条反转线,一端连接到路由器的 Console 端口上,另一端通过 RJ45-DB9(或 DB25)转换器连接到 PC 机 COM1 或 COM2 上,然后通过 PC 超级终端进行登录配置,其操作步骤与配置交换机一样,具体内容参见第 3 章。

确认路由器与配置终端连接正确,已经完成终端参数的设置后,即可对路由器上电。随后路由器上出现自检内容。

系统启动过程如下:

```
Starting at 0x1c00000...


  * * * * * * * * * * * * * * * * * * * * * * * *
  *                        *
  *   Quidway Series Routers Boot ROM, V9. 07    *
  *                        *
  * * * * * * * * * * * * * * * * * * * * * * * *


  Copyright(C) 1997-2004 by HUAWEI TECH CO. , LTD.
  Compiled at 18:10:29, Oct 14 2004.


  Testing memory... OK!
  128M     bytes  SDRAM
  32768k  bytes   flash memory
  Hardware Version is MTR 1. 0
  CPLD Version is CPLD 1. 0


  Press Ctrl-B to enter Boot Menu
The current starting file is main application file--flash:/340-0006. bin!

The main application file is self-decompressing..................................OK!


  System is starting...
  Starting at 0x10000...
  User interface Con 0 is available.
  Press ENTER to get started.
```

启动完毕,回车,超级终端里显示 Ruijie>,即路由器进入用户视图。

在用户视图下再进行下一步的配置。

5.2.1.2 通过 Telnet 搭建配置环境——进行远程登录

经过超级终端登录路由器后,设置路由器端口 IP 地址、登录密码和特权密码,然后通过 PC 命令行方式,远程登录路由器对其进行配置,具体操作步骤如下。

第一步:如图 5-8 所示,建立本地配置环境。

第二步:配置 e0/1 接口 IP 地址。

从用户视图进入系统视图:

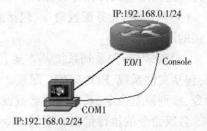

图 5-8 通过 Telnet 进行远程登录连接

```
Ruijie>enable
Ruijie#
Ruijie#configure terminal
Ruijie(config)
```

再进入接口视图配置:

```
Ruijie(config)#interface e0/1
Ruijie(config-if)#
```

在接口视图,对路由器端口 e0/1 分配 IP 地址 192.168.0.1 255.255.255.0:

```
Ruijie(config-if)# ip   address 192.168.0.1 255.255.255.0
Ruijie(config-if)# quit
Ruijie>
```

第三步:配置 Telnet 密码和超级用户 15 层密码。

```
S3760(config)#line vty 0 4                             进入 Telnet 密码配置模式
S3760(config-line)#login local                         启用本地认证
S3760(config-line)#exit                                回到全局配置模式
S3760(config)# username abc pri   level 15 password 0 abc   设置用户名和密码均为 abc
```

第四步:在 PC 机的命令窗口下输入 telnet 192.168.0.1 ,回车后根据提示回答登录密码,即可登录路由器。

第五步:使用相应命令配置路由器或查看路由器的运行状态。

5.2.2 路由器基本操作命令

路由器通常提供的配置管理方式不止一种,如命令行方式、Web 方式等。本节中以最常见的命令行方式介绍路由器的基本操作命令。

5.2.2.1　命令行视图

为提高系统的安全性,防止未授权用户的误操作,系统命令行采用分级保护方式,将命令行划分为参观级、监控级、系统级、管理级四个级别,各级别简介如下。

(1)参观级:网络诊断工具命令(ping、tracert)、从本设备出发访问外部设备的命令(如Telnet 客户端)等,该级别命令不允许进行配置文件保存的操作。

(2)监控级:用于系统维护、业务故障诊断等,包括 display、debugging 命令,该级别命令不允许进行配置文件保存的操作。

(3)系统级:业务配置命令,包括路由、各个网络层次的命令,这些命令用于向用户提供直接的网络服务。

(4)管理级:关系到系统基本运行、系统支撑模块的命令,这些命令对业务提供支撑作用,包括文件系统、FTP、TFTP、配置文件切换命令、电源控制命令、备板控制命令、用户管理命令、级别设置命令、系统内部参数设置命令(非协议规定、非 RFC 规定)等。

各级命令的执行是在一定的命令行视图下完成的。系统提供的命令视图是针对不同的配置要求实现的,它们之间有联系又有区别。比如,与路由器建立连接即进入用户视图,它只完成查看运行状态和统计信息的简单功能,再键入 system-view 进入系统视图,在系统视图下,键入不同的配置命令进入相应的协议、接口等视图。常用的各命令视图的功能特性、进入各视图的命令等的细则见表 5-3。

表 5-3　各视图的功能特性及命令

命令视图	功　　能	提示符	进入命令	退出命令
用户模式	查看路由器的运行状态和统计信息	Ruijie>	与路由器建立连接即进入	quit 断开与路由器连接
特权模式	配置系统参数	Ruijie#	在用户视图下键入 enable	quit 返回用户模式
全局配置模式	配置以太网口参数	Ruijie(config)#	在特权模式下键入 configure terminal	quit 返回特权模式
接口配置模式	配置同/异步串口参数	Ruijie(config-if)#	在全局配置模式下键入 interface f0/1	quit 返回全局配置模式

5.2.2.2　使用在线帮助

为方便管理员操作,命令行接口提供了功能强大的在线帮助功能,包括:①完全帮助;②部分帮助。

通过上述各种在线帮助能够获取到帮助信息,分别描述如下。

(1)在任一命令视图下,键入"?"获取该命令视图下所有的命令及其简单描述。

Ruijie>?

(2)键入一命令,后接以空格分隔的"?",如果该位置为关键字,则列出全部关键字及其简单描述。

Ruijie> show?

(3)键入一命令,后接以空格分隔的"?",如果该位置为参数,则列出有关的参数描述。

Ruijie# interface ethernet?
<3-3> Slot number
Ruijie# interface ethernet 3?
/
Ruijie# interface ethernet 3/?
<0-0>
Ruijie# interface ethernet 3/0?
/
Ruijie# interface ethernet 3/0/?
<0-0>
Ruijie# interface ethernet 3/0/0?
<cr>

其中,<cr>表示该位置无参数,在紧接着的下一个命令行该命令被复述,直接键入回车即可执行。

(4)键入一字符串,其后紧接"?",列出以该字符串开头的所有命令。

Ruijie> d?
debugging delete dir display

(5)键入一命令,后接一字符串紧接"?",列出以该字符串开头的所有关键字。

Ruijie> display h?
history-command hotkey

(6)输入命令的某个关键字的前几个字母,按下<tab>键,可以显示出完整的关键字,前提是这几个字母可以唯一标示出该关键字,不会与这个命令的其他关键字混淆。

(7)以上帮助信息,均可通过执行 language-mode Chinese 命令切换为中文显示。

所有用户键入的命令,如果通过语法检查正确,则执行,否则,向用户报告错误信息。常见的错误信息及错误原因参见表5-4。

表 5-4 常见的错误信息及错误原因

错误信息	错误原因
Unrecognized command	没有查找到命令
	没有查找到关键字
	参数类型错误
	参数值越界
Incomplete command	输入命令不完整
Too many parameters	输入参数太多
Ambiguous command	输入参数不明确

5.2.2.3　查看基本信息

当需要了解当前操作的路由器的有关信息,如当前运行的软件版本号、各接口的状态时,可以使用相应的查看命令。华为设备提供的主要查看命令是 display,而其后可跟随的参数有许多。通过查看命令获得的各类信息,根据功能可以划分为:①显示系统配置信息,②显示系统运行状态,③显示系统统计信息。

display 命令后可使用参数:"display?"显示。如执行 display version 命令后可以得到当前路由器的版本信息。

Ruijie>#show version

Copyright Notice:

All rights reserved(Jan 31 2005).

Without the owner′s prior written consent, no decompiling

nor reverse-engineering shall be allowed.

Huawei-3Com Versatile Routing Platform Software

VRP(R) software, Version 3.30, Release 0005

Copyright(c) 2003-2005 Hangzhou Huawei-3Com Tech. Co.,Ltd. All rights reserved.

Copyright(c) 2000-2003 Huawei Tech. Co.,Ltd. All rights reserved.

Quidway Series Router AR28-11 uptime is 0 week, 0 day, 0 hour, 10 minutes

CPU type: PowerPC 8241 200MHz

128M bytes SDRAM Memory

32M bytes Flash Memory

Pcb　　　　　Version:1.0

Logic　　　　Version:1.0

BootROM　　Version:9.12

　　[SLOT 0] AUX(Hardware)　　　1.0, (Driver)1.0, (Cpld)1.0

　　[SLOT 0] 1FE(Hardware)　　　3.0, (Driver)2.0, (Cpld)0.0

　　[SLOT 0] 1FE(Hardware)　　　3.0, (Driver)2.0, (Cpld)0.0

[SLOT 0] WAN(Hardware)   1.0, (Driver)1.0, (Cpld)1.0
[SLOT 3] 1SA(Hardware)   1.0, (Driver)1.0, (Cpld)2.0Display version

5.2.2.4 保存配置参数

对路由器进行配置的内容是立即生效的,正在使用的是"current-configuration"(当前配置信息)。配置参数存放在路由器的内存中,可以使用"display current-configuration"查看该内容。如果想本次配置的内容在路由器重启后继续生效,则需要将内容复制到 flash memory (闪存)中,即 saved-configuration(已存贮的配置信息),在用户视图模式下执行的命令是 save,可以使用"display saved-configuration"命令查看。以下是使用该命令的输出结果。

```
Ruijie>show running-config
        Building configuration. . .
        Current configuration:1035 bytes
        !
        version 12.1
        no service pad
        service timestamps debug uptime
        service timestamps log uptime
        no service password-encryption
        !
        hostname Catalyst2950
        !
        enable secret 5 $1$ sUVW $ pmbgIVKXgF4cOGTpHxCuA1
        enable password 3com
        !
        ip subnet-zero
        !
        ip ssh time-out 120
        ip ssh authentication-retries 3
        !
        spanning-tree mode pvst
        no spanning-tree optimize bpdu transmission
        spanning-tree extend system-id
        !
        interface FastEthernet0/1
        !
        interface FastEthernet0/2
        !
        interface FastEthernet0/3
        ...............................
        interface FastEthernet0/10
```

```
!
interface FastEthernet0/11
!
interface FastEthernet0/12
!
interface GigabitEthernet0/1
!
interface GigabitEthernet0/2
!
interface Vlan1
ip address 192. 168. 1. 8 255. 255. 255. 0
no ip route-cache
!
ip http server
access-list 1 permit 192. 168. 1. 1
!
line con 0
password cisco
line vty 0 4
access-class 1 in
password cisco
login
line vty 5 15
login
!
!
end
```

5.2.3 接口的基本操作

各类接口是路由器工作的硬件基础,它是路由器系统与网络中的其他设备交换数据并相互作用的部分,通过接口可完成路由器与其他网络设备的数据交换。

5.2.3.1 路由器接口类型

锐捷路由器可以支持物理接口和逻辑接口这两类接口。

(1)物理接口是客观真实存在、有对应器件支持的接口,如以太网接口、同/异步串口等。物理接口又分为两种:一种是 LAN(局域网)接口,主要是指以太网接口,路由器可以通过它与本地局域网中的网络设备交换数据;另一种是 WAN(广域网)接口,包括同/异步串口、异步串口、AUX 接口、AM 接口、CE1/PRI 接口、ISDN BRI 接口等,路由器可以通过它们与外部网络中的网络设备交换数据。

(2)逻辑接口也称虚接口,是指能够实现数据交换功能但物理上不存在、需要通过配置建立的接口,包括 Dialer(拨号)接口、子接口、备份中心逻辑通道以及虚拟接口模板等。

5.2.3.2　配置以太接口

以太接口是路由器上最常用的接口之一。锐捷路由器可以支持标准的快速以太网接口(fast ethernet,FE)和千兆以太网接口(gigabit ethernet,GE)。在接口视图中使用帮助命令"?",可以查看到配置参数。

表 5-5 显示了标准快速以太接口的常用配置项目及命令。

表 5-5　标准快速以太接口的常用配置项目及命令

功　能	配置命令	取消命令	备　注
进入指定以太网接口的视图	interface ethernet number	quit	
设置接口的 IP 地址	ip address ip – address mask〔sub〕	undo ip address〔ip – address mask〕〔sub〕	配置辅助的 IP 地址时,用 sub 关键字加以指示
设置 MTU(最大传输单元)	Mtu size	undomtu	size 的值为 46~1 500字节。缺省的 MTU 为1 500
设置工作速率	speed｛ 10 ｜ 100 ｜ negotiation ｝	undo speed	缺省速率选择 negotiation,即系统自动协商最佳的工作速率
设置工作方式	duplex｛ negotiation ｜ full ｜ half ｝		缺省情况下,为 negotiation 方式,即系统自动协商最佳的双工模式

例如,指定以太网接口 Ethernet 0/0 的 IP 地址为 172.16.5.254,掩码为 255.255.255.0,MTU 为 1 492 字节。执行的命令是:

```
Ruijie(config)#　interface ethernet 0/0
Ruijie(config-if)#　ip address 172.16.5.254 255.255.255.0
Ruijie(config-if)#　mtu 1492
```

5.2.3.3　接口状态验证

接口配置完成后,可以使用"display interface ethernet number"命令查看接口的状态以及统计信息。以下是执行该命令的结果。

```
Ruijie #　show interface e0/0
        Ethernet0/0 is up, line protocol is down
        Hardware is AmdP2, address is 0009.4375.5e20(bia 0009.4375.5e20)
        Internet address is 192.168.1.53/24
        MTU 1500 bytes, BW 10000 Kbit, DLY 1000 usec,
        reliability 172/255, txload 3/255, rxload 39/255
        Encapsulation ARPA, loopback not set
        Keepalive set(10 sec)
```

ARP type：ARPA，ARP Timeout 04：00：00

Last input never，output 00：00：07，output hang never

Last clearing of "show interface" counters never

Input queue：0/75/0/0（size/max/drops/flushes）；Total output

drops：0

Queueing strategy：fifo

Output queue ：0/40（size/max）

5 minute input rate 0 bits/sec，0 packets/sec

5 minute output rate 0 bits/sec，0 packets/sec

0 packets input，0 bytes，0 no buffer

Received 0 broadcasts，0 runts，0 giants，0 throttles

0 input errors，0 CRC，0 frame，0 overrun，0 ignored

0 input packets with dribble condition detected

50 packets output，3270 bytes，0 underruns

50 output errors，0 collisions，2 interface resets

0 babbles，0 late collision，0 deferred

50 lost carrier，0 no carrier

0 output buffer failures，0 output buffers swapped out

如果以太接口工作不正常,通常可以使用该命令查看相关信息以确定问题所在。

5.2.4 路由器基本操作演练

5.2.4.1 教学目标

通过实验,可以使学生掌握路由器的操作方法,熟悉常用的各种视图模式、编辑键,以及查看设备基本信息、路由表和端口的命令,理解路由表和端口中各内容的含义。

5.2.4.2 工作任务

路由器是连接不同网络的基本设备,熟悉操作路由器并进行基本配置是进一步深入学习各类路由技术的基础。本书通过设置路由器的两个端口 IP 地址及子网掩码、PC 的 IP 地址与默认网关,使 PC 之间能够相互访问,并借以熟悉各类视图及编辑键。

5.2.4.3 演练步骤

(1)按参考配置图 5-9 连接设备。路由器可用 quidway-AR2811 或其他至少具有两个以太接口的路由器。

图 5-9　参考配置图

（2）启动路由器，完成后按回车键，进入用户视图模式，在此视图下键入"？"，查看可用的命令。

Ruijie>?

（3）进入系统视图，键入"enable"。

（4）输入"show？"命令，观察可查看的信息，并注意空格键与回车键的使用。

（5）查看系统版本信息以及路由表（初始）信息，理解各行信息的含义。使用的命令是：

Ruijie#show version
Ruijie#show ip routing

（6）设置各以太口的 IP 地址。使用的命令是：

Ruijie(config)#int e0/0
Ruijie(config-if)#ip   address 1. 0. 0. 254 255. 255. 255. 0
Ruijie(config)#int e0/1
Ruijie(config-if)#ip address 2. 0. 0. 254 255. 255. 255. 0

（7）再次使用路由表查看命令，观察前后两次路由表内容的变化。

（8）设置各计算机的 IP 地址及缺省网关地址，并使用 ping 命令测试两网的联通性。如果不通，则查找原因。

5.3 单臂路由配置

5.3.1 单臂路由概述

路由器与交换机之间是通过外部线路连接的，这个外部线路只有一条，但是它在逻辑上是分开的，需要路由的数据包通过这条线路到达路由器，经过路由后再通过此线路返回交换机进行转发，所以人们为这种拓扑方式起了一个形象的名字——单臂路由。简单说，单臂路由就是数据包从哪个口进去，又从哪个口出来，而不像传统网络拓扑中数据包从一个接口进入路由器，又从另一个接口离开路由器。

那么什么时候要用到单臂路由呢？在企业内部网络中划分了 VLAN，当 VLAN 之间有部分主机需要通信，但交换机不支持三层交换，这时候可以利用一台支持 802.1Q 的路由器实现不同 VLAN 之间的互通。人们只需要在路由器与交换机之间连接一条链路，然后在以太口上建立子接口，并为每个子接口分配 IP 地址作为该 VLAN 的网关，同时启动 802.11Q 协议即可，如图 5-10 所示。

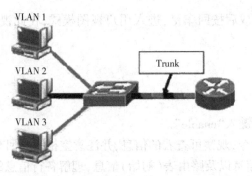

图 5-10　路由器与交换机之间的单臂路由

5.3.2　路由器上单臂路由的配置

5.3.2.1　配置命令

Router(config)　# interface　接口类型:槽位/接口序号、子接口序号

Router(config-subif)　# encapsolution dot1q vlan-id

Router(config-subif)　# ip address ip address subnetmask

5.3.2.2　配置单臂路由要特别注意的问题

第一,在为路由器的子接口配置 IP 地址之前,一定要先封装 doutl1 协议。

第二,各个 VLAN 内的主机,要以相应的 VLAN 子接口的 IP 地址作为网关。

第三,不要对 ethernet 0 进行任何配置,只需要对其子接口进行划分和设置即可。

第四,不要忘记将 ethernet 0 开启,使用命令 undo shut,这样所有子接口会同时开启。

第五,如果有防病毒 ACL 等列表,不要忘记在最后添加到 ethernet 0 上。

第六,由于单臂路由数据包进出都使用同一个接口,这必然对该路由器的硬件要求比较高,所以在实际使用中不要随意找一台低端路由器充数,稳定和较大内存是担当单臂路由器的设备所必需的。

第七,在设置 Trunk 类型时要根据实际情况选择是 ISL 还是 802.1Q 协议。

第八,所有配置命令都需要在路由器没有连接交换机的状态下进行,当所有设置信息输入完毕并保存后才可以。

5.3.2.3　单臂路由的缺点

单臂路由的缺点也是显而易见的:一方面它非常消耗路由器 CPU 与内存的资源,在一定程度上影响了网络数据包传输的效率;另一方面将本来可以由三层交换机内部完成的工作交给了额外的设备完成,对于连接线路要求也是非常高的。另外,通过单臂路由将本来划分得好好的 VLAN 彻底打破,原有的提高安全性与减少广播数据包等措施获得的效果也大大降低了。但单臂路由仍然是企业网络升级、经费紧张时一个不错的选择。

5.3.2.4　结论

单臂路由方式仅仅是对现有网络升级时采取的一种策略,当 VLAN 之间有部分主机需要通信,但交换机不支持三层交换时可以使用该方法,以解决实际问题。由于单臂路由存在着这样或那样的缺点,所以不建议在网络搭建初期就使用这种方式建立拓扑结构。

5.4 静态路由配置及默认路由配置

为了配置一个静态路由,需要在全局模式下键入 ip route 命令。ip route 命令的相关参数进一步确定了静态路由的行为。只要路径是有效的,其相关的路由条目就会存在于路由表中。

5.4.1 实验目的

掌握通过静态路由方式实现网络的连通性。

5.4.2 背景描述

假设校园网通过 1 台路由器连接到 Internet,现要在交换机和路由器上做适当配置,实现校园网内部主机与 Internet 主机的相互通信。

5.4.3 实现功能

实现网络的互联互通,从而实现信息的共享和传递。

5.4.4 实验设备

RSR20(1 台)、S3760(1 台)、PC(3 台)、直连线若干。

5.4.5 实验拓扑

注:普通路由器和主机直连时,需要使用交叉线,如果 RS20 的以太网接口支持 MDI/MDIX,使用直连线也可以连通。

实验拓扑图如图 5-11 所示。

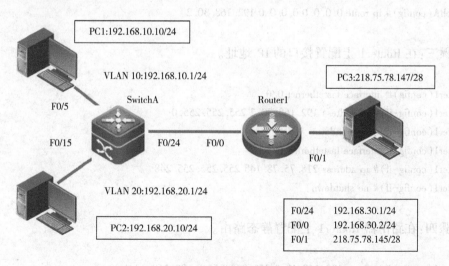

图 5-11 实验拓扑图

5

路由器基本配置与管理

5.4.6 实验步骤

步骤一：在交换机 SwitchA 上创建 VLAN 10、VLAN 20,并将 F0/5 端口划分到 VLAN 10 中,F0/15 端口划分到 VLAN 20 中。F0/24 设置成三层端口。

SwitchA # configure terminal

SwitchA(config)# vlan 10

SwitchA(config-vlan)# name sales

SwitchA(config-vlan)#exit

SwitchA(config)#interface fastethernet 0/5

SwitchA(config-if)#switchport access vlan 10

switchA(config-if)#exit

SwitchA(config)# vlan 20

SwitchA(config-vlan)# name technical

SwitchA(config-vlan)#exit

SwitchA(config)#interface fastethernet 0/15

SwitchA(config-if)#switchport access vlan 20

switchA(config-if)#exit

SwitchA(config)# interface fastethernet 0/24

SwitchA(config-if)#no switchport

SwitchA(config-if)#ip address 192.168.30.1 255.255.255.0   为端口配置 IP 地址

SwitchA(config-if)#no shutdown

步骤二：在交换机 SwitchA 上配置静态路由。

SwitchA(config)# ip route 0.0.0.0 0.0.0.0 192.168.30.2

步骤三：在 Router1 上配置接口的 IP 地址。

Router1(config)# interface fastethernet 0/0

Router1(config-if)# ip address 192.168.30.2 255.255.255.0

Router1(config-if)# no shutdown

Router1(config)# interface fastethernet 0/1

Router1(config-if)# ip address 218.75.78.145 255.255.255.248

Router1(config-if)# no shutdown

步骤四：在路由器 Router1 上配置静态路由。

Router1(config)# ip route 192.168.10.0 255.255.255.0 192.168.30.1

Router1(config)# ip route 192.168.20.0 255.255.255.0 192.168.30.1

步骤五:查看交换机和路由器路由信息。

```
SwitchA(config)# show ip route
Router1(config)#show ip route
```

步骤六:设置 3 台 PC 的 IP 和网关,并测试网络的互联互通性。

5.5　实验实训1——单臂路由配置

5.5.1　实验目的

掌握如何在路由器端口上划分子接口、封装 IEEE 802.1Q 协议,实现 VLAN 间的路由。

5.5.2　背景描述

假设某企业有两个主要部门:销售部和技术部,员工都连接在 1 台二层交换机上,网络内有 1 台路由器用于连接 Internet。现通过在路由器上做适当配置实现这一目标。

5.5.3　需求分析

需要在交换机上配置 VLAN, 然后在路由器连接交换机的端口上划分子接口,为相应的 VLAN 设置 IP 地址,以实现 VLAN 间的路由。

5.5.4　实验设备

路由器 1 台、二层交换机 1 台、PC 机 2 台。

5.5.5　实验拓扑图

实验拓扑图如图 5-12 所示。

需要说明的是,路由器 R1 的 e0 端口与交换机的 f0/12 端口相连接;交换机的 f0/1 端口与 PC1 相连,交换机的 f0/2 端口与 PC2 相连。

5.5.6　实验原理

在交换网络中,通过 VLAN 对一个物理网络进行逻辑划分,不同的 VLAN 之间是无法直接访问的,必须通过三层的路由设备进行连接。一般利用路由器或三层交换机实现不同 VLAN 之间的互相访问。将路由器和交换机相连,使用 IEEE 802.1Q 启动路由器上的子接口成为干道模式,就可以利用路由器实现 VLAN 之间的通信。

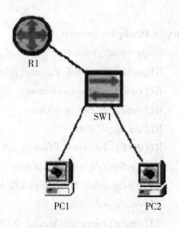

图 5-12　实验拓扑图

路由器可以从某一个 VLAN 接收数据包,并将这个数据包转发至另一个 VLAN。要实施 VLAN 间的路由,必须在一个路由器的物理接口上启用子接口,也就是将以太网物理接口划分为多个逻辑的、可编址的接口,并配置成干道模式,每个 VLAN 对应一个这样的接口。那么,路由器就能够知道如何到达这些互联的 VLAN。

5.5.7 实验步骤

步骤一:配置交换机的主机名、划分 VLAN 和添加端口、设置 Trunk。

```
Switch#configure terminal
    Switch(config)#hostname SW1
    SW1(config)#vlan 10
    SW1(config-vlan)#name xiaoshou
    SW1(config-vlan)#vlan 20
    SW1(config-vlan)#name jishu
    SW1(config-vlan)#exit
    SW1(config)#interface range fastEthernet 0/1-6
    SW1(config-if-range)#switchportmode access
    SW1(config-if-range)#switchport access vlan 10
    SW1(config-if-range)#exit
    SW1(config)#interface range fastEthernet 0/7-11
    SW1(config-if-range)#switchportmode access
    SW1(config-if-range)#switchport access vlan 20
    SW1(config-if-range)#exit
    SW1(config)#interface fastEthernet 0/12
    SW1(config-if)#switchportmode trunk
    SW1(config-if)#end
```

步骤二:在路由器上配置主机名、划分子接口、配置 IP 地址。

```
Router #configure terminal
    Router(config)#hostname R1
    R1(config)#interface Ethernet 0/0
    R1(config-if)#no ip address
    R1(config-if)#no shutdown
    R1(config-if)#exit
    R1(config)#interface Ethernet 0/0.10
    R1(config-subif)#encapsulation dot1Q 10
    R1(config-subif)#ipaddress 192 168 10 1 255 255 2550
    R1(config-subif)#exit
    R1(config)#interfaceEthernet 0 /0.20
    R1(config-subif)#encapsulation dot1Q 20
```

R1(config-subif)#ipaddress 192 168 20 1 255 255 2550

R1(config-subif)#end

步骤三：对 PC 机进行配置。

PC1：设置 IP 地址：192.168.10.X

子网掩码：255.255.255.0

网关：192.168.10.1 100 201012

PC2：设置 IP 地址：192.168.20.X

子网掩码：255.255.255.0

网关：192.168.20.1

到这里，单臂路由就已经完成了，这时在 PC2 上 ping PC1 能够 ping 通，实验即成功。

5.6 实验实训 2——静态和缺省路由配置

人们试图在一个网络中同时使用静态路由协议和动态路由协议，完成网络通讯。由于网络中的路由协议不统一，需要使用路由引入方法辅助完成全网段的 IP 路由通讯。

实训步骤如下。

步骤一：按参考配置图 5-13 连接设备。路由器可用 Quidway-AR28 系列路由器，具有两个串行端口，两个 Ethernet 端口。路由器之间使用 PPP 协议作为数据链路层协议。

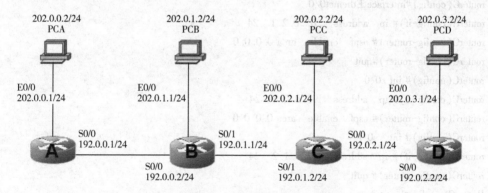

图 5-13 参考配置图

步骤二：路由器 A 的配置信息如下。

Ruijie# sysname   RouterA

RouterA(config-if)# interface   Ethemet0/0

RouterA(config-if)# ip   address   202.0.0.1   24

RouterA(config-if)# interface   Serial0/0

RouterA(config-if)# ip   address   192.0.0.1   24

RouterA(config-if)# quit

RouterA(config)# ip   route   0.0.0.0   0.0.0.0   192.0.0.2

需要注意的是,RouterA 是末端路由器,最方便的静态路由方式是使用默认路由。

步骤三:路由器 B 的配置信息如下。

```
RouterB(config)# interface Ethemet0/0
RouterB(config-if)#ip address  202.0.1.1  24
RouterB(config)# interface Serial0/0
RouterB(config-if)# ip address 192.0.0.2  24
RouterB(config)#interface  Serial0/1
RouterB(config-if)# ip  address  192.0.1.1  24
RouterB(config-if)# quit
RouterB(config)# router rip
RouterB(config-router)#network  192.0.1.0
RouterB(config-router)# network  202.0.1.0
RouterB(config)# quit
RouterB(config)#  ip  route  202.0.0.0  24  192.0.0.1
```

步骤四:路由器 C 的配置信息如下。

```
Ruijie# sysname routerC
routerC(config)#interface Ethemet0/0
routerC(config-if)# ip  address  202.0.2.1  24
routerC(config-router)# ospf  enable  area 0.0.0.0
routerC(config-router)#quit
routerC(config)# int s0/0
routerC(config-if)# ip  address  l92.0.2.1  24
routerC(config-router)# ospf  enable  area 0.0.0.0
routerC(config)# int  s0/1
routerC(config-if)# ip  address  l92.0.1.2  24
routerC(config-router)# quit
RouterC(config)# router rip
routerC(config-router)# network  202.0.2.0
routerC(config-router)# network  l92.0.1.0
routerC(config-router)# quit
routerC(config)# ospf enable
```

步骤五:路由器 D 的配置信息如下。

```
Ruijie# sysname RouterD
RouterD(config)#int e0/0
RouterD(config-if)# ip  address  202.0.3.1  24
```

```
RouterD(config-router)# ospf enable    area 0.0.0.0
RouterD(config)# int s0/0
RouterD(config-if)# ip  address  l92.0.2.2  24
RouterD(config-router)# ospf enable    area 0.0.0.0
RouterD(config-router)#  quit
RouterD(config)# ospf enabel
```

步骤六:使用 ping 命令进行网络测试会发现一些问题。检查配置与以上配置相同后,用 ping 命令测试网络互通情况,会发现跨越路由器的网段不能互通,如 202.0.0.0 网段不能与 202.0.2.0 网段互通,在 RTA 上不能 ping 通 192.0.2.0 网段。这是由于不同路由协议发现的路由没有互相传递。通过查看路由器的路由信息可知不同路由协议之间没有相互交换路由信息。所以,路由器不能发现整网的路由,从而不能全网互通。

步骤七:使用 display ip routing-table 命令查看各路由器上的路由表,是否具有整个网络上每一个网段的路由记录。

```
Ruijie(config-if)# show ip routing
Ruijie(config-if)# show ip routing
Ruijie(config-if)# show ip routing
Ruijie(config-if)#show ip routing
```

步骤八:引入其他路由协议。为了实现全网互通,人们需要路由器能在不同协议之间交换路由信息或者全网运行同一种路由协议,但实际网络中往往需要运行多种路由协议。因此这里有必要介绍如何让不同路由协议交换路由信息。这涉及路由引入即引入其他路由协议发现的路由。

在 B 路由器上执行下列命令:

```
[RouterB-rip] import direct cost2
[RouterB-rip] import Staticcost2
```

在 C 路由器上执行下列命令:

```
[RouterC-rip] import dir co 2
[RouterC-rip] import ospf co 2
[RouterC-rip] quit
[RouterC] ospf
[RouterC-ospf] import   dir
[RouterC-ospf] import   rip
```

步骤九:在每一部路由器上,重新使用 show ip routing 命令,查看路由表。从路由表可以看出,引入其他路由协议之后每个路由器的路由表都增加了几条新的路由记录,这就是通过路由引入从其他路由协议学习到的路由信息。现在再次测试全网的互通情况会发现各网段的主机都可以互通了。

到此,本实训完成了静态路由和动态路由协议的配置,在实验过程中应重点比较 RIP1、RIP2 的特性,如对可变长子网掩码的支持等;OSPF 协议是实际应用中最为广泛的动态路由协议,应注意后续学习。在实训中,还要学会使用路由引入方式,完成不同网段的路由操作。

6 动态路由协议

6.1 动态路由协议概述

6.1.1 动态路由协议 RIP 概述

路由信息协议(routing information protocol,RIP)是使用最广泛的一种内部网关协议,RIP 也称为 routed(路由守护神),此协议最初由加利福尼亚大学伯克利分校设计,用于为局域网上的机器提供一致的选路和可达信息。该协议依靠物理网络的广播功能迅速交换选路信息,但其并不是被设计用于大型广域网的(尽管现在的确这样用)。在施乐(Xerox)公司的 Palo Alto 研究中心(PARC),在早期所做的关于网络互联的研究的基础上,routed 实现了起源于 Xerox NS RIP 的一个新协议,它更为通用化,能够适应多种网络。

RIP 是一种基于距离矢量(distance-vector)算法的协议,它使用 UDP 报文进行路由信息的交换。RIP 每隔 30 秒钟发送一次路由刷新报文,如果在 180 秒内收不到从某一网络邻居发来的路由刷新报文,则该网络邻居的所有路由会被标记为不可达。如果在 300 秒内收不到从某一网上邻居发来的路由刷新报文,则该网络邻居的路由信息会从路由表中清除。RIP-1 不具备报文加密验证功能,而 RIP-2 实现了该功能。

RIP 协议使用跳数(hop count)衡量到达信宿机的距离,称为路由权(routing metric)。在 RIP 中,路由器到与它直接相连网络的跳数为 0,通过一个路由器可达的网络的跳数为 1,其余依此类推。为限制收敛时间,RIP 规定 metric 取值为 0~15 的整版,大于或等于 16 的跳数被定义为无穷大,即目的网络或主机不可达。

为提高性能,防止产生路由环,RIP 支持水平分割(split horizon)和毒性逆转(poison reverse)。RIP 还可引入其他路由协议所得到的路由。

RIP 启动和运行的整个过程可描述如下。

(1)某台路由器刚启动 RIP 时,以广播的形式向相邻路由器发送请求报文,相邻路由器的 RIP 收到请求报文后,响应该请求,回送包含本地路由表信息的响应报文。

(2)路由器收到响应报文后,修改本地路由表,同时向相邻路由器发送触发修改报文,广播路由修改信息。相邻路由器收到触发修改报文后,又向其各自的相邻路由器发送触发修改报文。在一连串的触发修改广播后,各路由器都能得到并保持最新的路由信息。

(3)同时,RIP 每隔 30 秒向相邻路由器广播本地路由表,相邻路由器在收到报文后,对本地路由进行维护,选择一条最佳路由,再向其各自相邻网络广播修改信息,使更新的路由最终能达到全局有效。同时,RIP 采用超时机制对超时的路由进行超时处理,以保证路由的实时性和有效性。

6.1.2 RIP 动态路由协议的报文格式

RIP 使用特殊的报文收集和共享有关目的地的距离信息。路由信息域中只带一个目的

113

地的 RIP 报文结构如下:

1字节命令	1字节版本	2字节0域	2字节 AFI	2字节0域	4字节网络地址	4字节0域	4字节0域	4字节度量

RIP 报文中至多可以出现 25 个 AFI、互联网络地址和度量域,允许使用一个 RIP 报文更新一个路由器中的多个路由表项。包含多个路由表项的 RIP 报文只是简单地重复从 AFI 到度量域的结构,其中包括所有的零域。这个重复的结构附加在表 6-1 结构的后面。具有两个表项的 RIP 报文结构如下:

1字节命令	1字节版本	2字节0域	2字节 AFI	2字节0域	4字节网络地址	4字节0域	4字节0域	4字节度量
					4字节网络地址	4字节0域	4字节0域	4字节度量

地址域既可以包括发送者的地址,也可以包括发送者路由表中的一系列 IP 地址。请求报文含有一个表项并包括请求者的地址。应答报文可以包括至多 25 个 RIP 路由表项。

整个 RIP 报文大小限制是 512 B。因此,在更大的 RIP 网络中,对整个路由表的更新请求需要传送多个 RIP 报文。报文到达目的地时不提供顺序化;一个路由表项不会分开在两个报文中。因此,任何 RIP 报文的内容都是完整的,即使它们可能仅仅是整个路由表的一个子集。当报文收到时接收节点可以任意处理更新,而不需对其进行顺序化。比如,一个 RIP 路由器的路由表中可以包括 100 项,与其他 RIP 路由器共享这些信息需要 4 个 RIP 报文,每个报文包括 25 项。如果一个接收节点首先收到了 4 号报文(包括从 76~100 的表项),它会首先简单地更新路由表中的对应部分,这些报文之间没有顺序相关性。这样使得 RIP 报文的转发可以省去传输协议(如 TCP)所特有的路径开销。

6.1.2.1 命令域

命令域指出 RIP 报文是一个请求报文还是对请求应答的报文。以下两种情形均使用相同的帧结构。

(1)请求报文请求路由器发送整个或部分路由表。

(2)应答报文包括和网络中其他 RIP 节点共享的路由表项。应答报文可以是对请求的应答,也可以是主动的更新。

6.1.2.2 版本号域

版本号域包括生成 RIP 报文时所使用的版本。RIP 是一个开放标准的路由协议,它会随时间进行更新,这些更新反映在版本号中。RIP 只有两个版本:版本 1 和版本 2。这一章对通常使用的版本 1 进行描述。

RIP-1 是一种有分类路由协议(classful routing protocol),它只支持以广播方式发布协议报文。RIP-1 的协议报文中没有携带掩码信息,它只能识别 A、B、C 类这样的自然网段的路由,因此 RIP-1 无法支持路由聚合,也不支持不连续子网(discontiguous subnet)。RIP-2 是一种无分类路由协议(classless routing protocol),与 RIP-1 相比,它有以下优势。

(1)支持外部路由标记,可以在路由策略中根据标记对路由进行灵活控制。

（2）报文中携带掩码信息，支持路由聚合和 CIDR（classless inter-domain routing）。

（3）支持指定下一跳，在广播网上可以选择到最优下一跳地址。

（4）支持组播路由发送更新报文，减少资源消耗。

（5）支持对协议报文进行验证，并提供明文验证和 MD5 验证两种方式，增强安全性。

需要说明的是，RIP-2 有两种报文传送方式：广播方式和组播方式。缺省将采用组播方式发送报文，使用的组播地址为 224.0.0.9。当接口运行 RIP-2 广播方式时，也可接收 RIP-1 的报文。

6.1.2.3　0 域

嵌入 RIP 报文中的多个 0 域证明了在 RFC1058 出现之前存在许多如 RIP 一样的协议。大多数 0 域是为了向后兼容旧的如 RIP 一样的协议，0 域说明不支持所有的私有特性。比如，两个旧的机制 traceon 和 traceoff，这些机制被 RFC1058 抛弃了，然而开放式标准 RIP 需要和支持这些机制的协议向后兼容。因此，RFC1058 在报文中为其保留了空间，但却要求这些空间恒置为 0。当收到的报文中这些域不是 0 时就会被简单地丢弃。不是所有的 0 域都是为了向后兼容。至少有一个 0 域是为将来使用而保留的。

6.1.2.4　AFI 域

地址家族标识（address family identifier，AFI）域指出了互联网络地址域中所出现的地址家族。由于 RFC1058 是 IETF 创建的，因此适用于网际协议（IP），且它拥有和以前版本的兼容性。开放式标准 RIP 需要一种机制来决定其报文中所携带地址的类型。

6.1.2.5　互联网络地址域

4 字节的互联网络地址域包含一个互联网络地址。这个地址可以是主机、网络，甚至是一个缺省网关的地址码。这个域内容变化的两个例子如下。

（1）在一个单表项请求报文中，这个域包括报文发送者的地址。

（2）在一个多表项应答报文中，这些域将包括报文发送者路由表中存储的 IP 地址。

6.1.2.6　度量标准域

RIP 报文中的最后一个域是度量标准域，此域包含报文的度量计数。这个值在经过路由器时被递增。度量标准有效的范围是 1~15。度量标准实际上可以递增至 16，但是这个值和无效路由对应，因此，16 是度量标准域中的错误值，不在有效范围内。

6.1.3　RIP 动态路由协议简单距离向量的计算

使用距离—向量路由协议的路由器必须周期性地把路由表的内容发送给它直接相邻的路由器。路由表中含有路由器与所知目的地之间的距离信息。

每个接收者为本地路由表加上一个距离向量，即自己的距离"值"，然后把改变了的表转发给它直接相邻的路由器。此转发过程无方向地在相邻者之间不断进行。图 6-3 使用简单的 RIP 互联网络解释了直接相邻者概念。

图 6-1 中有 3 个路由器，它们可以通过广播路由表的方式相互学习，进而路由表得到收敛，每一台路由器都能获得整个网络拓扑结构的完整路由表。图 6-2 至图 6-3 显示了路由器中路由表建立的简略过程。

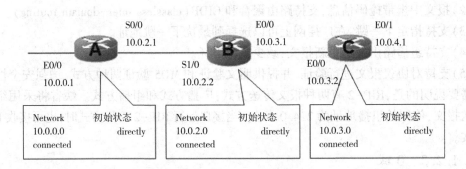

图 6-1 RIP 协议更新过程(1)

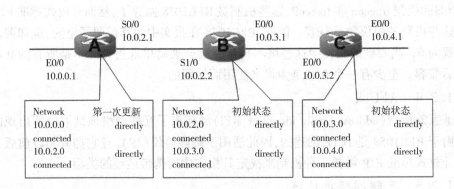

图 6-2 RIP 协议更新过程(2)

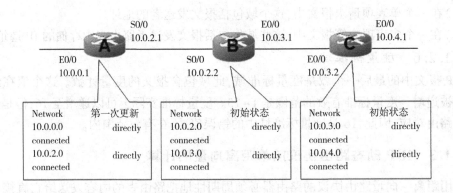

图 6-3 RIP 协议更新过程(3)

距离—向量路由协议使用度量记录路由器与所有知道的目的地之间的距离。这个距离信息使路由器能识别至网络中某个目的地的最有效下一跳。

路由器 A 知道与 10.0.3.0/24 有一跳的距离,从路由器 B 获得的信息是其到 10.0.4.0/24 也有一跳的距离,继而计算得出路由器 A 到 10.0.4.0/24 有两跳的距离,写入自己的路由表。同样,路由器 C 做同样的距离算法,完成本地路由表的更新操作。

在 RFC1058 RIP 中,有一个单一的距离—向量度量:跳数。RIP 中缺省的跳数为 1。因此,对于每一台接收和转发报文的路由器而言,RIP 报文数量域中的跳数递增 1。这些距离度量用于建造路由表。路由表指明了一个报文以最小耗费到达其目的地的下一跳,如图 6-4 所示。

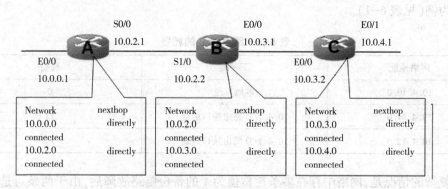

图 6-4 RIP 协议计算出的路由表

6.1.4 RIP 动态路由协议复杂距离向量的计算

早一些私有的类 RIP 路由协议使用 1 作为唯一支持的每一跳耗费。RFC1058 RIP 保留了这个习惯作为缺省的跳数值,但允许路由器管理者选择更大的耗费值。这些值对于区分不同性能的链路是有好处的。这些值可以用于区分不同网络链路带宽(比如区分 56Kbps 线路和 Ethernet 100Mbps 线路)或者用于区分新路由器与旧模型之间的性能差异。

在相对小的由同构传输技术组成的网络中,设置所有的端口耗费为 1 是合情合理的。图 6-5 中显示了这一点。

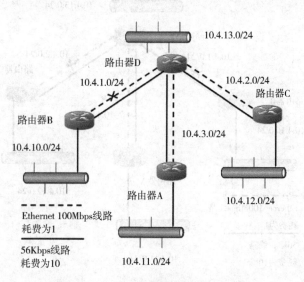

图 6-5 RIP 协议调整线路的耗费值

路由器管理员可以改变缺省的度量。比如,管理员可以增加其他路由器低速链路的度量。虽然这样可以更准确地表示到一个给定目的地的耗费和距离,但并不建议这样做。设置比 1 大的度量值使报文到达最大跳数 16 更容易。

当路由器 B 与路由器 D 之间选用耗费值为 10 的线路时,路由表发生变化。以路由器 B 路由表为例(见表6-1)。

表6-1　路由器 B 的耗费

网络地址	下一跳	耗费
10.4.10.0	本地直连	0
10.4.11.0	10.4.1.D 路由接口地址	11
10.4.12.0	10.4.1.D 路由接口地址	11

更复杂的情况是,网络中存在多条耗费值为 1 的备份链路故障后,由于两条可选链路具有耗费 10,它们同时活跃导致一条路由耗费大于 16。有效的 RIP 跳数范围是从 0 到 16,16 代表不可达路由。因此,如果一条路由的度量(或耗费)超过 16,路由就被宣布为无效,一个通知报文(触发更新)就会发送给所有直接相邻的路由器。

显然,此问题可利用缺省耗费等于 1 得以避免。假如需要增加一个给定跳段的耗费度量,就应该很谨慎地选择新的耗费值。网络中任何给定源和目的对之间的路由耗费总和不应超过 15。图 6-6 显示了又一条链路故障对路由器 B 的路由表的影响。

从图 6-6 中很明显地看出,路由器 B 和 C 之间的路由耗费超过 16,所有的表项声明为无效。路由器 A 仍能与路由器 B 通信,因为那条路由的总耗费仅为 11。

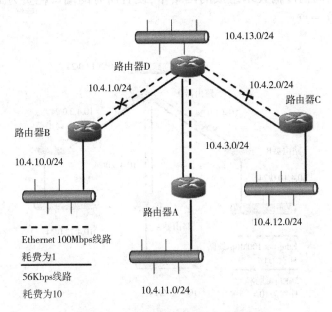

图6-6　多条链路的耗费发生改变

6.1.5 RIP 动态路由协议路由表的更新

RIP 为每个目的地只记录一条路由的事实要求 RIP 积极地维护路由表的完整性。RIP 通过要求所有活跃的 RIP 路由器,在固定时间间隔广播其路由表内容至相邻的 RIP 路由器从而做到这一点,所有收到的更新信息已经存储在路由表中。

RIP 依赖三个计时器维护路由表:①新计时器;②路由超时计时器;③路由刷新计时器。更新计时器用于在节点一级初始化路由表更新。每个 RIP 节点只使用一个更新计时器。相反,路由超时计时器和路由刷新计时器为每一个路由维护一个节点。

如此看来,不同的路由超时计时器和路由刷新计时器可以在每个路由表项中结合在一起。这些计时器一起能使 RIP 节点维护路由的完整性,并且通过基于时间的触发行为使网络从故障中得到恢复。

6.1.5.1 初始化表更新

RIP 路由器每隔 30 秒触发一次表更新。更新计时器用于记录时间量,一旦时间到,RIP 节点就会产生一系列包含自身全部路由表的报文。

这些报文广播到每一个相邻节点。因此,每一个 RIP 路由器大约每隔 30 秒应收到从每个相邻 RIP 节点发来的更新。

在更大的基于 RIP 的自治系统中,这些周期性的更新会产生不能接受的流量。因此,一个节点一个节点地交错进行更新更理想一些。RIP 可以自动完成更新,每一次更新计时器会被复位,一个小的、任意的时间值会加到时钟上。

如果更新并没有如所希望的一样出现,说明互联网络中的某个地方发生了故障或错误。故障可能是简单的,如把包含更新内容的报文丢掉了;故障也可能是,严重的如路由器故障,或者是介于这两个极端之间的情况。显然,采取的措施会因不同的故障而有很大区别。由于更新报文丢失而作废一系列路由是不明智的(RIP 更新报文使用不可靠的传输协议以最小化开销),因此,当一个更新丢失时,不采取更正行为是合理的。为了帮助区别故障和错误的重要程度,RIP 使用多个计时器标识无效路由。

6.1.5.2 标识无效路由

有两种方式使路由变为无效:①路由终止;②路由器从其他路由器处学习到路由不可用。

在任何一种情形下,RIP 路由器需要改变路由表以反映给定路由已不可达。

一个路由如果在一个给定时间之内没有收到更新就会中止。比如,路由超时计时器通常设为 180 秒,当路由变为活跃或被更新时,这个时钟会被初始化。

180 秒是大致估计的时间,这个时间足以令一台路由器从它的相邻路由器处收到 6 个路由表更新报文(假设它们每隔 30 秒发送一次路由更新),如果 180 秒之后,RIP 路由器没收到关于那条路由的更新,RIP 路由器就认为那个目的 IP 地址不再是可达的。因此,路由器就会把那条路由表项标记为无效。RIP 路由器通过设置它的路由度量值为 16 来实现,并且要设置路由变化标志。这个信息可以通过周期性的路由表更新与其相邻路由器交流。

需要注意的是,对于 RIP 节点而言,16 等于无穷。因此,简单地设置耗费度量值为 16 会作废一条路由。

接到路由新的无效状态通知的相邻节点使用此信息更新自己的路由表。

无效项在路由表中存在很短时间,其间路由器决定是否应该删除它。即使表项保持在路由表中,报文也不能发送到那个表项的目的地址;RIP 不能把报文转发至无效的目的地。

6.1.5.3 删除无效路由

一旦路由器认识到路由已无效,它会初始化一个秒计时器:路由刷新计时器。因此,在最后一次超时计时器初始化后 180 秒,路由刷新计时器被初始化。这个计时器通常设为 90秒。如果路由更新在 270 秒之后仍未收到(180 秒超时加上 90 秒路由刷新时间),就从路由表中移去此路由(也就是刷新)。而为了路由刷新递减计数的计时器称为路由刷新计时器。这个计时器对于 RIP 从网络故障中恢复非常必要。

6.1.6 拓扑结构变化后对 RIP 协议路由表的影响

6.1.6.1 收敛

RIP 互联网络中拓扑结构变化带来的最重要的一点是会改变相邻节点集,这种变化会导致下一次计算距离向量时得到不同的结果。因此,新的相邻节点集必须得到汇聚,从不同的起始点汇聚到新拓扑结构,得到一致性拓扑视图的过程称为收敛(convergence)。简单地讲,收敛就是路由器独立地获得对网络结构的共同看法。

图 6-7 显示了收敛过程。图中画出了两条可能的从路由器 A 和网络 10.4.10.0/24 到路由器 D 的路由。到路由器 D 网络的基本路由要通过路由器 C。如果这条路由器出现故障,就需要一些时间使所有的路由器收敛至新的拓扑结构,这个拓扑结构中不再包括路由器C 和 D 之间的链路。

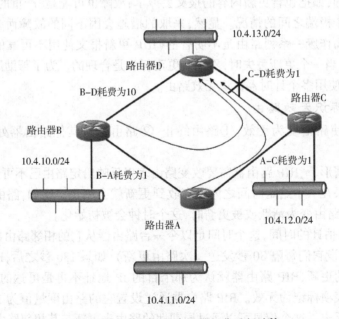

图 6-7 拓扑结构改变导致耗费重新计算

路由器 C 和 D 之间的链路出现故障,即不再可用,但是整个网络却需要相当一段时间才能知道这一事实。收敛的第一步是 D 认识到至 C 的链路发生故障。这里假设路由器 D 的更新计时器先于 C 的计时器到期。因为这条链路本应传输从路由器 D 到路由器 C 的更新报文,所以 C 就不能收到 D 发送来的更新报文。C(A 和 B)仍没有意识到 C↔D 链路已经发生故障。互联网络中的所有路由器会继续通过那条链路,对寻址到路由器 D 网络的报文进行转发。

一旦更新计时器超时,路由器 D 会试图把对网络拓扑结构变化的推测通知给它的相邻路由器。直接相邻者中只有路由器 B 能直接联系。收到更新报文,B 会更新它的路由表,设置从 B 到 D(通过 C)的路由为无穷。这样允许其通过 B↔D 的链路与 D 进行通信。一旦 B 更新了自己的路由器,它会把关于拓扑结构的新变化广播给它的其他相邻者(A 和 C)。

需要注意的是,RIP 节点通过设置路由的度量为 16 作废一条路由——16 对 RIP 而言相当于无穷。

A 和 C 收到更新报文并重新计算了网络耗费之后,它们就能用 B↔D 的链路替换路由表中使用 C↔D 链路的表项。以前所有的节点,包括 B 本身都不使用 B↔D 的路由,因为它比 C↔D 的链路耗费大。它的耗费度量为 10,而 C↔D 的耗费为 1。现在,C↔D 链路发生了故障,B↔D 链路的耗费变为最低。因此,这条新的路由会代替相邻节点路由表中超时的路由。当所有的路由器认识到通过 B 是到 D 的最有效路由时,它们就收敛了,如图 6-8 所示。

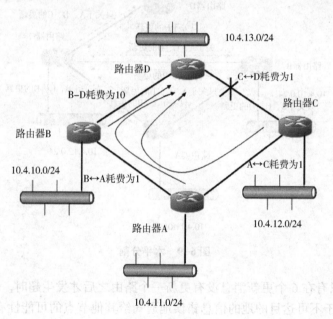

图 6-8　收敛结束

6.1.6.2　收敛过程中存在的问题

在上面介绍中网络故障发生在 C 和 D 路由器的链路上。路由器能够收敛到新的拓扑结构,通过另一条路径恢复对网关路由器 D 上网络的访问。如果 D 自身发生故障就会造成更严重的后果。前述中的收敛过程开始于 D,能够通知 B 发生了链路故障。如果是到 D,而不

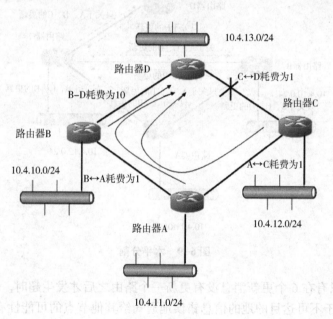

121

是到 C 的链路出现故障,B 和 C 就都不能收到更新,不能通知它们拓扑结构发生了变化。

这种情况下收敛到新拓扑能导致一种称为计值到无穷的现象发生。当网络变得完全不能访问时,错误地认为存在另一个路由器能访问那个不可达的目的地,在这种情形中的路由器会计值 RIP 度量到无穷。

RIP 使用三种方法以避免计值到无限循环问题的发生:①水平分割;②带抑制逆转位的水平分割;③触发更新。

可以很明显地看出,上一节所描述的循环问题可以通过逻辑应用得以避免,描述这个逻辑的术语为水平分割。

水平分割的实质是,假设如果一条路由是从一个特定路由器处学习来的,RIP 节点不广播关于这个特定路由的更新到这个相邻路由器。

在图 6-9 中,路由器支持水平分割逻辑。因此,路由器 C(支持到路由器 D 的唯一路径)不能收到从路由器 A 发来的关于网络 D 的更新。这是因为 A(甚至 B)的这条路由信息依赖于 C。这种分割循环的简单方法是非常有效的,但却有严重的功能限制:忽略掉广播的反向路由,每个节点必须等到至不可达目的地的路由超时。

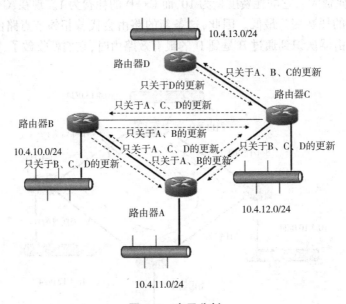

图 6-9 水平分割

在 RIP 中,只有在 6 个更新消息没有更新一个路由之后才发生超时。因此,一个被错误通知的节点把关于不可达目的地的信息错误地通知给其他节点的可能性有五种。就是这个延时可能造成无效路由信息形成环。由于这个不足,RIP 支持一个稍加改动的版本称为带抑制逆转的水平分割。

简单的水平分割策略试图通过把信息反传给其发送者进而控制循环。虽然这种方法有效,但是有更有效的方法中止循环。带抑制逆转的水平分割采用了一种更主动的方法中止循环。

这种技术实际上是通过设置路由的度量为无穷进而抑制环的形成。如图 6-10 所显示的,路由器 A 能为路由器 B 提供关于如何到达路由器 D 的信息,但此路由的度量为 16。因此,路由器 B 不能更新它的路由表,因为表中信息能更好地到达目的地。实际上,A 广播不能到达 D。

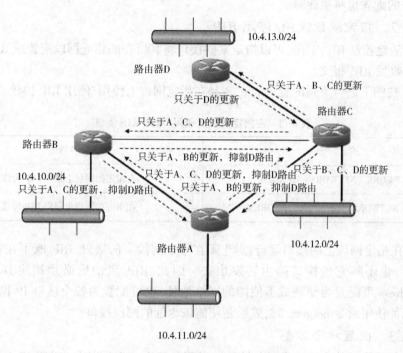

图 6-10　带抑制逆转的水平分割

一般来讲,在距离—向量网络中带抑制逆转的水平分割比单纯的水平分割更安全。然而,两者都不是完美的。带抑制逆转的水平分割在只有两个网关的拓扑中能够有效地防止路由环。然而,在更大的互联网络中,RIP 仍然会发生计值到无穷的问题。为了确保这样的无限循环尽可能早地被发现,RIP 支持触发更新。

6.1.7　RIP 配置命令

配置 RIP 时,必须先启动 RIP,才能配置其他特性。而配置与接口相关的特性不受 RIP 是否使能的限制。需要注意的是,在关闭 RIP 后,与 RIP 相关的接口参数也同时失效。

对于基本的 RIP 配置,需要进行的操作如下。

6.1.7.1　启动 RIP

启动/停止 RIP 协议见表 6-2。

表 6-2　启动/停止 RIP 协议

命　令	命令描述
RIP	启动 RIP,进入 RIP 视图
UNDO RIP	停止 RIP 协议的运行

缺省情况下,不运行 RIP。RIP 的大部分特性都需要在 RIP 视图下配置,接口视图下也有部分 RIP 相关属性的配置。如果启动 RIP 前先在接口视图下进行 RIP 相关的配置,这些配置只有在 RIP 启动后才会生效。需要注意的是,在执行 undo rip 命令关闭 RIP 后,接口上与 RIP 相关的配置也将被删除。

6.1.7.2 指定网段使用/停用 RIP

为了灵活地控制 RIP 工作,可以指定某些接口将其所在的相应网段配置成 RIP 网络,使这些接口可收发 RIP 报文。

在 RIP 视图下进行下列配置。表 6-3 是在指定网段上使用/停用 RIP 协议。

表 6-3　在指定网段上使用/停用 RIP 协议

命　　令	命令描述
NETWORK　NETWORK-ADDRESS	在指定的网段上使用 RIP 协议
UNDO NETWORK　NETWORK-ADDRESS	在指定的网段上停用 RIP 协议

RIP 只在指定网段上的接口运行;对于不在指定网段上的接口,RIP 既不在它上面接收和发送路由,也不将它的接口路由转发出去。因此,RIP 启动后必须指定其工作网段。network-address 可配置为使能或不使能的网络地址,也可配置为各个接口 IP 网络的地址。当对某一地址使用命令 network 时,效果是使能该地址的网段接口。

6.1.7.3 配置水平分割

水平分割是指不从本接口发送从该接口学到的路由。它可以在一定程度上避免路由环的产生。但在某些特殊情况下,却需要禁止水平分割,以保证路由的正确传播。禁止水平分割对点到点链路不起作用,但对以太网来说是可行的。

在接口视图下进行下列配置。表 6-4 为启动/停止 RIP 协议的水平分割。

表 6-4　启动/停止 RIP 协议的水平分割

命　　令	命令描述
RIP SPLIT-HORIZON	启动 RIP 协议的水平分割
UNDO RIP SPLIT-HORIZON	停止 RIP 协议的水平分割

缺省情况下,接口允许水平分割。

6.1.7.4 配置 RIP 的路由引入

RIP 允许用户将其他路由协议的路由信息引入 RIP 路由表中,并可以设置引入时使用的缺省路由权。

可引入 RIP 中的路由类型包括 Direct、Static、OSPF、BGP 和 IS-IS。

在 RIP 视图下进行下列配置。表 6-5 为引入/取消引入其他路由协议。

表 6-5 引入/取消引入其他路由协议

命　　令	命令描述
IMPORT-ROUTE PROTOCOL	引入其他路由协议
UNDO IMPORT-ROUTE PROTOCOL	取消引入其他路由协议

缺省情况下,RIP 不引入其他协议的路由。

当 protocol 为 BGP 时,allow-ibgp 为可选关键字。import-route bgp 表示只引入 EBGP 路由,import-route bgp allow-ibgp 表示将 IBGP 路由也引入。需要说明的是,该配置危险,应谨慎使用。

如果在引入路由时没有指定路由权,则使用缺省路由权,其缺省值为 1。

6.1.7.5　配置 RIP 定时器

RIP 有三个定时器:period update 、timeout 和 garbage-collection。改变这三个定时器的值,可以影响 RIP 的收敛速度。

在 RIP 视图下进行下列配置。表 6-6 为配置/恢复 RIP 定时器的值。

表 6-6　配置/恢复 RIP 定时器的值

命　　令	命令描述
TIMERS {UPDATE UPDATE-TIMER-LENGTH |TIMEOUT TIMEOUT-TIMER-LENGTH}	配置 RIP 定时器的值
UNDO TIMERS {UPDATE |TIMEOUT}	恢复 RIP 定时器的缺省值

RIP 定时器的值在更改后立即生效。

缺省情况下,period update 定时器是 30 秒,timeout 定时器是 180 秒,garbage-collection 定时器则是 period update 定时器的 4 倍,即 120 秒。在实际应用中,用户可能会发现 garbage-collection 定时器的超时时间并不固定,当 period update 定时器设为 30 秒时, garbage-collection 定时器可能在 90~120 秒之间。这是因为:不可达路由在被从路由表中彻底删除前,需要等待四份来自同一邻居的更新报文,但路由变为不可达状态并不总是恰好在一个更新周期的开始,因此,garbage-collection 定时器的实际时长是 period update 定时器的 3~4 倍。

需要说明的是,在配置 RIP 定时器时,定时器值的调整应考虑网络的性能,并在所有运行 RIP 的路由器上进行统一配置,以免增加不必要的网络流量或引起网络路由震荡。

6.1.7.6　RIP 显示和调试

表 6-7 为 RIP 显示和调试。

当完成上述配置后,在所有视图下执行 display 命令可以显示配置后 RIP 的运行情况,用户可以通过查看显示信息验证配置的效果。在用户视图下执行 debugging 命令可对 RIP 进行调试。

表 6-7 RIP 显示和调试

命　　令	命令描述
DISPLAY RIP	显示 RIP 协议的运行状态及配置信息
DISPLAY RIP INTERFACE	显示 RIP 协议的接口信息
DISPLAY RIP ROUTING	显示 RIP 协议的路由表
DEBUGGING RIP PACKETS	打开 RIP 协议的报文调试信息开关
UNDO DEBUGGING RIP PACKETS	打开 RIP 协议的报文调试信息开关

6.1.8　RIP 故障诊断与排除

故障之一:在物理连接正常的情况下收不到更新报文。

排除故障,可考虑下列原因。

相应的接口上 RIP 没有运行(如执行了 undo rip work 命令)或该接口未通过 network 命令使能。对端路由器上配置的是组播方式(如执行了 rip version 2 multicast 命令),但在本地路由器上没有配置组播方式。

故障之二:运行 RIP 的网络发生路由震荡。

排除故障,可考虑在各运行 RIP 的路由器上使用 show rip 命令查看 RIP 定时器的配置,如果不同路由器的 period update 定时器和 timeout 定时器值不同,则要重新将全网的定时器配置一致,并确保 timeout 定时器时间长度大于 period update 定时器的时间长度。

6.2　动态路由协议配置

6.2.1　实验目的

掌握通过动态路由 RIP V2 方式实现网络的连通。

6.2.2　背景描述

假设校园网通过 1 台路由器连接到 Internet,现要在交换机和路由器上做适当配置,实现校园网内部主机与 Internet 主机的相互通信。

6.2.3　实现功能

实现网络的互联互通,从而实现信息的共享和传递。

6.2.4　实验设备

RSR20(1 台)、S3760(1 台)、PC(3 台)、直连线若干。

6.2.5　实验拓扑

普通路由器和主机直连时,需要使用交叉线,RS20 的以太网接口支持 MDI/MDIX,使用直连线也可以连通。

6.2.6 实验步骤

步骤一:在交换机 SwitchA 上创建 VLAN 10、VLAN 20,并将 F0/5 端口划分到 VLAN 10 中,F0/15 端口划分到 VLAN 20 中,F0/24 设置成三层端口(见图 6-11)。

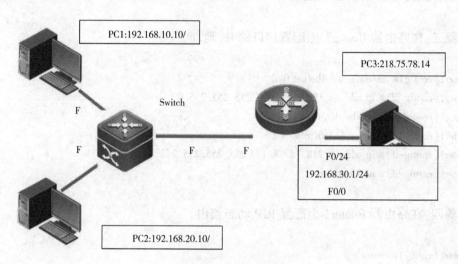

图 6-11　实验拓扑图

SwitchA # configure terminal

SwitchA(config)# vlan 10

SwitchA(config-vlan)# name sales

SwitchA(config-vlan)#exit

SwitchA(config)#interface fastethernet 0/5

SwitchA(config-if)#switchport access vlan 10

switchA(config-if)#exit

SwitchA(config)#vlan 20

SwitchA(config-vlan)# name technical

SwitchA(config-vlan)#exit

SwitchA(config)#interface fastethernet 0/15

SwitchA(config-if)#switchport access vlan 20

switchA(config-if)#exit

SwitchA(config)# interface fastethernet 0/24

SwitchA(config-if)#no switchport

SwitchA(config-if)#ip address 192.168.30.1 255.255.255.0　　　　给端口配置 IP 地址

SwitchA(config-if)#no shutdown

步骤二:在交换机 SwitchA 上配置 RIP 动态路由。

```
SwitchA(config)# router rip
SwitchA(config-router)#network 192.168.10.0
SwitchA(config-router)#network 192.168.20.0
SwitchA(config-router)#network 192.168.30.0
SwitchA(config-router)#version2
SwitchA(config-router)#no auto-summary
```

步骤三:在路由器 Router1 上配置接口的 IP 地址。

```
Router1(config)# interface fastethernet 0/0
Router1(config-if)# ip address 192.168.30.2 255.255.255.0
Router1(config-if)# no shutdown
Router1(config)# interface fastethernet 0/1
Router1(config-if)# ip address 218.75.78.145 255.255.255.248
Router1(config-if)# no shutdown
```

步骤四:在路由器 Router1 上配置 RIP 动态路由。

```
Router1(config)# router rip
Router1(config-router)#network 192.168.30.0
Router1(config-router)#network 218.75.78.0
Router1(config-router)#version2
Router1(config-router)#no auto-summary
```

步骤五:查看交换机和路由器路由信息。

```
SwitchA(config)# show ip route
Router1(config)# show ip route
```

步骤六:设置 3 台 PC 的 IP 和网关,并测试网络的互联互通性。

6.3 OSPF 协议概述

6.3.1 OSPF(open shortest path first)协议概述

在 20 世纪 80 年代末,距离—向量路由协议的不足越来越明显。改善网络可扩展性可以使用基于链路—状态来计算路由,而不是靠跳步数或其他的距离向量计算路由。链路是网络中两个路由器之间的连接。链路状态包括传输速度和延迟级等属性。

IETF 为了满足建造越来越大的基于 IP 网络的需要,形成了一个工作组,专门用于开发开放式的链路—状态路由协议,以便用在大型、异构的 IP 网络中。新的路由协议以已经取得一些成功的、一系列私人的、和生产商相关的最短路径优先(SPF)路由协议,SPF 在市场上被广泛使用。包括 OSPF 在内,所有的 SPF 路由协议基于一个数学算法——Dijkstra 算法。这个算法能使路由选择基于链路—状态,而不是距离向量。

OSPF 由 IETF 在 20 世纪 80 年代末期开发,OSPF 是 SPF 类路由协议中的开放式版本。最初的 OSPF 规范体现在 RFC1131 中。第 1 版(OSPF 版本 1)很快被进行了重大改进的版本所代替,这个新版本体现在 RFC1247 文档中。RFC1247 OSPF 称为 OSPF 版本 2 是为了明确指出其在稳定性和功能性方面的实质性改进。这个 OSPF 版本有许多更新文档,每一个更新都是对开放标准的精心改进。接下来的一些规范出现在 RFC1583、2178 和 2328 中。

OSPF 版本 2 的最新版体现在 RFC2328 中。最新版本只同和由 RFC2138、1583 和 1247 所规范的版本进行互操作。本节对当前开放式 OSPF 标准的循环开发过程不做论述,而是集中论述 RFC2328 中规范的最新版 OSPF 的功能、特点及使用。

6.3.2　OSPF 协议的特点

OSPF 协议是一种链路状态路由协议,在同一个路由域内计算在每个区域中到所有目的地的最短路径。网络中发生的任何改变将会被链路状态包扩散出去,从而使网络快速达到汇聚状态。

OSPF 中文全称为开放最短路径优先。"开放"表明它是一个公开的协议,由标准协议组织制定,各厂商都可以得到协议的细节。"最短路径优先"是该协议在进行路由计算时执行的算法。OSPF 是目前内部网关协议中使用最为广泛、性能最优的一个协议,它具有多个特点:①可适应大规模的网络;②路由变化收敛速度快;③无路由自环;④支持变长子网掩码(VLSM);⑤支持等值路由;⑥支持区域划分;⑦提供路由分级管理;⑧支持验证;⑨支持以组播地址发送协议报文。

采用 OSPF 协议的自治系统,经过合理的规划可支持超过 1 000 台路由器,这一性能是距离向量协议如 RIP 等无法比拟的。距离向量路由协议周期性地发送整张路由表使网络中路由器的路由信息保持一致。这个机制浪费了网络带宽并引发了一系列的问题,下面对此做简单介绍。

路由变化收敛速度是衡量路由协议优劣的一个关键因素。在网络拓扑发生变化时,网络中的路由器能否在很短的时间内相互通告所产生的变化并进行路由的重新计算,是网络可用性的一个重要的表现方面。

OSPF 采用一些技术手段(如 SPF 算法、邻接关系等)避免了路由自环的产生。在网络中,路由自环的产生将导致网络带宽资源的极大耗费,甚至使网络不可用。OSPF 协议从根本(算法本身)上避免了自环的产生。采用距离向量协议的 RIP 等协议,路由自环是不可避免的。为了完善这些协议,只能采取若干措施,在自环发生前,降低其发生的概率,在自环发生后,减小其影响范围,并缩短影响时间。

在 IP(IPv4)地址日益匮乏的今天,能否支持变长子网掩码(VLSM)以节省 IP 地址资源,对一个路由协议来说是非常重要的,OSPF 能够满足这一要求。在采用 OSPF 协议的网络中,如果通过 OSPF 计算出到同一目的地有两条以上代价(metric)相等的路由,该协议可以将这些等值路由同时添加到路由表中。这样,在进行转发时可以实现负载分担或负载均衡。在支持区域划分和路由分级管理上,OSPF 协议能够适合在大规模的网络中使用。

在协议本身的安全性上,OSPF 使用验证,在邻接路由器间进行路由信息通告时可以指定密码,从而确定邻接路由器的合法性。与广播方式相比,用组播地址发送协议报文可以节省网络带宽资源。从衡量路由协议性能的角度可以看出,OSPF 协议确实是一个比较先进的动态路由协议,这也是 OSPF 得到广泛采用的主要原因。

6.3.3 OSPF 协议的工作原理

6.3.3.1 网络拓扑结构

上面提到,OSPF 协议是一种链路状态协议,那么 OSPF 是如何描述链路连接状况呢? 图 6-12 概括了网络互联主要的四种抽象模型。

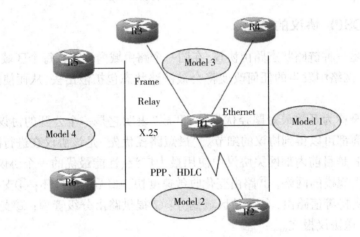

图 6-12　网络互联模型

图 6-12 中,抽象模型 Model 1 表示路由器的一个以太网接口不连接其他路由器,只连接了一个以太网段。此时,对于运行 OSPF 的路由器 R1,只能识别本身,无法识别该网段上的设备(主机等);抽象模型 Model 2 表示路由器 R1 通过点对点链路(如 PPP、HDLC 等)连接一台路由器 R2;抽象模型 Model 3 表示路由器 R1 通过点对多点(如 Frame Relay、X.25 等)链路连接多台路由器 R3、R4 等,此时路由器 R5、R6 之间不进行互联;抽象模型 Model 4 表示路由器 R1 通过点对多点(如 Frame Relay、X.25 等)链路连接多台路由器 R5、R6 等,此时路由器 R5、R6 之间互联。图中的网络抽象模型着重于各类链路层协议的特点,而不涉及具体的链路层协议细节。该模型基本表达了当前网络链路的连接种类。

在 OSPF 协议中,分别对以上四种链路状态类型进行了描述。

(1)对于抽象模型 Model 1(以太网链路),使用 Link ID(连接的网段)、Data(掩码)、Type(类型)和 Metric(代价)做出描述。此时的 Link ID 即为路由器 R1 接口所在网段,Data 为所用掩码,Type 为 3(stubnet),Metric 为代价值。

(2)对于抽象模型 Model 2(点对点链路),先使用 Link ID(连接的网段)、Data(掩码)、Type(类型)和 Metric(代价)描述接口路由,以上各参数与 Model 1 相似。接下来描述对端路由器 R2，四个参数名不变，但其含义有所不同。此时 Link ID 为路由器 R2 的 Router ID，Data 为路由器 R2 的接口地址，Type 为 1，Metric 仍为代价值。

（3）对于抽象模型 Model 3（点对多点链路，不全连通），先使用 Link ID（连接的网段）、Data（掩码）、Type（类型）和 Metric（代价）描述接口路由，以上各参数与 Model 1 相似。接下来分别描述对端路由器 R3、R4 的方法，与在 Model 2 中描述 R2 类似。

（4）对于抽象模型 Model 4（点对多点链路，全连通），先使用 Link ID（网段中 DR 的接口地址）、Data（本接口的地址）、Type（类型）和 Metric（代价）描述接口路由。此时 Type 值为 2（transnet），然后是本网段中 DR（指定路由器）描述的连接通告。

路由器在通报其获知的链路状态（即上面所述的参数）前，加上 LSA 头（link state advertisement head），从而生成 LSA（链路状态广播）。到此，路由器通过 LSA 完成周边网络的拓扑结构描述，并发送给网络中的其他路由器。

6.3.3.2 OSPF 协议的数据结构

OSPF 是相当复杂的路由协议，有多种性能和增强稳定性方面的特点。因此，OSPF 使用大量的数据结构就不是奇怪的现象。每个数据结构或信息类型，用于执行一个特定的任务。所有数据结构共享一个通用头，称为 OSPF 头。OSPF 头长度为 24 字节，包括以下各域。

第一，版本号——分配 OSPF 头的第一个字节用于标识版本号。当前的版本是 2，但是可能会遇到更老的路由器还在运行 RFC1131 版本 1。RFC1247、1583、2178 和 2328 都对 OSPF 版本 2 的向后兼容做出了规范，因此无须进一步标识。

第二，类型——第二个字节指出五种 OSPF 报文类型中哪一种附加在头结构后面。五种类型（Hello、数据库描述、链路—状态请求、链路—状态更新和链路—状态应答）用数字标识。

第三，报文长度——OSPF 头中下面两个字节用于通知接收节点报文的总长度。报文总长度包括数据和头。

第四，路由器 ID——区域中的每个路由器被分配一个唯一的、4 字节的标识号。OSPF 路由器在发送任何 OSPF 消息给其他路由器之前都用自己的 ID 号填充该域。

第五，区 ID——头中用 4 字节标识区号。

第六，校验和——每个 OSPF 头包括一个两字节的校验和域，用于检查在传输过程中对报文造成的破坏。发送方对每个消息运行数学计算，然后把结果存储在这个域中。接收方对接收到的报文运行相同的算法并把结果与存储在校验和域中的结果进行比较。如果报文无损到达，两个结果应一样；不相同，说明 OSPF 报文在传输过程中被破坏。接收方会简单地把受损报文丢弃。

第七，认证类型——OSPF 能通过认证 OSPF 信息的发送者防止假路由信息的攻击。两字节的认证类型域标识信息中使用的各种认证形式。

第八，认证——头中剩下的 9 个字节携带的是认证数据，接收方利用此信息确定信息的发送者。OSPF 允许网络管理员使用各种级别的认证：从无认证，到简单认证，再到最强大的 MD 认证，用于决定报文是否应接收并作进一步处理。

在传输过程中受损的（校验和指出这一点）及没有通过认证的报文会被丢弃。

OSPF 使用五种不同的报文类型。每种类型用于支持不同的、专门的网络功能。这五种类型如下。

第一,Hello 报文(类型 1)。

第二,数据库描述报文(类型 2)。

第三,链路—状态请求报文(类型 3)。

第四,链路—状态更新报文(类型 4)。

第五,链路—状态应答报文(类型 5)。

这五种报文类型有时用编号指明,而不是用名称。所以,OSPF 类型 5 报文实际上是指链路—状态应答报文,所有这些报文类型使用 OSPF 头。

五种基本的 OSPF 数据结构用五个纯粹的数表示,对这些结构和大小的详细论述超出了本节的范围。这一节仅限于论述这些数据类型的目的和使用。

(1)Hello 报文。OSPF 包含一个用于建立和维护相邻站点之间关系的协议(Hello 协议)。这些关系称为连接性。连接性是 OSPF 交换路由数据的基础。

通过这个协议和报文类型,OSPF 节点能发现区域中的其他 OSPF 节点。它的名称表明了其含义,Hello 协议在可能的相邻路由器之间建立通信。Hello 协议使用特别的子报文结构,这个结构附加到标准 24 字节的 OSPF 头后面。这些结构共同构成 Hello 报文。

OSPF 网络中的所有路由器必须遵守一定的规则,这个规则在整个网络中是一致的。这些规则如下。

①网络掩码。

②Hello 报文广播的间隔。

③网络中的其他路由器认为一个没有反应的路由器为死节点的时间(路由器死时间间隔)。

OSPF 中的所有路由器对这些参数必须使用相同值,否则网络可能不会正常工作。这些参数通过 Hello 报文进行交换,它们一起构成相邻节点之间通信的基础。它们要确保在不同网络的路由器之间不形成相邻关系(连接性),并且网络中的所有成员要对多久彼此联系一次达成共识。

Hello 报文也包括最近已与其联系过的其他路由器列表(使用它们自己路一的路由器 ID)。这个 Neighbor (相邻者)域使邻居发现过程成为可能。Hello 报文还包括几个其他的域,如 Designated Router(指定路由器)、Backup Designated Router(备份指定路由器)等。这些域对于维护连接性,支持 OSPF 网络的稳定周期和收敛都是有用的。Designated Router 和 Backup Designated Router 的用处将在本章后面的节中描述。

(2)数据库描述报文。当 OSPF 中的两个路由器初始化连接时要交换数据库描述(DD)报文。这个报文类型用于描述,而非实际地传送 OSPF 路由器的链路—状态数据库内容。由于数据库的内容可能相当长,所以可能需要多个数据库描述报文来描述整个数据库。实际上,保留了一个域用于标识数据库描述报文序列。接收方对报文的重新排序使其能够真实地复制数据库描述报文。

DD 交换过程按询问/应答方式进行。在这个过程中,一个路由器作为主路由器,另一个路由器作为从路由器,主路由器向从路由器发送它的路由表内容。显然,主从路由器之间的关系会因每个 DD 交换的不同而不同。网络中的所有路由器会在不同时刻作用,在这个过程中既可能是主,又可能是从。

（3）链路—状态请求报文。OSPF 报文的第三种类型为链路—状态请求报文。这个报文用于请求相邻路由器链路—状态数据库中的一部分数据。表面上看,在收到一个 DD 更新报文之后,OSPF 路由器可以发现相邻信息不是比自己的更新就是比自己的更完全。如果是这样,路由器就会发送一个或几个链路—状态请求报文给它的邻居(具有更新信息的路由器),以得到更多的链路状态信息。

请求的信息必须是非常具体的。它必须使用下面的标准规范指明所要求的数据。

①链路—状态(LS)类型号(1 到 5)。

②LS 标识。

③通告路由器。

这些规范一起指明了一个具体的 OSPF 数据库子集,而不是它的一个事例。一个事例是与信息相同的子集,这个子集带有暂时边界(也就是时戳)。OSPF 是一个动态路由协议,它能对网络中链路状态的变化自动做出反应。因此,LS 请求接收者将这些特定路由信息解释为最新数据。

（4）链路—状态更新报文。链路—状态更新报文用于将 LSA 发送给它的相邻节点。这些更新报文是用于对 LSA 请求的应答。LSA 报文有五种不同的类型。这些报文类型用 1~5 的类型号标识。

由于 OSPF 通常把链路—状态广播看作 LSA,因此会存在潜在的混淆。然而,实际上用于更新路由表的机制为链路—状态更新报文,简写为 LSU。还有另一个报文结构,链路—状态应答报文,简写为 LSA;由于一些不可知的原因,这种报文称为链路—状态应答,而 LSA 通常是指更新报文。

这些报文类型及其 LSA 号,如下所述。

①Router LSA(路由器 LSA:类型 1)——路由器 LSA 描述了路由器链路到区的状态和耗费。所有这样的链路必须在一个 LSA 报文中进行描述。同时,路由器必须为它属于的每个区产生一个路由器 LSA。所以,区边界路由器将产生多个路由器 LSA,而区内的路由器只需产生一个这样的更新。

②Network LSA(网络 LSA:类型 2)——网络 LSA 与路由器 LSA 相似,它描述的是连接进网络的所有路由器的链路状态和耗费信息。二者的区别是网络 LSA 是网络中所有链路—状态和耗费信息的总和。只有网络的指定路由器记录这个信息,并由它产生网络 LSA。

③Summary LSA-IP Network(汇总 LSA-IP 网络:类型 3)——使用汇总 LSA-IP 这个名称有些不灵活,因此 OSPF 的设计者采用了编号策略标记 LSA。只有 OSPF 网络中的区边界路由器能产生这种 LSA 类型。使用这种 LSA 类型,将一个区的汇总路由信息和 OSPF 网络中相邻区路由器信息进行交换。它经常汇总缺省的路由而不是传播汇总的 OSPF 信息至其他网络。

④Summary LSA-Autonomous System Boundary Router(汇总 LSA—自治系统边界路由器:类型 4)——类型 4 与类型 3 LSA 的关系密切。二者的区别是类型 3 描述区内路由,而类型 4 描述的是 OSPF 网络之外的路由。

⑤AS—(外部 LSA:类型 5)——第五个 LSA 是自治系统外部 LSA。正如其名,这种 LSA 用于描述 OSPF 网络之外的目的地。这些目的地可以是特定主机或是外部网络地址。作为和外部自治系统相联系的 ASBR OSPF 节点负责把外部路由信息在它所属的整个区中传播。

这些 LSA 类型用于描述 OSPF 路由域的不同方面,它们直接寻址到 OSPF 区中的每一个路由器并同时传输。这样可以确保 OSPF 区中的所有路由器关于网络的五个不同方面(LSA 类型)有相同的信息。路由器完整的 LSA 数据存储在链路—状态数据库中。当 Dijkstra 算法应用于这些数据库的内容时会得到 OSPF 路由表。数据库和表的区别是数据库含有原始数据的完整集合,而路由表包含通过特定路由器接口到已知目的地的最短路径列表。

不必研究每种 LSA 类型的结构,只需研究它们的头就足够了。

第一,LSA 头。所有的 LSA 使用一个通用的头格式。这个头 20 字节长并附加于标准的 24 字节 OSPF 头后面。LSA 头唯一地标识了每种 LSA。所以,它包括关于 LSA 类型、链路—状态 ID 及通告路由器 ID 的信息。下面是 LSA 头域。

①LS 年龄——LSA 头中的前两个字节包含 LSA 的年龄。这个年龄是自从 LSA 产生时已消逝的时间秒数。

②OSPF 选项——下面的字节由一系列标志组成,这些标志标识了 OSPF 网络能提供的各种可选的服务。

③LS 类型——1 字节的 LS 类型指出 5 种 LSA 类型中的一种。每种 LSA 类型的格式是不同的。因此,指出何种类型的数据附加在头后面必不可少。

④链路—状态 ID——链路—状态 ID 域 4 字节长用于指明 LSA 描述的特定网络环境区域。这个域与前面提及的 LS 类型域关系紧密。实际上,这个域的内容直接依赖于 LS 类型。比如,在路由器 LSA 中,链路—状态 ID 包含产生了这个报文的 OSPF 路由器 ID——通告路由器 ID。

⑤LS 顺序号——OSPF 路由器会递增每个 LSA 报文的序列号。所以,接收到两个相同 LSA 事例的路由器有两种选择决定哪一个是最新的报文。LS 顺序号域 4 字节长,检查这个域可以确定 LSA 在网络中已传输了多久。从理论上讲,一个新的 LSA 年龄比一个老的 LSA 年龄大是有可能的,特别是在大型复杂的 OSPF 网络中。所以,接收路由器比较 LS 顺序号。大号的 LSA 是最新生成的,这种机制不会因动态路由的变迁而受到损坏,而应认为其是一种更可靠的确定 LSA 时间的方法。

⑥LS 校验和——3 字节的 LS 校验和用于检查 LSA 在传输到目的地的过程中是否受到破坏。校验和采用简单的数学算法。它的输出结果依赖于其输入,并且有高度的一致性。给定相同的输入,校验和算法总是给出相同的输出。LS 校验和域使用部分 LSA 报文内容(包括头,不包括 LS 年龄和校验和域)生成校验和值。源节点运行 Fletcher 算法并把结果存于 LS 校验和域中。目的节点执行相同的算法并把结果与存储在校验和域中的结果进行比较,如果两个值不相同,就可以认为报文在传输过程中被破坏。之后,产生一个传输请求。

⑦LS 长度——LS 长度域用于通知接收方 LSA 的长度(以字节为单位),这个域 1 个字节长。LSA 报文体的剩余部分包含一个 LSA 的列表。每个 LSA 描述 OSPF 网络五个不同方面中的一个。所以,路由器 LSA 报文会广播区内已知存在的路由器信息。

第二,处理 LSA 更新。OSPF 路由表与其他路由表的本质区别是它的更新并不直接被接收站点所使用。从其他路由器接收到的更新包含"从发送路由器角度看"网络得到的信息。所以,在使用和解释接收到的 LSA 数据之前必须由 Dijkstra 算法将其转化为自己本身的信息。

表面上看,LSA 的传输是因为一个路由器检测到了链路状态变化,所以,在接收到任何类型的 LSA 之后,OSPF 路由器都必须把 LSA 的内容和自身路由表的对应部分进行比较。只有通过 SPF 算法,使用新数据形成新的网络视图之后才能进行比较,SPF 算法输出的结果是得到网络的新视图。这些结果与已存在的 OSPF 路由表相比较,看它的路由是否受到了网络状态变化的影响。如果由于状态变化必须改变一条或多条路由,就要使用新的信息建造一个新的路由表。

第三,复制 LSA。考虑到 LSA 在整个 OSPF 区内洪泛,就有可能同时存在多个相同 LSA 类型的事例。因此,OSPF 网络的稳定性要求路由器能够识别多个 LSA 中的最新者。收到两个或多个相同 LSA 类型的路由器会检查 LSA 头中的 LS 年龄、LS 顺序号以及 LS 校验和域。只有包含在最新 LSA 中的信息才被接受,并且要经过前面一节中描述的处理过程。

(5)链路—状态应答报文。第五种 OSPF 报文是链路—状态应答报文。OSPF 的特点是可靠地分布 LSA 报文,LSA 表示链路—状态通告(advertisement),是通告而不是链路—状态应答。可靠性意味着通告的接收方必须应答。否则,源节点将没有办法知道 LSA 是否已到达目的地。因此,需要一些应答 LSA 接收的机制。这个机制是链路—状态应答报文。

链路—状态应答报文唯一地标识其要应答的 LSA 报文。标识以包含在 LSA 头中的信息为基础,包括 LS 顺序号和通告路由器。LSA 与应答报文之间无须存在一对一的对应关系。多个 LSA 可以用一个报文来应答。

6.3.3.3 路由的计算

路由器完成周边网络的拓扑结构的描述(生成 LSA)后,发送给网络中的其他路由器,每台路由器生成链路状态数据库(LSDB)。路由器开始执行 SPF(最短路径优先)算法计算路由,路由器以自己为根节点,将 LSDB 中的条目与 LSA 进行对比,经过若干次的递归和回溯,直至路由器将所有 LSA 中包含的网段都找到路径(把该路由填入路由表中),此时才意味着将所到达的该段链路的类型标识为 3(stubnet)。

6.3.3.4 确保 LSA 在路由器间传送的可靠性

从前面可以知道,作为链路状态协议的 OSPF 的工作机制,与 RIP 等距离向量的路由协议是不一样的。距离向量路由协议通过周期性地发送整张路由表,使网络中的路由器的路由信息保持一致。这种机制存在着前面提到的一些弊病。而 OSPF 协议将包含路由信息的部分与只包含路由器间邻接关系的部分分开,它使用一种被称作 Hello 的数据包确认邻接关系。这个数据包非常小,它仅被用来发现和维持邻接关系。

在路由器 R1 初始化完成后,它将向路由器 R2 发送 Hello 数据包。此时 R1 并不知道 R2 的存在,因此在数据包中不包含 R2 的信息(参数 seen=0)。而 R2 在接收到该数据包后,将向 R1 发送 Hello 包。此时,Hello 包中将表明它已知道存在 R1 这个邻居。R1 收到这个回应包后就会知道邻居 R2 的存在,并且邻居 R2 也知道了自己的存在(参数 seen=R1)。此时在路由器 R1 和 R2 之间就建立了邻接关系,它们就可以把 LSA 发送给对方,如图 6-13 所示。当然,在发送时 OSPF 要考虑尽量减少占用的带宽,它采用了一些技巧,这些技巧将在下一节中做简单介绍。

众所周知,IP 协议是一种不可靠的、面向无连接的协议,它本身没有确认和错误重传机制。那么,在这种协议基础之上,要使数据包丢失或出错后可以进行重传,上层协议必须本身具备这种可靠的机制。OSPF 采取了与 TCP 类似的确认和超时重传机制。在机制中,R1

图 6-13　邻接路由器

和 R2 将进行一种被称作链路状态数据库描述(DD)的数据包的互传。两者首先进行协商,从而确定两者之间的主从关系(根据路由器 ID 号,ID 号大的将作为 Master)。链路状态数据库描述(DD)数据包中包含了一些参数,如序列号(seq)、报文号(I)、结尾标识(M)及主从标志(MS)。从属路由器将使用主路由器发出的 DD 包中的序列号(seq),作为自己的第一个 DD 包的序列号。当主路由器收到从属路由器的 DD 包时,就能确认邻接路由器已收到自己的数据包(如果没有收到或收到的 DD 包的序列号不是自己一个 DD 包的序列号,主路由器将重传上一个 DD 包),主路由器将序列号加 1(只有主路由器才有权改变序列号,而从属路由器没有),并发送下一个 DD 包。该过程的重复保证了在 OSPF 协议中数据包传输的准确性,从而为 OSPF 协议成为一个准确的路由协议打下了基础。

6.3.3.5　高效率地进行 LSA 的交换

在 RIP 等距离向量路由协议中,路由信息的交互是通过周期性地传送整张路由表的机制完成的,该机制使距离向量路由协议无法高效地进行路由信息的交换。在 OSPF 协议中,为了提高传输效率,在进行链路状态通告(LSA)数据包传输时,使用包含 LSA 头(Head)的链路状态数据库描述数据包进行传输,因为每个 LSA 头中不包含具体的链路状态信息,它只含有各 LSA 的标识(该标识唯一代表一个 LSA),所以,该报文非常小。邻接路由器间使用这种字节数很小的数据包,首先确认在相互之间哪些 LSA 是对方没有的,而哪些 LSA 在对方路由器中也存在,邻接路由器间只会传输对方没有的 LSA。对于自己没有的 LSA,路由器会发送一个 LS Request 报文给邻接路由器请求对方发送该 LSA,邻接路由器在收到 LS Request 报文后,回应一个 LS Update 报文(包含该整条 LSA 信息),在得到对方确认后(接收到对方发出的 LS ACK 报文),这两台路由器完成了本条 LSA 信息的同步。

由此可见,OSPF 协议采用增量传输的方法使邻接路由器保持一致的链路状态数据库(LSDB)。

6.3.3.6　指定路由器和备份指定路由器

在 OSPF 协议中,路由器通过发送 Hello 报文确定邻接关系,每一台路由器都会与其他路由器建立邻接关系。这就要求路由器之间两两建立邻接关系,每台路由器都必须与其他路由器建立邻接关系,以达到同步链路状态数据库的目的,在网络中就会建立起 $n×(n-1)/2$ 条邻接关系(n 为网络中 OSPF 路由器的数量)。这样,在进行数据库同步时需要占用一定的带宽。

为了解决这个问题,OSPF 采用了一个特殊的机制:选举一台指定路由器(DR),使网络中的其他路由器都与它建立邻接关系,而其他路由器彼此之间不必保持邻接。路由器间链路状态数据库的同步,都通过与指定路由器交互信息完成。这样,在网络中仅需建立 $n-1$ 条邻接关系。备份指定路由器(BDR)是指定路由器在网络中的备份路由器,它会在指定路由器关机或产生问题后自动接替它的工作。这时,网络中的其他路由器就会和备份指定路由器交互信息实现数据库的同步。图 6-14 和图 6-15 是选举指定路由器前后网络中的邻接关系的对比。

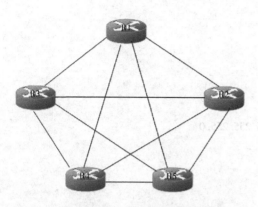

图 6-14 选举指定路由器前的逻辑邻接关系

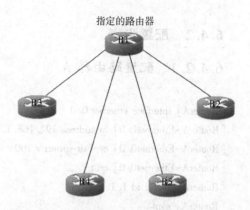

图 6-15 选举指定路由器后的逻辑邻接关系

被选举为指定的路由器应符合三项要求:①该路由器是本网段内的 OSPF 路由器;②该 OSPF 路由器在本网段内的优先级(priority)>0;③该 OSPF 路由器的优先级最大,如果所有路由器的优先级相等,路由器号(router ID)最大的路由器(每台路由器的 router ID 是唯一的)被选举为指定路由器。

以上符合要求的路由器被选举为指定路由器,而第二个满足条件的路由器则当选为备份指定路由器。指定路由器和备份指定路由器的选举,是由路由器通过发送 Hello 数据报文完成的。

6.4 单区域 OSPF 配置

6.4.1 组网需求

在图 6-16 中,路由器 A 的优先级为 100,它是网络上的最高优先级,所以路由器 A 被选举为 DR(指定路由器);路由器 C 的优先级第二高,被选举为 BDR(备份指定路由器);路由器 B 的优先级为 0,这意味着它将无法成为 DR;路由器 D 没有配置优先级,取缺省值 1。拓扑结构如图 6-16 所示。

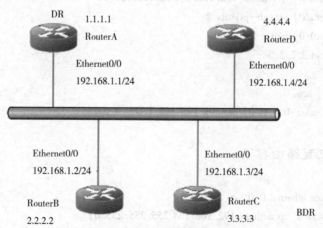

图 6-16 指定路由器的选择拓扑结构

6.4.2 配置步骤

6.4.2.1 配置路由器 A

〔RouterA〕interface ethernet 0/0
〔RouterA-Ethernet0/0〕ip address 192. 168. 1. 1 255. 255. 255. 0
〔RouterA-Ethernet0/0〕ospf dr-priority 100
〔RouterA-Ethernet0/0〕quit
〔RouterA〕router id 1. 1. 1. 1
〔RouterA〕ospf
〔RouterA-ospf-1〕area 0
〔RouterA-ospf-1-area-0. 0. 0. 0〕network 192. 168. 1. 0 0. 0. 0. 255

6.4.2.2 配置路由器 B

〔RouterB〕interface ethernet 1/0/0
〔RouterB-Ethernet0/0〕ip address 192. 168. 1. 2 255. 255. 255. 0
〔RouterB-Ethernet0/0〕ospf dr-priority 0
〔RouterB-Ethernet0/0〕quit
〔RouterB〕router id 2. 2. 2. 2
〔RouterB〕ospf
〔RouterB-ospf-1〕area 0
〔RouterB-ospf-1-area-0. 0. 0. 0〕network 192. 168. 1. 0 0. 0. 0. 255

6.4.2.3 配置路由器 C

〔RouterC〕interface ethernet 0/0
〔RouterC-Ethernet0/0〕ip address 192. 168. 1. 3 255. 255. 255. 0
〔RouterC-Ethernet0/0〕ospf dr-priority 2
〔RouterC-Ethernet0/0〕quit
〔RouterC〕router id 3. 3. 3. 3
〔RouterC〕ospf
〔RouterB-ospf-1〕area 0
〔RouterB-ospf-1-area-0. 0. 0. 0〕network 192. 168. 1. 0 0. 0. 0. 255

6.4.2.4 配置路由器 D

〔RouterD〕interface ethernet 0/0
〔RouterD-Ethernet0/0〕ip address 192. 168. 1. 4 255. 255. 255. 0
〔RouterD-Ethernet0/0〕quit

[RouterD] router id 4.4.4.4

[RouterD] ospf

[RouterB-ospf-1] area 0

[RouterB-ospf-1-area-0.0.0.0] network 192.168.1.0 0.0.0.255

在路由器 A 上运行 display ospf peer 可显示 OSPF 邻居,路由器 A 有三个邻居。

每个邻居的状态都是 full,这意味着路由器 A 与它的每个邻居都形成了邻接(路由器 A 和 C 必须与网络中的所有路由器形成邻接,才能分别充当网络的 DR 和 BDR)。路由器 A 是网络中的 DR,而路由器 C 是 BDR。其他所有的邻居都是 DROther(这意味着它们既不是 DR,也不是 BDR)。

将路由器 B 的优先级改为 200:[RouterB-Ethernet0/0] ospf dr-priority 200。

在路由器 A 上运行 display ospf peer 可显示 OSPF 邻居,路由器 B 的优先级改为 200,但它并不是 DR。

只有当现在的 DR 不在网络上之后,DR 才会改变。关掉路由器 A,在路由器 D 上运行 display ospf peer 命令可显示邻居。这时,本来是 BDR 的路由器 C 成了 DR,并且路由器 B 现在也是 BDR。

关掉所有的路由器再重新启动,这个操作会带来一个新的 DR/BDR 选择。路由器 B 就被选为 DR(优先级为 200),路由器 A 成为了 BDR(优先级为 100)。

6.4.3　OSPF 协议中的区域划分

OSPF 协议在大规模网络的使用中,链路状态数据库比较庞大,它占用了很大的存储空间,其在执行最小生成数算法时,要耗费较长的时间和很大的 CPU 资源,网络拓扑结构变化的概率也大大增加。这些因素的存在,不仅耗费了路由器大量的存储空间,加重了路由器 CPU 的负担,而且,整个网络会因为拓扑结构的经常变化,长期处于"动荡"的不可用的状态。

为了使 OSPF 能够用于规模很大的网络,OSPF 将一个自治系统再划分为若干个更小的范围,称为区域。每一个区域都有一个 32 位的区域标识符(用点分十进制表示)。区域也不能太大,在一个区域内的路由器最好不超过 200 个。

OSPF 协议允许网络方案设计人员根据需要将路由器放在不同的区域(area)中,两个不同的区域通过区域边界路由器(ABR)相连。在区域内部的路由信息同步,采取的方法与上面提到的方法相同。在两个不同区域之间的路由信息传递,由区域边界路由器(ABR)完成。它将相连两个区域内生成的路由,以类型 3 的 LSA 向对方区域发送。此时,一个区域内的 OSPF 路由器只保留本区域内的链路状态信息,没有其他区域的链路状态信息。这样,在两个区域之间缩小了链路状态数据库,降低了生成数算法的计算量。同时,当一个区域中的拓扑结构发生变化时,其他区域中的路由器不需要重新进行计算。OSPF 协议中的区域划分机制,有效地解决了 OSPF 在大规模网络中应用时产生的问题。

划分区域的好处就是将利用洪泛法交换链路状态信息的范围局限于每一个区域而不是整个自治系统,这就减少了整个网络中的通信量。在一个区域内部的路由器只知道本区域的完整网络拓扑,而不知道其他区域的网络拓扑的情况。OSPF 使用层次结构的区域划分,将上层的区域称为主干区域(backbone area)。主干区域的标识符规定为 0.0.0.0。主干区域的作用是用来连通其他在下层的区域。因为在区域间不再进行链路状态信息的交互(实际上,在区域间传递路由信息采用了可能导致路由自环的递归算法),OSPF 协议依靠维护整个网络链路状态实现无路由自环的能力,在区域间无法实现。所以,路由自环可能会发生在 OSPF 的区域之间。解决这一问题的办法是,使所有其他的区域都连接在骨干区域周围,即所有非骨干区域都与骨干区域邻接。对于一些无法与骨干区域邻接的区域,在它们与骨干区域之间建立虚连接。

6.4.4   OSPF 协议配置概述

在各项配置中,必须先启动 OSPF、指定接口与区域号后,才能配置其他的功能特性。而配置与接口相关的功能特性不受 OSPF 是否使能的限制。需要注意的是,在关闭 OSPF 后,原来与 OSPF 相关的接口参数也同时失效。

6.4.4.1   基本的 OSPF 配置

对于基本的 OSPF 配置,需要进行的操作为:①配置 Router ID;②启动 OSPF;③进入 OSPF 区域视图;④在指定网段使能 OSPF。

根据 OSPF 的网络类型不同,可能还需要进行的配置为:①配置 OSPF 网络类型;②配置邻接点。

6.4.4.2   OSPF 路由的管理

配置 OSPF 的路由引入。

6.4.4.3   OSPF 协议本身的参数配置

OSPF 协议本身的参数配置操作为:①配置 OSPF 优先级;②配置 OSPF 定时器;③配置选举 DR 时的优先级;④配置接口发送报文的开销;⑤配置 OSPF 的 SPF 计算间隔;⑥配置发送链路状态更新报文所需的时间;⑦配置接口发送 DD 报文时是否填写 MTU 值;⑧配置 OSPF 等值路由的最大个数。

6.5   多区域 OSPF 协议

6.5.1   配置路由器 ID

路由器的 ID 是一个 32 位无符号整数,采用 IP 地址形式,是一台路由器在自治系统中的唯一标识。路由器的 ID 可以手工配置,如果没有配置 ID 号,系统会从当前接口的 IP 地址中自动选择一个作为路由器的 ID 号。手工配置路由器的 ID 时,必须保证自治系统中任意两台路由器的 ID 都不相同。通常的做法是将路由器的 ID 配置为与该路由器某个接口的 IP 地址一致。

在系统视图下进行下列配置:配置/删除路由器 ID(见表 6-8)。

为保证 OSPF 运行的稳定性,在进行网络规划时,应确定路由器 ID 的划分并手工配置。

表 6-8　配置/删除路由器的 ID 号

命　令	命令描述
router id router-id	配置路由器的 ID 号
undo do router id	删除路由器的 ID 号

需要说明的是:需要重新启动 OSPF 进程之后,修改后的 Router ID 才能在 OSPF 中生效。

6.5.2　启动 OSPF

OSPF 支持多进程,一台路由器上启动的多个 OSPF 进程之间由不同的进程号区分。OSPF 进程号在启动 OSPF 时进行设置,它只在本地有效,不影响与其他路由器之间的报文交换。

在系统视图下进行下列配置:启动/关闭 OSPF(见表 6-9)。

有 6-9　启动/关闭 OSPF

命　令	命令描述
ospf	启动 OSPF,进入 OSPF 视图
undo ospf	关闭 OSPF 路由协议

缺省情况下,不运行 OSPF。

启用 OSPF 时,需要注意以下几点。

(1)如果在启动 OSPF 时不指定进程号,将使用缺省的进程号 1;关闭 OSPF 时不指定进程号,缺省关闭进程 1。

(2)在同一个区域中的进程号必须一致,否则会造成进程之间的隔离。

(3)当在一台路由器上运行多个 OSPF 进程时,建议用户使用以上命令中的 router-id 为不同进程指定不同的 Router ID。

6.5.3　进入 OSPF 区域视图

OSPF 协议将自治系统划分成不同的区域(area),在逻辑上将路由器分为不同的组。在区域视图下可以进行区域相关配置。

在 OSPF 视图下进行下列配置:进入/删除 OSPF 区域视图(见表 6-10)。

表 6-10　进入/删除 OSPF 区域视图

命　令	命令描述
area area-id	进入 OSPF 区域
undo area area-id	删除 OSPF 区域

区域 ID 可以采用十进制整数或 IP 地址形式输入,但显示时使用 IP 地址形式。

在配置同一区域内的 OSPF 路由器时应注意:大多数配置数据都应该考虑区域统一,否则可能会导致相邻路由器之间无法交换信息,甚至导致路由信息的阻塞或者产生路由环。

6

动态路由协议

6.5.4　指定网段运行 OSPF

在系统视图下使用 ospf 命令启动 OSPF 后,还必须指定在哪个网段上应用 OSPF。

在 OSPF 区域视图下进行下列配置:指定网段运行 OSPF(见表 6-11)。

表 6-11　指定网段运行 OSPF

命　　令	命令描述
network ip-address	指定网段上运行 OSPF 协议
undo network ip-address	删除指定网段上的 OSPF 协议

一台路由器可能同时属于不同的区域(这样的路由器称作 ABR),但一个网段只能属于一个区域。

6.5.5　配置 OSPF 网络类型

OSPF 以本路由器邻接网络的拓扑结构为基础计算路由。每台路由器将自己邻接的网络拓扑描述出来,传递给所有其他的路由器。

根据链路层协议类型,OSPF 将网络分为以下类型。

(1)广播类型:链路层协议是 Ethernet、FDDI。

(2)非广播多路访问 Non Broadcast Multiaccess(NBMA)类型:链路层协议是帧中继、ATM、HDLC 或 X.25。

(3)点到多点 Point-to-Multipoint(P2MP)类型:没有一种链路层协议会被缺省地认为是 Point-to-Multipoint 类型。点到多点必然是由其他网络类型强制更改的,常见的做法是将非全连通的 NBMA 改为点到多点的网络。

(4)点到点 Point-to-point(P2P)类型:链路层协议是 PPP 或 LAPB。

NBMA 网络是指非广播、多点可达的网络,典型的有 ATM。可通过配置轮询间隔指定路由器在与相邻路由器构成邻接关系之前发送轮询 Hello 报文的时间周期。在没有多址访问能力的广播网上,可将接口配置成 NBMA 方式。若在 NBMA 网络中并非所有路由器之间都直接可达时,可将接口配置成 P2MP 方式。若该路由器在 NBMA 网络中只有一个对端,则也可将接口类型改为 P2P 方式。

NBMA 与 P2MP 之间的区别如下。

第一,在 OSPF 协议中 NBMA 是指那些全连通的、非广播、多点可达的网络。而点到多点的网络,则并不需要一定是全连通的。

第二,在 NBMA 上需要选举 DR 与 BDR,而在点到多点网络中没有 DR 与 BDR。

第三,NBMA 是一种缺省的网络类型,例如:如果链路层协议是 ATM,OSPF 会缺省地认为该接口的网络类型是 NBMA(不论该网络是否全连通)。点到多点不是缺省的网络类型,没有哪种链路层协议会被认为是点到多点,点到多点必须是由其他的网络类型强制更改的。最常见的做法是将非全连通的 NBMA 改为点到多点的网络。

第四,NBMA 用单播发送报文,需要手工配置邻居。点到多点采用多播方式发送报文。

在接口视图下进行下列配置(见表6-12)。

表 6-12　配置接口的网络类型

命　令	命令描述
ospf network-type {broadcast | nbma | p2mp | p2p}	配置接口的网络类型

缺省情况下,OSPF 根据链路层类型得出网络类型。如果用户为接口配置了新的网络类型,原接口的网络类型自动取消。

6.5.6　配置 OSPF 的路由引入

路由器上各动态路由协议之间可以互相共享路由信息。由于 OSPF 的特性,其他路由协议发现的路由总被当作自治系统外部的路由信息处理。在接收命令时,可以指定路由的花费类型、花费值和标记以覆盖缺省的路由接收参数(见"配置 OSPF 接收外部路由的默认选项"的配置部分)。

OSPF 使用四类不同的路由,按优先顺序排列为:①区域内路由;②区域间路由;③第一类外部路由;④第二类外部路由。

区域内和区域间路由描述自治系统内部的网络结构;外部路由则描述如何选择到自治系统以外目的地的路由。

第一类外部路由是指接收的是 IGP 路由。由于这类路由的可信程度较高,所以,计算出的外部路由的花费与自治系统内部的路由花费的数量级相同,并且与 OSPF 自身路由的花费具有可比性,即:到第一类外部路由的花费值=本路由器到相应的 ASBR 的花费值+ASBR 到该路由目的地址的花费值。

第二类外部路由是指接收的是 EGP 路由。由于这类路由的可信度比较低,所以 OSPF 协议认为,从 ASBR 到自治系统之外的花费远远大于在自治系统之内到达 ASBR 的花费,计算路由花费时主要考虑前者。即,到第二类外部路由的花费值=ASBR 到该路由目的地址的花费值。如果该值相等,再考虑本路由器到相应的 ASBR 的花费值。

在 OSPF 视图下进行下列配置:配置 OSPF 的路由引入(见表6-13)。

表 6-13　配置 OSPF 的路由引入

命　令	命令描述
import-route protocol [allow-ibgp] [cost value] [type{1|2}] [tag value] [route-policy route-plicy-name]	引入其他协议的路由信息
undo improt-route protocol	删除引用的其他路由协议

缺省情况下,OSPF 将不引入其他协议的路由信息。当配置引入其他协议的路由信息时,缺省情况下,cost 为 1,type 为 2,tag 为 1。

当 protocol 为 BGP 时,allow-ibgp 为可选关键字。import-route bgp 表示只引入 EBGP 路由,import-route bgp allow-ibgp 表示将 IBGP 路由也引入,但引入该配置危险性大,需慎重对待。

可引入的路由包括 direct、static、RIP、IS-IS 与 BGP,也可以引入其他进程的 OSPF 路由。

6.5.7 配置 OSPF 优先级

由于路由器上可能同时运行多个动态路由协议,这样就存在着各个路由协议之间路由信息共享和选择的问题。系统为每一种路由协议设置一个优先级,在不同协议发现同一条路由时,优先级数值小的路由将被优选。

在 OSPF 视图下进行下列配置:配置 OSPF 优先级(见表 6-14)。

表 6-14 配置/恢复 OSPT 优先级

命　　令	命令描述
preferencepreference	配置 OSPF 协议在各路由协议之间的优先级
undo preference	恢复 OSPF 路由协议的默认优先级

缺省情况下,OSPF 协议的优先级为 10;引入外部路由协议的优先级为 150。

6.5.8 配置 OSPF 定时器

6.5.8.1 配置 Hello 报文发送时间间隔

Hello 报文是一种最常用的报文,它周期性地被发送至邻居路由器,用于发现与维持邻居关系,以及选举 DR 与 BDR。用户可对发送 Hello 报文时间间隔的值进行设置。

根据 RFC2328 的规定,要保持网络邻居间 Hello 时钟的时间间隔的一致性。需要注意的是,Hello 时钟的值与路由收敛速度、网络负荷大小成反比。

在接口视图下进行下列配置(见表 6-15)。

缺省情况下,P2P、broadcast 类型接口发送 Hello 报文的时间间隔的值为 10 秒;P2MP、NBMA 类型接口发送 Hello 报文的时间间隔的值为 30 秒。

缺省情况下,发送轮询 Hello 报文的时间间隔为 120 秒。轮询时间间隔值至少应为值的 3 倍。

表 6-15 配置 Hello 报文发送时间间隔

命　　令	命令描述
ospf timer helloseconds	配置接口发送 Hello 报文的时间间隔
undo ospf timer hello	恢复接口发送 Hello 报文时间间隔的缺省值

6.5.8.2 配置相邻路由器间失效时间

在一定时间间隔内,如果路由器未收到对方的 Hello 报文,则认为对端路由器失效,这个时间间隔被称为相邻路由器间的失效时间(见表 6-16)。

表 6-16 配置相邻路由器间失效时间

命　　令	命令描述
ospf timer deadseconds	配置相邻路由器间失效时间
undo ospf timer dead	恢复相邻路由器失效时间的默认值

在接口视图下进行下列配置。

缺省情况下，P2P、broadcast 类型接口相邻路由器间失效时间的值为 40 秒；P2MP、NBMA 类型接口相邻路由器间失效时间的值为 120 秒。

需要注意的是，在用户修改了网络类型后，发送报文时间间隔与失效时间都将恢复缺省值。

6.5.8.3 配置相邻路由器重传 LSA 的间隔

当一台路由器向它的邻居发送一条 LSA 后，需要等到对方的确认报文。若在 retransmit 时间内没有收到对方的确认报文，就会向邻居重传这条 LSA。用户可对 retransmit 的值进行设置。

在接口视图下进行下列配置（见表 6-17）。

表 6-17　配置相邻路由器重传 LSA 的间隔

命　　令	命令描述
ospf timer retransmit interval	配置相邻路由器重传 LSA 的时间间隔
undo ospf timer retransmit	恢复相邻路由器重传 LSA 的默认时间值

缺省情况下，相邻路由器重传 LSA 的时间间隔的值为 5 秒。

interval 的值必须大于一个报文在两台路由器之间传送一个来回的时间。

需要注意的是：相邻路由器重传 LSA 时间间隔的值不要设置得太小，否则将会引起不必要的重传。

6.5.9　配置选举 DR 时的优先级

广播网络或 NBMA 类型的网络需要选举指定路由器 DR 和备份指定路由器 BDR。

路由器接口的优先级 Priority 将影响接口在选举 DR 时所具有的资格。优先级为 0 的路由器不会被选举为 DR 或 BDR。

DR 由本网段中所有路由器共同选举。Priority 大于 0 的路由器都可作为"候选者"，选票就是 Hello 报文，OSPF 路由器将自己选出的 DR 写入 Hello 报文中，发给网段上的其他路由器。当同一网段的两台路由器都宣布自己是 DR 时，Priority 高的胜出。如果 Priority 相等，则 Router ID 大的胜出。

如果 DR 失效，则网络中的路由器必须重新选举 DR，并与新的 DR 同步，为了缩短这个过程，OSPF 提出了 BDR（backup designated router，备份指定路由器）的概念，与 DR 同时被选举出来。BDR 也与本网段内的所有路由器建立邻接关系并交换路由信息。DR 失效后，BDR 立即成为 DR，由于不需要重新选举，并且邻接关系已经建立，所以这个过程可以很快完成。这时，还需要选举出一个新的 BDR，这时不会影响路由的计算。

对于 DR 的选举，需要说明几点内容：第一，当接口优先级为 0 时，无论什么情况下都不能成为 DR/BDR，这可能造成网络上没有 DR 或 BDR；第二，DR 并不一定是网段中 Priority 最大的路由器；同理，BDR 也并不一定就是 Priority 第二大的路由器。若 DR、BDR 已经选择完毕，即使有一台 Priority 值更大的路由器加入，它也不会成为该网段中的 DR；第三，DR 是网段中的概念，是针对路由器的接口而言的。某台路由器在一个接口上可能是 DR，在另一个接口上可能是 BDR，或者是 DROther；第四，只有在广播或 NBMA 类型的接口上才会选举

DR,在点到点或点到多点类型的接口上不需要选举 DR。在广播网络或 NBMA 网络上,如果 OSPF 收到的 hello 报文中没有人宣称自己是 DR,则将进入选举过程;如果多个 OSPF 宣称自己是 DR/BDR,也将进入选举过程;如果已经有人宣称自己是 DR/BDR,则新加入者接受已有的 DR/BDR,无论它的优先级是多少,当 DR 失败时,BDR 将变为 DR,再选举出新的 BDR。

在接口视图下进行下列配置(见表 6-18)。

表 6-18　设置接口优先级

命　令	命令描述
ospf dr-priority priority_num	设置接口在选举"指定路由器"时的优先级
undo ospf dr-priority	恢复接口的缺省优先级

缺省情况下,接口在选举 DR 时的优先级为 1,取值范围为 0～255。

6.5.10　配置发送链路状态更新报文所需时间

链路状态更新报文(LSU)中链路状态广播(LSA)的老化时间在传送之前要增加 trans-delay 秒。该参数的设置主要考虑到接口上发送报文所需的时间,在低速网络上,该项配置尤为重要。

在接口视图下进行下列配置(见表 6-19)。

表 6-19　配置用于发送 LSU 报文的时间间隔

命　令	命令描述
ospf trand-delay seconds	配置用于发送 LSU 报文的时间间隔
undo ospf trands-delay	恢复发送 LSU 报文的默认时间间隔

缺省情况下,发送链路状态更新报文时间的值为 1 秒。

6.6　实验实训 1——RIPv2 的配置及验证实训

6.6.1　实验目的

通过本实验,可以掌握三项技能:①配置接口 IP 地址;②配置 RIPv2 协议;③验证 RIPv2 协议配置。

6.6.2　设备需求

Cisco 路由器 3 台,分别命名为 twins、sa 和 gill。twins、sa 和 gill 均具有 2 个以太网接口。

2 条交叉线序双绞线;1 台 Access Server,以及用于反向 Telnet 的相应电缆;1 台带有超级终端程序的 PC 机,以及 Console 电缆及转接器。

6.6.3 拓扑结构

实验的拓扑结构如图 6-17 所示,地址如下。通过 2 对交叉线序双绞线分别将 twins 和 sa 连接起来、twins 和 gill 连接起来。

各路由器使用的接口及其编号见图 6-17 的标注。各接口 IP 地址分配如下,拓扑结构如图 6-17 所示。

twins:E0:192.168.10.1 E1:192.168.11.1

sa:E0:192.168.10.2 E1:192.168.12.1

gill:E0:192.168.11.2 E1:192.168.15.1

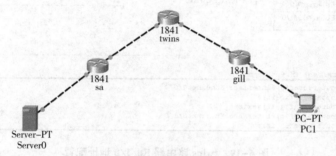

图 6-17 RIP 实训拓扑结构

6.6.4 实验配置

基本网络配置采用图形化界面配置具体信息。

twins 路由器配置如图 6-18、图 6-19 所示。

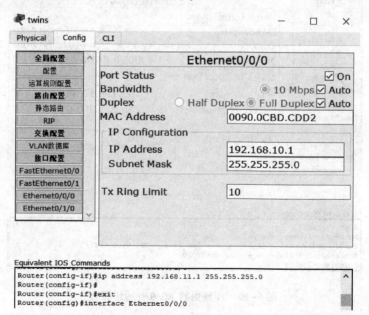

图 6-18 twins 路由器 E0/0/0 地址配置

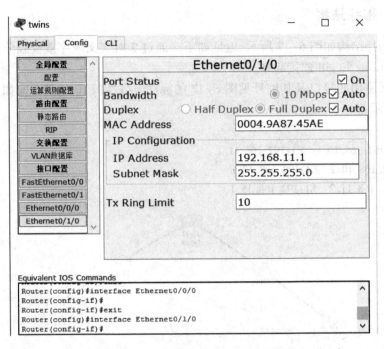

图 6-19　twins 路由器 E0/1/0 地址配置

sa 路由器接口地址配置如图 6-20、图 6-21 所示。

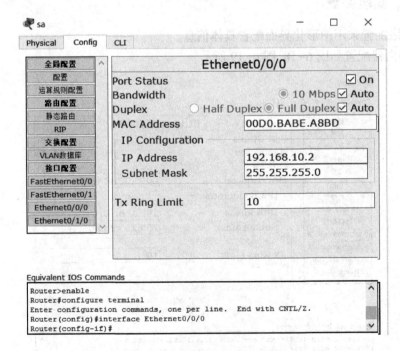

图 6-20　sa 路由器 E0/0/0 地址配置

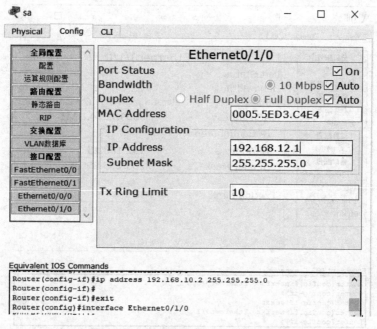

图 6-21　sa 路由器 E0/1/0 地址配置

gill 路由器接口地址配置如图 6-22、图 6-23 所示。

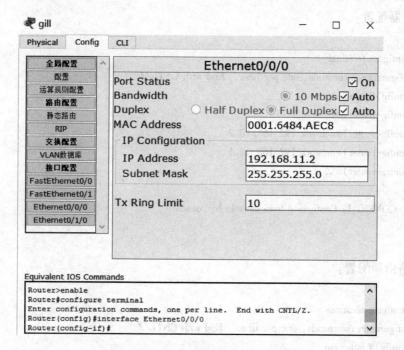

图 6-22　gill 路由器 E0/0/0 地址配置

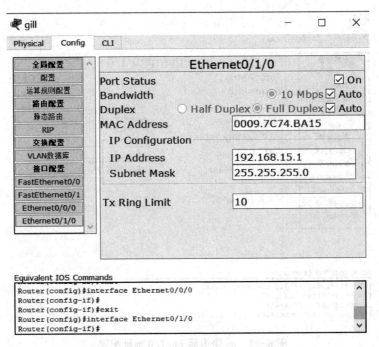

图 6-23　gill 路由器 E0/1/0 地址配置

配置 RIPv2 协议如下。

sa 路由器配置：

Router#configure terminal

Enter configuration commands, one per line.　End with CNTL/Z.

Router(config)#router rip

Router(config-router)#version 2

Router(config-router)#network 192. 168. 10. 2

Router(config-router)#network 192. 168. 12. 1

Router(config-router)#^Z

Router#

%SYS-5-CONFIG_I：Configured from console by console

Router#

twins 路由器配置：

Router#configure terminal

Enter configuration commands, one per line.　End with CNTL/Z.

Router(config)#router rip

Router(config-router)#version 2

Router(config-router)#network 192. 168. 10. 1

Router(config-router)#network 192. 168. 11. 1

Router(config-router)#^Z

Router#

%SYS-5-CONFIG_I: Configured from console by console

Router#

gill 路由器配置:

Router#configure terminal

Enter configuration commands, one per line.   End with CNTL/Z.

Router(config)#router rip

Router(config-router)#version 2

Router(config-router)#network 192. 168. 11. 2

Router(config-router)#network 192. 168. 15. 1

Router(config-router)#^Z

Router#

%SYS-5-CONFIG_I: Configured from console by console

Router#

6.6.5   RIPv2 协议验证

sa 路由器配置验证如图 6-24 所示。

```
Router#show ip protocols
Routing Protocol is "rip"
Sending updates every 30 seconds, next due in 23 seconds
Invalid after 180 seconds, hold down 180, flushed after 240
Outgoing update filter list for all interfaces is not set
Incoming update filter list for all interfaces is not set
Redistributing: rip
Default version control: send version 2, receive 2
  Interface           Send  Recv  Triggered RIP  Key-chain
  Ethernet0/0/0         2     2
  Ethernet0/1/0         2     2
Automatic network summarization is in effect
Maximum path: 4
Routing for Networks:
        192.168.2.0
        192.168.4.0
        192.168.10.0
        192.168.12.0
Passive Interface(s):
Routing Information Sources:
        Gateway          Distance      Last Update
        192.168.10.1        120        00:00:09
Distance: (default is 120)
Router#
```

图 6-24   sa 路由器配置验证

twins 路由器配置验证如图 6-25 所示。

```
Router#show ip protocols
Routing Protocol is "rip"
Sending updates every 30 seconds, next due in 28 seconds
Invalid after 180 seconds, hold down 180, flushed after 240
Outgoing update filter list for all interfaces is not set
Incoming update filter list for all interfaces is not set
Redistributing: rip
Default version control: send version 2, receive 2
  Interface            Send  Recv  Triggered RIP  Key-chain
  Ethernet0/0/0         2     2
  Ethernet0/1/0         2     2
Automatic network summarization is in effect
Maximum path: 4
Routing for Networks:
        192.168.2.0
        192.168.3.0
        192.168.10.0
        192.168.11.0
Passive Interface(s):
Routing Information Sources:
        Gateway         Distance      Last Update
        192.168.10.2       120        00:00:22
        192.168.11.2       120        00:00:10
Distance: (default is 120)
Router#
```

图 6-25　twins 路由器配置验证

gill 路由器配置验证如图 6-26 所示。

```
Router#show ip protocols
Routing Protocol is "rip"
Sending updates every 30 seconds, next due in 20 seconds
Invalid after 180 seconds, hold down 180, flushed after 240
Outgoing update filter list for all interfaces is not set
Incoming update filter list for all interfaces is not set
Redistributing: rip
Default version control: send version 2, receive 2
  Interface            Send  Recv  Triggered RIP  Key-chain
  Ethernet0/0/0         2     2
  Ethernet0/1/0         2     2
Automatic network summarization is in effect
Maximum path: 4
Routing for Networks:
        192.168.3.0
        192.168.5.0
        192.168.11.0
        192.168.15.0
Passive Interface(s):
Routing Information Sources:
        Gateway         Distance      Last Update
        192.168.11.1       120        00:00:24
Distance: (default is 120)
```

图 6-26　gill 路由器配置验证

路由表信息验证如下。

sa 路由表信息验证如图 6-27 所示。

```
Router#show ip route
Codes: C - connected, S - static, I - IGRP, R - RIP, M - mobile, B - BGP
       D - EIGRP, EX - EIGRP external, O - OSPF, IA - OSPF inter area
       N1 - OSPF NSSA external type 1, N2 - OSPF NSSA external type 2
       E1 - OSPF external type 1, E2 - OSPF external type 2, E - EGP
       i - IS-IS, L1 - IS-IS level-1, L2 - IS-IS level-2, ia - IS-IS
inter area
       * - candidate default, U - per-user static route, o - ODR
       P - periodic downloaded static route

Gateway of last resort is not set

C    192.168.10.0/24 is directly connected, Ethernet0/0/0
R    192.168.11.0/24 [120/1] via 192.168.10.1, 00:00:05, Ethernet0/0/0
C    192.168.12.0/24 is directly connected, Ethernet0/1/0
R    192.168.15.0/24 [120/2] via 192.168.10.1, 00:00:05, Ethernet0/0/0
```

图 6-27　sa 路由表信息验证

twins 路由表信息验证如图 6-28 所示。

```
Router#show ip route
Codes: C - connected, S - static, I - IGRP, R - RIP, M - mobile, B - BGP
       D - EIGRP, EX - EIGRP external, O - OSPF, IA - OSPF inter area
       N1 - OSPF NSSA external type 1, N2 - OSPF NSSA external type 2
       E1 - OSPF external type 1, E2 - OSPF external type 2, E - EGP
       i - IS-IS, L1 - IS-IS level-1, L2 - IS-IS level-2, ia - IS-IS
inter area
       * - candidate default, U - per-user static route, o - ODR
       P - periodic downloaded static route

Gateway of last resort is not set

C    192.168.10.0/24 is directly connected, Ethernet0/0/0
C    192.168.11.0/24 is directly connected, Ethernet0/1/0
R    192.168.12.0/24 [120/1] via 192.168.10.2, 00:00:20, Ethernet0/0/0
R    192.168.15.0/24 [120/1] via 192.168.11.2, 00:00:03, Ethernet0/1/0
```

图 6-28　twins 路由表信息验证

gill 路由表信息验证如图 6-29 所示。

```
Router#show ip route
Codes: C - connected, S - static, I - IGRP, R - RIP, M - mobile, B - BGP
       D - EIGRP, EX - EIGRP external, O - OSPF, IA - OSPF inter area
       N1 - OSPF NSSA external type 1, N2 - OSPF NSSA external type 2
       E1 - OSPF external type 1, E2 - OSPF external type 2, E - EGP
       i - IS-IS, L1 - IS-IS level-1, L2 - IS-IS level-2, ia - IS-IS
inter area
       * - candidate default, U - per-user static route, o - ODR
       P - periodic downloaded static route

Gateway of last resort is not set

R    192.168.10.0/24 [120/1] via 192.168.11.1, 00:00:10, Ethernet0/0/0
C    192.168.11.0/24 is directly connected, Ethernet0/0/0
R    192.168.12.0/24 [120/2] via 192.168.11.1, 00:00:10, Ethernet0/0/0
C    192.168.15.0/24 is directly connected, Ethernet0/1/0
```

图 6-29　gill 路由表信息验证

6.6.6 ping 测试

从服务器 ping 到主机 PC 如下。

SERVER>ipconfig

FastEthernet0 Connection：(default port)

Link-local IPv6 Address.........：FE80：：2E0：B0FF：FE2D：D805

IP Address....................：192. 168. 12. 2

Subnet Mask...................：255. 255. 255. 0

Default Gateway................：192. 168. 12. 1

SERVER>ping 192. 168. 12. 1

Pinging 192. 168. 12. 1 with 32 bytes of data：

Reply from 192. 168. 12. 1：bytes = 32 time = 0ms TTL = 255

Reply from 192. 168. 12. 1：bytes = 32 time = 3ms TTL = 255

Reply from 192. 168. 12. 1：bytes = 32 time = 5ms TTL = 255

Reply from 192. 168. 12. 1：bytes = 32 time = 0ms TTL = 255

Ping statistics for 192. 168. 12. 1：

Packets：Sent = 4, Received = 4, Lost = 0(0% loss)，

Approximate round trip times in milli-seconds：

Minimum = 0ms, Maximum = 5ms, Average = 2ms

SERVER>ping 192. 168. 10. 2

Pinging 192. 168. 10. 2 with 32 bytes of data：

Reply from 192. 168. 10. 2：bytes = 32 time = 0ms TTL = 255

Reply from 192. 168. 10. 2：bytes = 32 time = 2ms TTL = 255

Reply from 192. 168. 10. 2：bytes = 32 time = 0ms TTL = 255

Reply from 192. 168. 10. 2：bytes = 32 time = 0ms TTL = 255

Ping statistics for 192. 168. 10. 2：

Packets：Sent = 4, Received = 4, Lost = 0(0% loss)，

Approximate round trip times in milli-seconds：

Minimum = 0ms, Maximum = 2ms, Average = 0ms

SERVER>ping 192. 168. 10. 1

Pinging 192. 168. 10. 1 with 32 bytes of data：

Reply from 192. 168. 10. 1：bytes = 32 time = 8ms TTL = 254

Reply from 192. 168. 10. 1：bytes = 32 time = 6ms TTL = 254

Reply from 192. 168. 10. 1：bytes = 32 time = 0ms TTL = 254

Reply from 192. 168. 10. 1：bytes = 32 time = 5ms TTL = 254

Ping statistics for 192. 168. 10. 1：

Packets：Sent = 4, Received = 4, Lost = 0(0% loss)，

Approximate round trip times in milli-seconds：

Minimum = 0ms, Maximum = 8ms, Average = 4ms

SERVER>ping 192. 168. 11. 1

Pinging 192. 168. 11. 1 with 32 bytes of data：

Reply from 192. 168. 11. 1: bytes = 32 time = 1ms TTL = 254

Reply from 192. 168. 11. 1: bytes = 32 time = 0ms TTL = 254

Reply from 192. 168. 11. 1: bytes = 32 time = 0ms TTL = 254

Reply from 192. 168. 11. 1: bytes = 32 time = 0ms TTL = 254

Ping statistics for 192. 168. 11. 1:

Packets: Sent = 4, Received = 4, Lost = 0(0% loss)

Approximate round trip times in milli-seconds:

Minimum = 0ms, Maximum = 1ms, Average = 0ms

SERVER>ping 192. 168. 15. 1

Pinging 192. 168. 15. 1 with 32 bytes of data:

Reply from 192. 168. 15. 1: bytes = 32 time = 2ms TTL = 253

Reply from 192. 168. 15. 1: bytes = 32 time = 1ms TTL = 253

Reply from 192. 168. 15. 1: bytes = 32 time = 1ms TTL = 253

Reply from192. 168. 15. 1: bytes = 32 time = 1ms TTL = 253

Ping statistics for 192. 168. 15. 1:

Packets: Sent = 4, Received = 4, Lost = 0(0% loss),

Approximate round trip times in milli-seconds:

Minimum = 1ms, Maximum = 2ms, Average = 1ms

SERVER>ping 192. 168. 15. 2

Pinging 192. 168. 15. 2 with 32 bytes of data:

Reply from 192. 168. 15. 2: bytes = 32 time = 11ms TTL = 125

Reply from 192. 168. 15. 2: bytes = 32 time = 1ms TTL = 125

Reply from 192. 168. 15. 2: bytes = 32 time = 7ms TTL = 125

Reply from 192. 168. 15. 2: bytes = 32 time = 0ms TTL = 125

Ping statistics for192. 168. 15. 2:

Packets: Sent = 4, Received = 4, Lost = 0(0% loss),

Approximate round trip times in milli-seconds:

Minimum = 0ms, Maximum = 11ms, Average = 4ms

从 PC ping 服务器,测试结构如图 6-30 所示。

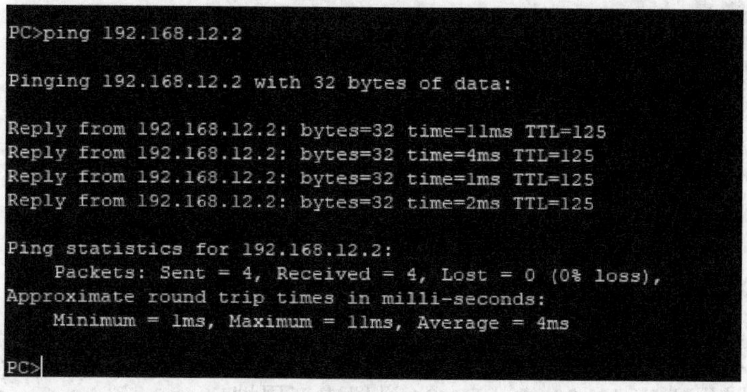

```
PC>ping 192.168.12.2

Pinging 192.168.12.2 with 32 bytes of data:

Reply from 192.168.12.2: bytes=32 time=11ms TTL=125
Reply from 192.168.12.2: bytes=32 time=4ms TTL=125
Reply from 192.168.12.2: bytes=32 time=1ms TTL=125
Reply from 192.168.12.2: bytes=32 time=2ms TTL=125

Ping statistics for 192.168.12.2:
    Packets: Sent = 4, Received = 4, Lost = 0 (0% loss),
Approximate round trip times in milli-seconds:
    Minimum = 1ms, Maximum = 11ms, Average = 4ms

PC>
```

图 6-30 PC 与服务器 ping 命令执行结果

6.7 实验实训 2——单区域 OSPF 配置实训

6.7.1 实验目的

掌握通过动态路由单区域 OSPF 方式实现网络的连通。

6.7.2 背景描述

假设校园网通过 1 台路由器连接到 Internet,现在需要对交换机和路由器做适当配置,以实现校园网内部主机与 Internet 主机的相互通信。

6.7.3 实现功能

实现网络的互联互通,从而实现信息的共享和传递。

6.7.4 实验设备

RSR20(1 台)、S3760(1 台),PC(3 台)、直连线若干。

6.7.5 实验拓扑

普通路由器和主机直连时,需要使用交叉线,RS20 的以太网接口支持 MDI/MDIX,使用直连线也可以连通。拓扑结构如图 6-31 所示。

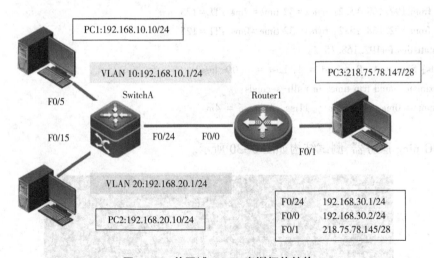

PC1:192.168.10.10/24

VLAN 10:192.168.10.1/24

PC3:218.75.78.147/28

SwitchA

Router1

F0/5

F0/15

F0/24   F0/0

F0/1

VLAN 20:192.168.20.1/24

PC2:192.168.20.10/24

F0/24	192.168.30.1/24
F0/0	192.168.30.2/24
F0/1	218.75.78.145/28

图 6-31 单区域 OSPF 实训拓扑结构

6.7.6 实验步骤

步骤一:在交换机 SwitchA 上创建 VLAN 10、VLAN 20,并将 F0/5 端口划分到 VLAN 10 中,F0/15 端口划分到 VLAN 20 中。F0/24 设置成三层端口。

```
SwitchA # configure terminal
SwitchA (config) # vlan 10
SwitchA (config-vlan) # name sales
SwitchA (config-vlan) #exit
SwitchA (config) #interface fastethernet 0/5
SwitchA (config-if) #switchport access vlan 10
switchA (config-if) #exit
SwitchA (config) # vlan 20
SwitchA (config-vlan) # name technical
SwitchA (config-vlan) #exit
SwitchA (config) #interface fastethernet 0/15
SwitchA (config-if) #switchport access vlan 20
switchA (config-if) #exit
SwitchA (config) # interface fastethernet 0/24
SwitchA (config-if) #no switchport
SwitchA (config-if) #ip address 192.168.30. 1 255.255.255.0        为端口配置 IP 地址
SwitchA (config-if) #no shutdown
```

步骤二:在交换机 SwitchA 上配置 OSPF 动态路由。

```
SwitchA (config) #router ospf 1                         启动 OSPF 进程
SwitchA (config-router) #network 192.168.10.0    0.0.0.255 area 0
! 声明网段属于区域 0
SwitchA (config-router) #end
SwitchA (config) #router ospf 1
SwitchA (config-router) #net 192.168.20.0 0.0.0.255 area 0
SwitchA (config-router) #end
SwitchA (config) #router ospf 1
SwitchA (config-router) #net 192.168.30.0 0.0.0.255 area 0
SwitchA (config-router) #end
```

步骤三:在 Router1 上配置接口的 IP 地址。

```
Router1 (config) # interface fastethernet 0/0
Router1 (config-if) # ip address 192.168.30.2 255.255.255.0
Router1 (config-if) # no shutdown
Router1 (config) # interface fastethernet 0/1
Router1 (config-if) # ip address 218.75.78.145 255.255.255.248
Router1 (config-if) # no shutdown
```

157

步骤四:在路由器 Router1 上配置 OSPF 动态路由。

Router1(config)#router ospf 1
Router1(config-router)#net 192.168.30.0 0.0.0.255 area 0
Router1(config-router)#end
Router1(config)#router ospf 1
Router1(config-router)#net 218.75.78.144 0.0.0.7 area 0

步骤五:查看交换机和路由器路由信息。

SwitchA(config)# show ip route
Router1(config)# show ip route

步骤六:设置 3 台 PC 的 IP 和网关,并测试网络的互联互通。

6.8 实验实训 3——多区域 OSPF 配置实训

6.8.1 实验概述

在诸多的路由协议中,OSPF 有很多优点,比如,它能适应各种规模的网络(最多支持几千台路由器)、无自环、支持区域划分、可以路由分级等。下面重点讲述它的区域划分,在这之前先了解一些有关区域划分的基本知识。

(1)网络看成是由多个自治系统组成的整体系统,通过搜集和传递自治系统链路状态,可以动态地发现和传播路由以达到自治系统信息同步的目的。

(2)每个自治系统又可划分为不同的区域,如果一个路由器端口被分配到多个区域内,这个路由器就被称为区域边界路由器 ABR,它是指那些处于区域边缘连接多个区域的路由器。

(3)通过 ABR 可以学到其他区域的路由信息,所有 ABR 和位于它们之间的路由器称为骨干区域。由于所有区域必须在逻辑上与骨干区域保持连通,因而特别引入了虚连接的概念,使那些在物理上分割的区域也能保持逻辑上的连通。

(4)连接自治系统的路由器称为自治系统边界路由器 ASBR,通过 ASBR 学习该 OSPF 自治系统之外的路由信息(如静态路由、RIP 等)。

(5)一个网段只能属于同一个区域。

6.8.2 实验设备

3 台路由器、2 台交换机、1 台防火墙。

6.8.3 实验拓扑

如图 6-32 所示,使用了 OSPF 和 RIP 两种路由协议,OSPF 网络划分为三个区域,R1、

SW1 和防火墙上各做一个 loopback 端口方便测试,其拓扑结构如图 6-32 所示。

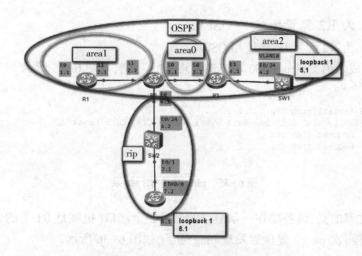

图 6-32　多区域 OSPF 实训拓扑结构

6.8.4　实验配置

6.8.4.1　路由器 R1 的配置。

(1)配置 IP 地址,如图 6-33 所示。

```
[r1]int e0
[r1-Ethernet0]ip add 192.168.1.1 24
[r1-Ethernet0]
[r1-Ethernet0]loop
  Ethernet0 running on loopback mode
[r1-Ethernet0]
%01:09:27: Interface Ethernet0 is UP
%01:09:27: Line protocol ip on the interface Ethernet0 is UP
[r1-Ethernet0]int s1
[r1-Serial1]ip add 192.168.2.1 24
[r1-Serial1]
%01:10:43: Line protocol ip on the interface Serial1 is UP
```

图 6-33　R1 路由器接口地址配置

(2)启动 OSPF 并将端口加入区域,如图 6-34 所示。

```
[r1]ospf enable
  Start OSPF task...
  OSPF enabled
[r1-ospf]int e0
[r1-Ethernet0]ospf enable area 1
[r1-Ethernet0]int s1
[r1-Serial1]ospf enable area1
  Incorrect command
[r1-Serial1]ospf enable area 1
```

图 6-34　OSPF 区域配置

6

动
态
路
由
协
议

159

这里需要注意的是,路由器与交换机、防火墙在配置 OSPF 时有些不同之处,需要先启动 OSPF。

6.8.4.2 为 R2 配置地址和 OSPF

以 R1 为例,为 R2 配置 IP 地址和 OSPF。

(1)配置完成之后尝试 ping S0 端口却发现 ping 不通,如图 6-35 所示。

```
r2-Serial1]ping 192.168.2.1
  PING 192.168.2.1: 56  data bytes, press CTRL_C to break
    Request time out
    Request time out
```

图 6-35　ping 命令执行结果

这里需要注意的是,设备要在一条链路的最后一个端口(也就是 R1 上的 S0)进行复位,下面进行复位并再次 ping。复位后发现 ping 通了,如图 6-36 所示。

```
[r2-Serial1]shut
% Interface Serial1 is down
[r2-Serial1]
%01:05:54: Interface Serial1 is DOWN
[r2-Serial1]un shut
% Interface Serial1 is reset
[r2-Serial1]
%01:06:17: Interface Serial1 is UP
%01:06:17: Line protocol ip on the interface Serial1 is UP
[r2-Serial1]ping 192.168.2.1
  PING 192.168.2.1: 56  data bytes, press CTRL_C to break
    Reply from 192.168.2.1: bytes=56 Sequence=0 ttl=255 time = 26 ms
    Reply from 192.168.2.1: bytes=56 Sequence=1 ttl=255 time = 26 ms
```

图 6-36　ping 命令执行结果

(2)配置 RIP 路由协议。
配置如图 6-37 所示。

```
[r2]rip
    waiting...
  RIP is running
[r2-rip]network 192.168.6.0
```

图 6-37　R2 路由器配置 RIP 路由协议

6.8.4.3 为 R3 配置 IP 地址和 OSPF

以 R1 为例,为 R3 配置 IP 地址和 OSPF。

6.8.4.4 配置 SW1

(1)创建 VLAN 并将端口加入 VLAN,然后为端口配置 IP 地址,测试与 R3 端口 E1 的连通性,如图 6-38 所示。

```
[sw1-vlan10]port e0/24
[sw1-vlan10]quit
[sw1]int vlan-in
[sw1]int Vlan-interface 10
[sw1-Vlan-interface10]
%Jul 30 20:57:06 2013 sw1 L2INF/5/VLANIF LINK STATUS CHANGE:
 Vlan-interface10: turns into UP state

[sw1-Vlan-interface10]ip add 192.168.4.2 255.255.255.0
[sw1-Vlan-interface10]
%Jul 30 20:57:43 2013 sw1 IFNET/5/UPDOWN:Line protocol on the interface Vlan-interf
ace10 turns into UP state

[sw1-Vlan-interface10]ping 192.168.4.1
  PING 192.168.4.1: 56  data bytes, press CTRL_C to break
    Reply from 192.168.4.1: bytes=56 Sequence=1 ttl=255 time = 9 ms
    Reply from 192.168.4.1: bytes=56 Sequence=2 ttl=255 time = 2 ms
```

图 6-38　连通性测试结果

（2）创建 loopback 并将端口加入 IP。

配置如图 6-39 所示。

```
[sw1]int loopback 1
[sw1-LoopBack1]ip add 192.168.5.1 255.255.255.0
```

图 6-39　loopback 端口配置

（3）将端口加入区域，配置如图 6-40 所示。

```
[f]firewall packet-filter default permit
[f]fir
[f]firewall z
[f]firewall zone t
[f]firewall zone trust
[f-zone-trust]add in
[f-zone-trust]add interface eth0/1
```

图 6-40　端口区域配置

6.8.4.4　为 W2 配置 IP 地址

以 SW1 为例，为 SW2 配置 IP 地址，然后启动 RIP，配置如图 6-41 所示。

```
[sw2]rip
[sw2-rip]network 192.168.6.0
[sw2-rip]network 192.168.7.0
```

图 6-41　SW1 的 RIP 配置

6.8.4.5　使 OSPF 网络和 RIP 网络互相学习路由

通过配置使 OSPF 网络和 RIP 网络能互相学习路由。

（1）查看 R2 的路由，在图 6-42 中看到 R2 通过 OSPF 学习到了 R1、R3 和 SW1 的路由，又通过 RIP 学习到 SW2 和 F 的路由。路由表显示如图 6-42 所示。

6

动态路由协议

161

```
[r2]dis ip routing-t
Routing Tables:
  Destination/Mask   Proto    Pref    Metric     Nexthop     Interface
      0.0.0.0/0      Static    60       0         0.0.0.0     Null0
    127.0.0.0/8      Direct     0       0        127.0.0.1    LoopBack0
    127.0.0.1/32     Direct     0       0        127.0.0.1    LoopBack0
  192.168.1.0/24     OSPF      10      1572      192.168.2.1   Serial1
  192.168.2.0/24     Direct     0       0        192.168.2.1   Serial1
  192.168.2.1/32     Direct     0       0        192.168.2.1   Serial1
  192.168.2.2/32     Direct     0       0        127.0.0.1    LoopBack0
  192.168.3.0/24     Direct     0       0        192.168.3.2   Serial0
  192.168.3.1/32     Direct     0       0        127.0.0.1    LoopBack0
  192.168.3.2/32     Direct     0       0        192.168.3.2   Serial0
  192.168.4.0/24     OSPF      10      1572      192.168.3.2   Serial0
  192.168.5.0/24     OSPF      10      3134      192.168.3.2   Serial0
```

图 6-42 R2 路由器路由表

（2）查看 SW1 的路由，看到除了直连的和通过 OSPF 学习到的，并没有 SW2 和防火墙的路由，如图 6-43 所示。

```
[sw1]dis ip routing-table
 Routing Table: public net
Destination/Mask    Protocol  Pre  Cost      Nexthop       Interface
127.0.0.0/8         DIRECT     0    0       127.0.0.1      InLoopBack0
127.0.0.1/32        DIRECT     0    0       127.0.0.1      InLoopBack0
192.168.1.0/24      OSPF      10   3144     192.168.4.1    Vlan-interface10
192.168.2.0/24      OSPF      10   3134     192.168.4.1    Vlan-interface10
192.168.3.0/24      OSPF      10   1572     192.168.4.1    Vlan-interface10
192.168.4.0/24      DIRECT     0    0       192.168.4.2    Vlan-interface10
192.168.4.2/32      DIRECT     0    0       127.0.0.1      InLoopBack0
192.168.5.0/24      DIRECT     0    0       192.168.5.1    LoopBack1
192.168.5.1/32      DIRECT     0    0       127.0.0.1      InLoopBack0
```

图 6-43 SW1 路由器路由表

（3）出现上面的情况是因为没有做路由再发布。设想一下，OSPF 网络是个大的网络，而 RIP 的网络较小，那么就可以把 RIP 网络的路由导入 OSPF 网络中来，下面根据设想在边界路由器 R2 上将其实现。

①导入 RIP 路由。

［r2］ospf

［r2-ospf］import-route rip

②再次查看 SW1 的路由。此时可以看到除了 OSPF 学到的和直连的路由，还看到了名为 O_ASE 的路由，O 代表 OSPF，AS 表示自治域，E 代表外部的。这种情况说明导入成功，如图 6-44 所示。

（4）此时 SW1 有了 SW2 和防火墙的路由，那么能够 ping 通它们吗？经过检测，答案是否定的。为什么呢？这是因为 SW2 和防火墙没有学到 SW1 的路由。根据前面的设想，将 OSPF 网络的路由导入 RIP 网络中又不现实，因为 OSPF 网络过大，这时解决问题的办法就是发布一条默认路由。

```
<sw1>dis ip routing-table
  Routing Table: public net
Destination/Mask    Protocol  Pre   Cost        Nexthop          Interface
127.0.0.0/8         DIRECT    0     0           127.0.0.1        InLoopBack0
127.0.0.1/32        DIRECT    0     0           127.0.0.1        InLoopBack0
192.168.1.0/24      OSPF      10    3144        192.168.4.1      Vlan-interface10
192.168.2.0/24      OSPF      10    3134        192.168.4.1      Vlan-interface10
192.168.3.0/24      OSPF      10    1572        192.168.4.1      Vlan-interface10
192.168.4.0/24      DIRECT    0     0           192.168.4.2      Vlan-interface10
192.168.4.2/32      DIRECT    0     0           127.0.0.1        InLoopBack0
192.168.5.0/24      DIRECT    0     0           192.168.5.1      LoopBack1
192.168.5.1/32      DIRECT    0     0           127.0.0.1        InLoopBack0
192.168.7.0/24      O_ASE     150   1           192.168.4.1      Vlan-interface10
192.168.8.0/24      O_ASE     150   1           192.168.4.1      Vlan-interface10
```

图 6-44　路由引入情况

①做一条静态路由。先创建一个类似于垃圾桶的端口 null,当有条找不到目的地的路由时就把它投到里边,后边应该填写刚刚创建的 null 0,如图 6-45 所示。

```
[r2]int null 0
[r2-Null0]quit
[r2]ip route 0.0.0.0 0 ?
  X.X.X.X           NextHop IP address
  Aux               Aux interface
  Ethernet          IEEE802.3
  Null              Null interface
  Serial            Serial
```

图 6-45　R2 路由器 null 0 配置

②到 RIP 中进行发布。

[r2]rip

[r2-rip]import-route static

(5)到 SW2 和防火墙上检查是否发布成功,如图 6-46 所示,说明发布成功。

```
<sw2>dis ip routing-table
  Routing Table: public net            默认路由          下一跳指向192.168.6.1
Destination/Mask    Protocol  Pre   Cost        Nexthop          Interface
0.0.0.0/0           RIP       100   1           192.168.6.1      Vlan-interface10
127.0.0.0/8         DIRECT    0     0           127.0.0.1        InLoopBack0
127.0.0.1/32        DIRECT    0     0           127.0.0.1        InLoopBack0
192.168.6.0/24      DIRECT    0     0           192.168.6.2      Vlan-interface10
192.168.6.2/32      DIRECT    0     0           127.0.0.1        InLoopBack0
192.168.7.0/24      DIRECT    0     0           192.168.7.1      Vlan-interface20
192.168.7.1/32      DIRECT    0     0           127.0.0.1        InLoopBack0
192.168.8.0/24      RIP       100   1           192.168.7.2      Vlan-interface20
```

图 6-46　SW2 路由表

7 综合路由配置与管理

7.1 路由协议重分发

7.1.1 路由重分发的概念

重分发是指连接到不同路由域(自治系统)的边界路由器在它们之间交换和通告路由选择信息的能力。

重分发总是向外的,执行重分发的路由器不会修改其路由表。

路由必须位于路由表中才能被重分发。

7.1.2 路由重分发需要考虑的因素

路由重分发时需要考虑的因素有:①路由反馈,②路由信息不兼容(次优路径),③汇聚(收敛)时间不一致。

7.1.3 重分发环境中的路由选路原则

7.1.3.1 子网掩码最长匹配

子网掩码最长匹配是指路由表中有多条条目可以匹配目的 IP 时,一般采用掩码最长的一条作为匹配项并确定下一跳。通俗来讲,以范围更小更"精确"的匹配项作为下一跳。如都不匹配则丢弃。

7.1.3.2 管理距离

每个路由协议都使用自己的度量方案定义最佳的路由路径。因此当一个路由器运行多种路由协议并从每种路由协议中都学习到去目标网络的路径时,这时路由器需要通过比较管理距离确定选择的路径。

表 7-1 为常见的路由来源及管理距离。

表7-1 常见的路由来源及管理距离

路由来源	管理距离
直连接口	0
静态路由	1
EIGRP 汇总路由	5
外部 BGP	20
内部 EIGRP	90
OSPF	110

路由来源	管理距离
IS-IS	115
RIP	120
外部 EIGRP	170
内部 BGP	200
未知	255

管理距离修改方法如下。

(1)直接修改。

R5(config)#router rip
R5(config-router)#distance 80

(2)在 ospf 下可以按 LSA 类型修改。

R5(config)#router ospf 1
R5(config-router)#distance ospf external 80 inter-area 90 intra-area 100

(3)结合 ACL 修改。此时 distance 80 后面的地址为源地址。

R5(config)#access-list 10 permit 10.0.0.0 0.255.255.255
R5(config)#router ospf 1
R5(config-router)#distance 80 192.168.1.1 0.0.0.0 10

7.1.3.3 度量值

度量值代表距离。度量值用来在寻找路由时确定最优路由路径。每一种路由算法在产生路由表时都会为每一条通过网络的路径产生一个数值(度量值),最小的值表示最优路径,表 7-2 为常见的默认种子度量值。

表 7-2 常见的默认种子度量值

重分发的路由类型	默认种子度量值
RIP	0,视为无穷大
IGRP/EIGRP	0,视为无穷大
OSPF	BGP 为 1,其他路由为 20,OSPF 之间度量值保持不变
IS-IS	0
BGP	BGP 度量值被设置为 IGP 度量值

种子度量值修改方法如下。

(1)直接修改。

```
R5(config)#router ospf 1
R5(config-router)#default-metric 90
```

(2)重分发时指定。

```
R5(config)#router ospf 1
R5(config-router)#redistribute rip subnets metric 100
```

(3)策略路由。

```
R5(config)#router ospf 1
R5(config-router)#redistribute rip metric 1 subnets route-map ABC
R5(config-router)#exit

R5(config)#access-list 10 permit 10.0.0.0 0.255.255.255
R5(config)#access-list 20 permit 172.16.0.0 0.0.255.255
R5(config)#access-list 30 permit 192.168.0.0 0.0.255.255

R5(config)#route-map ABC permit 10
R5(config-route-map)#match ip address 10 20
R5(config-route-map)#set metric 200
R5(config-route-map)#set metric-type type-1
R5(config-route-map)#exit

R5(config)#route-map ABC deny 20
R5(config-route-map)#match ip address 30
R5(config-route-map)#exit

R5(config)#route-map ABC permit 30
R5(config-route-map)#set metric 300
R5(config-route-map)#set metric-type type-2
```

设置 Metric 的优先级。

设计一个小实验来验证 Metric 设置的优先级,拓扑结构如图 7-1 所示。

```
router rip
version 2
redistribute ospf 1 metric 5 route-map A
```

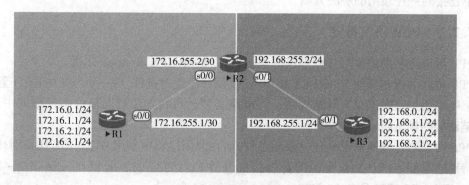

图 7-1 优先级配置拓扑结构

network 192. 168. 255. 0

default-metric 8

no auto-summary

!

route-map A permit 10

match ip address 3

set metric 10

!

route-map A permit 20

!

access-list 3 permit 172. 16. 3. 0 0. 0. 0. 255

查看 R3 的路由表。

R3#sh ip route

   172. 16. 0. 0/16 is variably subnetted, 5 subnets, 2 masks

R   172. 16. 0. 1/32 [120/5] via 192. 168. 255. 2, 00:00:08, Serial0/1

R   172. 16. 1. 1/32 [120/5] via 192. 168. 255. 2, 00:00:08, Serial0/1

R   172. 16. 2. 1/32 [120/5] via 192. 168. 255. 2, 00:00:08, Serial0/1

R   172. 16. 3. 1/32 [120/10] via 192. 168. 255. 2, 00:00:17, Serial0/1

R   172. 16. 255. 0/30 [120/5] via 192. 168. 255. 2, 00:00:08, Serial0/1

172. 16. 3. 1/32 的 Metric 为 10,其他为 5。

7. 2 PPP 广域网协议

    PPP(point-to-point protocol,点到点协议)是为在同等单元之间传输简单数据包链路设计的链路层协议。这种链路提供全双工操作,并按照顺序传递数据包。PPP 设计目的主要是用来通过拨号或专线方式建立点对点连接发送数据,使其成为各种主机、网桥和路由器之间简单连接的一种通用的解决方案。

7.2.1 PPP 协议概述

PPP 可以为多种协议提供点到点的连接,可以是 IP、IPX 和 Apple Talk。

PPP 可以运行在任何 DTE/DCE 接口上,仅需一个绝对条件,即一个双工电路,不管是专用双工电路还是交换式双工电路均可。该电路必须运行在异步或同步位串行模式中,并对 PPP 链路层的帧透明。

PPP 协议对传输速率没有任何限制条件,而在使用过程中专用 DTE/DCE 接口对传输速率有特别的限制。PPP 协议支持的物理接口包括 EIA/TIA-232-E 接口、EIA/TIA-422 接口、EIA/TIA-423 接口及 V.35 接口。

PPP 协议提供了一个可扩展的链路控制协议(LCP)和一组网络控制协议(NCP),对可选配置参数和设备进行选择。PPP 协议提供了一种通过串行点对点连接传输数据包的方法,PPP 协议工作在 OSI 参考模型的第二层(即数据链路层),如图 7-2 所示。

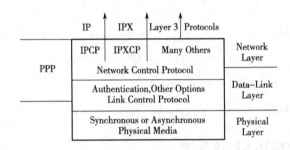

图 7-2 PPP 在 OSI 参考模型中的位置

PPP 使用三个关键组件提供有效的数据包传输。PPP 支持高级数据链路控制协议进行数据封装。

链路控制协议有可扩展性,被用来建立、配置、测试数据链路连接。网络控制协议是一组 NCP 协议,用来建立和配置不同网络层的协议。

PPP 连接的建立是分阶段进行的。作为源的 PPP 节点首先发送 LCP 帧配置数据链路,并对数据链路进行检测(可选)。接着建立起数据链路,并选择使用可选的设备。然后,作为源的 PPP 节点发送 NCP 帧选择和配置网络层协议。最后,对被选用的网络层协议进行配置,发送来自各个网络层协议的数据包。PPP 的会话流程如图 7-3。

网络层协议配置后一直保持链路状态,用来进行通信,直到 LCP 或 NCP 帧明确终止它。链路也可以被其他外部事件终止(例如,一个处于休止状态的定时器超时或用户干预)。

PPP 的 LCP 提供了对点对点连接进行建立、配置、维护和终止的方法。LCP 配置需要经过建立连接、选择配置、决定连接质量、选择网络层协议配置、终止连接五个阶段。

在交换任何网络层数据包(如 IP)之前,LCP 必须首先打开链接并选择配置参数。这个阶段完成的标识是发送和接收配置确认帧。

在 LCP 的建立连接和选择配置阶段之后是可选的决定连接质量阶段。在决定连接质量阶段要对连接进行检测,以决定连接质量是否能够满足网络层协议的要求。LCP 能够推迟传输网络层协议信息,直到该阶段完成。

在 LCP 完成连接质量检查后,用适当的 NCP 分别配置网络层协议,可以在任何时候装载和卸载网络层协议。如果 LCP 终止连接,它将通知网络层协议,以便采取适当的措施。

LCP 可以在任何时候终止连接。终止连接常常由用户要求触发,但也可由物理事件引发,例如,失去载波或空闲周期或定时器超时均可以使连接终止。

7.2.2 建立一个 PPP 连接

为了让设备使用 PPP 通信,该协议必须先打开一个会话。一个 PPP 会话的建立有如下三个阶段,如图 7-3 所示。

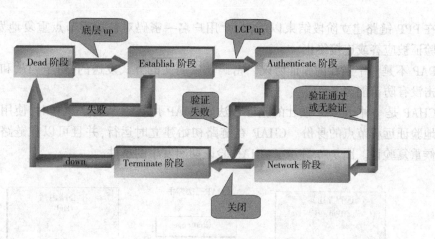

图 7-3 PPP 会话流程

(1) 物理链路建立阶段。在这个阶段,每一台 PPP 设备都发送 LCP 数据包配置和测试数据链路。LCP 数据包包含一个配置选项域,该域允许设备协商配置选项,例如,最大接收单元数目、特定 PPP 域的压缩和链路验证协议。如果 LCP 数据包中不包括某个配置选项,那么将采用该配置选项的默认值。

(2) PPP 协议的验证阶段。链路建立并且选择了验证协议之后,设备之间可以相互验证。如果使用验证就必须将它放在网络层协议阶段之前。

PPP 支持两种验证协议:PAP 和 CHAP。

(3) 网络层协议阶段。在这个阶段,PPP 设备发送 NCP 数据包选择和配置一个或多个网络层协议,例如 IP 协议。选择的每一种网络层协议并完成配置之后,来自这些网络层协议的数据包即可经过相应的链路发送。

7.2.3 配置 PPP 封装、PAP 或 CHAP 验证

配置 PPP 验证时,可以选择 PAP 或 CHAP。下面简要阐述这两种验证方法。

PAP 为远程节点使用二次握手法建立身份标识提供了一种简单的办法,PAP 仅在最初建立链路时使用。图 7-4 显示了在 PAP 验证过程中发生的事件。

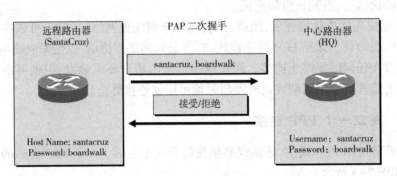

图 7-4　PAP 验证

在 PPP 链路建立阶段结束以后,一个用户名—密码对被远程节点重复地发给路由器,直到验证被应答或连接终止。

PAP 不是一个强壮的验证协议。密码是以明文的方式发送的,对于回放和重复的试错法攻击没有防范能力。

CHAP 是一种比 PAP 强壮的验证方法。CHAP 用在一个链路建立时,使用三次握手周期性地验证远程节点的身份。CHAP 在链路初始建立时运行,并且可以在链路建立后的任何时候重复验证。图 7-5 显示了 CHAP 验证期间发生的事件。

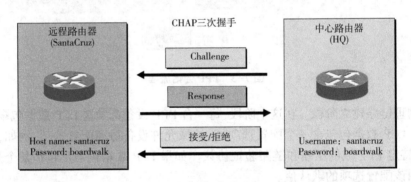

图 7-5　CHAP 验证

在 PPP 链路建立阶段结束后,路由器发送一条 Challenge 消息给远程节点。远程节点回应一个经过单向哈希函数运算过的值。路由器把回应值和用哈希函数计算出的值进行比较,如果两值匹配,验证就被认可,否则立即结束链接。CHAP 通过使用一个可变的 Challenge 值能够防止回放攻击,该值是唯一的和不可预测的。

7.2.4　启用 PPP 封装、PAP 或 CHAP 验证

要启用 PPP 封装,需要进入接口配置模式。输入接口配置命令 link-protocol ppp 在该接口上指定 PPP 封装:

Ruijie(config-if)# link-protocol ppp

在配置 PPP 验证之前,该接口必须配置成 PPP 封装。通过下面的步骤可启用 PAP 或

CHAP 验证。

（1）在每一个路由器上，用以下全局配置命令定义远程路由器期待的用户名和密码：

```
local-user username
password { simple | cipher } password
```

其中，username 选项是存放在本地的用户名；password 选项是设置链接将要用到的密码。在 CHAP 验证协议中，双方的这两个密码必须是相同的。

（2）使用接口配置命令 ppp authentication-mode { pap|chap }配置本地以何种方式验证对端。

CHAP 和 PAP 二者必选其一，也只能选其一。

（3）配置本地被对端以 PAP/CHAP 方式验证。

①配置本地被对端以 PAP 方式验证时，本地发送的 PAP 用户名和口令为：

```
ppp pap local-user username password
{ simple | cipher } password
```

②配置本地被对端以 CHAP 方式验证时，本地发送的 CHAP 用户名和口令为：

```
ppp chap user username
ppp chap password {simple | cipher}
```

7.3　实验实训 1——RIP 与 OSPF 的路由重分发实训

7.3.1　实验目标

要实现全网络的通信，在现实中需要在 R1 上通过 NAT 实现与 ISP 的通信，本书省略 NAT 的配置。在 ISP 路由器上配置默认路由实现通信，需要在 R2 和 R3 上配置 OSPF(RIP) 重分发，以及静态路由和直连路由的重分发，从而实现全网的互通。

7.3.2　实验拓扑

实验拓扑结构如图 7-6 所示。

7.3.3　实验配置

（1）配置各路由器，以及 OSPF 协议、RIP 协议、静态路由、接口 IP 地址。

第一，R1 的配置如下。

接口地址：

```
R1#conf t
```

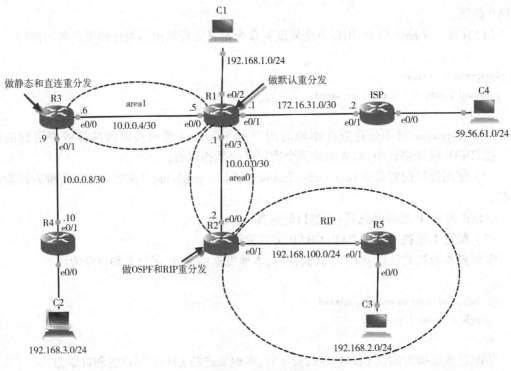

图7-6 实验拓扑结构

R1(config)#int lo0

R1(config-if)#ip add 1. 1. 1. 1 255. 255. 255. 255

R1(config-if)#no sh

R1(config-if)#exit

R1(config)#int e0/0

R1(config-if)#ip add 10. 0. 0. 5 255. 255. 255. 252

R1(config-if)#no sh

R1(config-if)#exit

R1(config)#int e0/1

R1(config-if)#ip add 172. 16. 31. 1 255. 255. 255. 252

R1(config-if)#no sh

R1(config-if)#exit

R1(config)#int e0/2

R1(config-if)#ip add 192. 168. 1. 1 255. 255. 255. 0

R1(config-if)#no sh

R1(config-if)#exit

R1(config)#int e0/3

R1(config-if)#ip add 10. 0. 0. 1 255. 255. 255. 252

R1(config-if)#no sh

R1(config-if)#exit

OSPF 协议：

R1(config)#router ospf 1
R1(config-router)#router-id 1. 1. 1. 1
R1(config-router)#network 1. 1. 1. 1 0. 0. 0. 0 area 0
R1(config-router)#network 10. 0. 0. 0 0. 0. 0. 3 area 0
R1(config-router)#network 10. 0. 0. 4 0. 0. 0. 3 area 1
R1(config-router)#network 192. 168. 1. 0 0. 0. 0. 255 area 0
R1(config-router)#exit

默认路由：

R1(config)#ip route 0. 0. 0. 0 0. 0. 0. 0 172. 16. 31. 2

第二, R2 的配置如下。
接口地址：

R2#conf t
R2(config)#int lo0
R2(config-if)#ip add 2. 2. 2. 2 255. 255. 255. 255
R2(config-if)#no sh
R2(config-if)#exit
R2(config)#int e0/0
R2(config-if)#ip add 10. 0. 0. 2 255. 255. 255. 252
R2(config-if)#no sh
R2(config-if)#exit
R2(config)#int e0/1
R2(config-if)#ip add 192. 168. 100. 1 255. 255. 255. 0
R2(config-if)#no sh
R2(config-if)#exit

OSPF 协议：

R2(config)#router ospf 1
R2(config-router)#router-id 2. 2. 2. 2
R2(config-router)#network 2. 2. 2. 2 0. 0. 0. 0 area 0
R2(config-router)#network 10. 0. 0. 0 0. 0. 0. 3 area 0
R2(config-router)#exit

RIP 协议：

R2(config)#router rip
R2(config-router)#version 2
R2(config-router)#network 192. 168. 100. 0
R2(config-router)#exit

第三,R3 的配置如下。
接口地址:

R3#conf t
R3(config)#int lo0
R3(config-if)#ip add 3. 3. 3. 3 255. 255. 255. 255
R3(config-if)#no sh
R3(config-if)#exit
R3(config)#int e0/0
R3(config-if)#ip add 10. 0. 0. 6 255. 255. 255. 252
R3(config-if)#no sh
R3(config-if)#exit
R3(config)#int e0/1
R3(config-if)#ip add 10. 0. 0. 9 255. 255. 255. 252
R3(config-if)#no sh
R3(config-if)#exit

OSPF 协议:

R3(config)#router ospf 1
R3(config-router)#router-id 3. 3. 3. 3
R3(config-router)#network 3. 3. 3. 3 0. 0. 0. 0 area 1
R3(config-router)#network 10. 0. 0. 4 0. 0. 0. 3 area 1
R3(config-router)#exit

静态路由:

R3(config)#ip route 192. 168. 3. 0 255. 255. 255. 0 10. 0. 0. 10

第四,R4 的配置如下。
接口地址:

R4#conf t
R4(config)#int lo0
R4(config-if)#ip add 4. 4. 4. 4 255. 255. 255. 255

R4(config-if)#no sh
R4(config-if)#exit
R4(config)#int e0/0
R4(config-if)#ip add 192.168.3.1 255.255.255.0
R4(config-if)#no sh
R4(config-if)#exit
R4(config)#int e0/1
R4(config-if)#ip add 10.0.0.10 255.255.255.252
R4(config-if)#no sh
R4(config-if)#exit

默认路由：

R4(config)#ip route 0.0.0.0 0.0.0.0 10.0.0.9

第五,R5 的配置如下。
接口地址：

R5#conf t
R5(config)#int e0/0
R5(config-if)#ip add 192.168.2.1 255.255.255.0
R5(config-if)#no sh
R5(config-if)#int e0/1
R5(config-if)#ip add 192.168.100.2 255.255.255.0
R5(config-if)#no sh
R5(config-if)#exit

RIP 协议：

R5(config)#router rip
R5(config-router)#version 2
R5(config-router)#network 192.168.100.0
R5(config-router)#network 192.168.2.0
R5(config-router)#exit

第六,ISP 的配置如下。
接口地址：

ISP#conf t
ISP(config)#int e0/0

```
ISP(config-if)#ip add 59.56.61.1 255.255.255.0
ISP(config-if)#no sh
ISP(config-if)#exit
ISP(config)#int e0/1
ISP(config-if)#ip add 172.16.31.2 255.255.255.252
ISP(config-if)#no sh
ISP(config-if)#exit
```

默认路由：

```
ISP(config)#ip route 0.0.0.0 0.0.0.0 172.16.31.1
```

（2）配置路由重分发。
第一，在 R1 上重分发默认路由，配置如下。

```
R1(config)#router ospf 1
R1(config-router)#default-information originate
R1(config-router)#exit
```

第二，在 R2 上重分发 OSPF 和 RIP，配置如下。

```
R2(config)#router ospf 1
R2(config-router)#redistribute rip subnets
R2(config-router)#exit
R2(config)#router rip
R2(config-router)#redistribute ospf 1 metric 3
R2(config-router)#exit
```

第三，在 R3 上重分发静态路由和直连路由，配置如下。

```
R3(config)#router ospf 1
R3(config-router)#redistribute static subnets
R3(config-router)#redistribute connected subnets
R3(config-router)#exit
```

（3）验证网络通信是否正常。查看 R1、R2、R3、R5 的路由表，并使用 ping 命令验证网络是否正常通信。
R1 的路由表：

```
R1#show ip route
```

Codes: C-connected, S-static, R-RIP, M-mobile, B-BGP
    D-EIGRP, EX-EIGRP external, O-OSPF, IA-OSPF inter area
    N1-OSPF NSSA external type 1, N2-OSPF NSSA external type 2
    E1-OSPF externaltype 1, E2-OSPF external type 2
    i-IS-IS, su-IS-IS summary, L1-IS-IS level-1, L2-IS-IS level-2
    ia-IS-IS inter area, * -candidate default, U-per-user static route
    o-ODR, P-periodic downloaded static route
Gateway of last resort is 172. 16. 31. 2 to network 0. 0. 0. 0

        1. 0. 0. 0/32 is subnetted, 1 subnets
C   1. 1. 1. 1 is directly connected, Loopback0
        2. 0. 0. 0/32 is subnetted, 1 subnets
O   2. 2. 2. 2 [110/11] via 10. 0. 0. 2, 02:41:47, Ethernet0/3
        3. 0. 0. 0/32 is subnetted, 1 subnets
O   3. 3. 3. 3 [110/11] via 10. 0. 0. 6, 02:39:45, Ethernet0/0
        172. 16. 0. 0/30 is subnetted, 1 subnets
C   172. 16. 31. 0 is directly connected, Ethernet0/1
        10. 0. 0. 0/30 is subnetted, 3 subnets
O E2   10. 0. 0. 8 [110/20] via 10. 0. 0. 6, 02:39:39, Ethernet0/0
C   10. 0. 0. 0 is directly connected, Ethernet0/3
C   10. 0. 0. 4 is directly connected, Ethernet0/0
C   192. 168. 1. 0/24 is directly connected, Ethernet0/2
O E2 192. 168. 2. 0/24 [110/20] via 10. 0. 0. 2, 02:40:07, Ethernet0/3
O E2 192. 168. 100. 0/24 [110/20] via 10. 0. 0. 2, 02:40:07, Ethernet0/3
O E2 192. 168. 3. 0/24 [110/20] via 10. 0. 0. 6, 02:40:07, Ethernet0/0
S *   0. 0. 0. 0/0 [1/0] via 172. 16. 31. 2(默认路由重分发)

R2 的路由表：

R2#show ip route
Codes: C-connected, S-static, R-RIP, M-mobile, B-BGP
    D-EIGRP, EX-EIGRP external, O-OSPF, IA-OSPF inter area
    N1-OSPF NSSA external type 1, N2-OSPF NSSA external type 2
    E1-OSPF external type 1, E2-OSPF external type 2
    i-IS-IS, su-IS-IS summary, L1-IS-IS level-1, L2-IS-IS level-2
    ia-IS-IS inter area, * -candidate default, U-per-user static route
    o-ODR, P-periodic downloaded static route
Gateway of last resort is 10. 0. 0. 1 to network 0. 0. 0. 0

        1. 0. 0. 0/32 is subnetted, 1 subnets
O 1. 1. 1. 1 [110/11] via 10. 0. 0. 1, 02:42:10, Ethernet0/0
        2. 0. 0. 0/32 is subnetted, 1 subnets
C   2. 2. 2. 2 is directly connected, Loopback0
        3. 0. 0. 0/32 is subnetted, 1 subnets

O IA   3. 3. 3. 3 ［110/21］via 10. 0. 0. 1, 02:42:10, Ethernet0/0

        10. 0. 0. 0/30 is subnetted, 3 subnets

O E2   10. 0. 0. 8 ［110/20］via 10. 0. 0. 1, 02:40:00, Ethernet0/0

C   10. 0. 0. 0 is directly connected, Ethernet0/0

O IA   10. 0. 0. 4 ［110/20］via 10. 0. 0. 1, 02:42:12, Ethernet0/0

O   192. 168. 1. 0/24 ［110/20］via 10. 0. 0. 1, 02:42:12, Ethernet0/0

R   192. 168. 2. 0/24 ［120/1］via 192. 168. 100. 2, 00:00:14, Ethernet0/1

C   192. 168. 100. 0/24 is directly connected, Ethernet0/1

O E2 192. 168. 3. 0/24 ［110/20］via 10. 0. 0. 1, 02:40:06, Ethernet0/0

O * E2 0. 0. 0. 0/0 ［110/1］via 10. 0. 0. 1, 02:40:06, Ethernet0/0(RIP 的重分发)

R3 的路由表:

R3#show ip route

Codes: C-connected, S-static, R-RIP, M-mobile, B-BGP

        D-EIGRP, EX-EIGRP external, O-OSPF, IA-OSPF inter area

        N1-OSPF NSSA external type 1, N2-OSPF NSSA external type 2

        E1-OSPF external type 1, E2-OSPF external type 2

        i-IS-IS, su-IS-IS summary, L1-IS-IS level-1, L2-IS-IS level-2

        ia-IS-IS inter area, * -candidate default, U-per-user static route

        o-ODR, P-periodic downloaded static route

Gateway of last resort is 10. 0. 0. 5 to network 0. 0. 0. 0

        1. 0. 0. 0/32 is subnetted, 1 subnets

O IA   1. 1. 1. 1 ［110/11］via 10. 0. 0. 5, 02:41:33, Ethernet0/0

        2. 0. 0. 0/32 is subnetted, 1 subnets

O IA   2. 2. 2. 2 ［110/21］via 10. 0. 0. 5, 02:41:33, Ethernet0/0

        3. 0. 0. 0/32 is subnetted, 1 subnets

C   3. 3. 3. 3 is directly connected, Loopback0

        10. 0. 0. 0/30 is subnetted, 3 subnets

C   10. 0. 0. 8 is directly connected, Ethernet0/1

O IA   10. 0. 0. 0 ［110/20］via 10. 0. 0. 5, 02:41:33, Ethernet0/0

C 10. 0. 0. 4 is directly connected, Ethernet0/0

O IA 192. 168. 1. 0/24 ［110/20］via 10. 0. 0. 5, 02:41:35, Ethernet0/0

O E2 192. 168. 2. 0/24 ［110/20］via 10. 0. 0. 5, 02:41:35, Ethernet0/0

O E2 192. 168. 100. 0/24 ［110/20］via 10. 0. 0. 5, 02:41:35, Ethernet0/0

S   192. 168. 3. 0/24 ［1/0］via 10. 0. 0. 10

O * E2 0. 0. 0. 0/0 ［110/1］via 10. 0. 0. 5, 02:41:36, Ethernet0/0(静态路由和直连路由的重分发)

R5 的路由表:

R5#show ip route

Codes: C-connected, S-static, R-RIP, M-mobile, B-BGP

D-EIGRP, EX-EIGRP external, O-OSPF, IA-OSPF inter area

N1-OSPF NSSA external type 1, N2-OSPF NSSA external type 2

E1-OSPF external type 1, E2-OSPF external type 2

i-IS-IS, su-IS-IS summary, L1-IS-IS level-1, L2-IS-IS level-2

ia-IS-IS inter area, * -candidate default, U-per-user static route

o-ODR, P-periodic downloaded static route

Gateway of last resort is 192.168.100.1 to network 0.0.0.0

R   1.0.0.0/8 [120/3] via 192.168.100.1, 00:00:17, Ethernet0/1

R   2.0.0.0/8 [120/3] via 192.168.100.1, 00:00:17, Ethernet0/1

R   3.0.0.0/8 [120/3] via 192.168.100.1, 00:00:17, Ethernet0/1

R   10.0.0.0/8 [120/3] via 192.168.100.1, 00:00:17, Ethernet0/1

R   192.168.1.0/24 [120/3] via 192.168.100.1, 00:00:17, Ethernet0/1

C   192.168.2.0/24 is directly connected, Ethernet0/0

C   192.168.100.0/24 is directly connected, Ethernet0/1

R   192.168.3.0/24 [120/3] via 192.168.100.1, 00:00:19, Ethernet0/1

R *   0.0.0.0/0 [120/3] via 192.168.100.1, 00:00:19, Ethernet0/1(OSPF 的重分发)

在 R4 上 ping ISP 和 R5。

R4#ping 59.56.61.1

Type escape sequence to abort.

Sending 5, 100-byte ICMP Echos to 59.56.61.1, timeout is 2 seconds:能够正常通信

Success rate is 100 percent(5/5), round-trip min/avg/max = 84/99/120 ms

R4#ping 192.168.2.1

Type escape sequence to abort.

Sending 5, 100-byte ICMP Echos to 192.168.2.1, timeout is 2 seconds:能够正常通信

Success rate is 100 percent(5/5), round-trip min/avg/max = 124/132/152 ms

7.4　实验实训2——PPP 的 PAP、CHAP 协议配置实训

7.4.1　拓扑结构

本书中使用两台路由器完成 PPP 协议的双向验证,使两台路由器的通讯安全性均得以提高。PPP 协议的验证网络拓扑结构如图 7-7 所示。

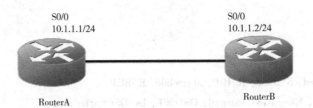

S0/0
10.1.1.1/24

S0/0
10.1.1.2/24

RouterA   RouterB

图 7-7   PPP 协议的验证网络拓扑结构示意图

7.4.2 实例要求

RouterB 需要对 RouterA 送过来的账号口令进行 PAP 验证,验证通过后 line protocol 处于 up 状态。

RouterA 需要对 RouterB 送过来的账号口令进行 PAP 验证,验证通过后 line protocol 处于 up 状态。

7.4.3 配置过程

RouterA 的配置过程见表 7-3。

表 7-3   RouterA 的配置过程

当前路由器提示视图	依次输入的配置命令	命令说明
Ruijie(config)#	local-user rtb	创建用来验证的本地账号
[Quidway-luser-rtb]	password simplertb	设置账号密码
[Quidway-luser-rtb]	service-type ppp	设置服务类型为 ppp
Ruijie(config)#	interface Serial 0/0	
Ruijie(config-if)#	link-protocol ppp	
Ruijie(config-if)#	ppp pap local-user rta password simple rta	送给对端的用户名密码
Ruijie(config-if)#	ip address 10. 1. 1. 1 255. 255. 255. 0	
Ruijie(config-if)#	ppp authentication-mode pap	使能 PAP 验证

RouterB 的配置过程见表 7-4。

表 7-4   RouterB 的配置过程

当前路由器提示视图	依次输入的配置命令	命令说明
Ruijie(config)#	local-userrta	创建用来验证的本地账号
[Quidway-luser-rta]	password simplerta	设置账号密码
[Quidway-luser-rta]	service-type ppp	设置服务类型为 ppp
Ruijie(config)#	interface Serial 0/0	

180

当前路由器提示视图	依次输入的配置命令	命令说明
Ruijie(config-if)#	link-protocol ppp	
Ruijie(config-if)#	ip address 10.1.1.2 255.255.255.0	
Ruijie(config-if)#	ppp authentication-mode pap	使能 PAP 验证
Ruijie(config-if)#	ppp pap local-userrtb password simple rtb	送给对端的用户名密码

7.4.4 检查 PPP 封装配置

PPP 协议的 PAP 双向验证配置完成之后,可以使用 show interface 命令检查 PPP 协议的状态。本书给出 show interface 命令的一些样本输出如下。

Ruijie(config)#show int s0/0
Serial0/0 current state :UP
Line protocol current state :UP
    physical layer is synchronous,baudrate is 64000 bps
    Maximum Transmission Unit is 1500
Internet address is 10.1.1.2 255.255.255.0
      Link-protocol is PPP
      LCP initial,IPCP initial
5 minutes input rate 0.00 bytes/sec,0.00 packets/sec
5 minutes output rate 0.00 bytes/sec,0.00 packets/sec
Input queue :(size/max/drops) 0/75/0
Output Queue :(size/max/drops) 0/75/0
48 packets input, 0 bytes,0 no buffers
0 packets output,0 bytes,0 no buffers

通过样本输出可以看到,S0/0 接口的物理链路处于正常工作状态,line protocol 同样也处于正常工作状态,这证明了 PPP 协议的 PAP 双向验证成功完成。

8　三层交换技术

8.1　三层交换机的配置与管理

作为路由器与交换机的集成,三层交换机得到前所未有的发展,目前已成为构建局域网络的核心设备。三层交换机具有三层线速转发的能力,扭转了在局域网中网段划分,网段中子网必须依赖路由器进行管理的局面,再加之与路由器相比有低价格的优势,三层交换机已大有取代路由器之势。如华为公司的核心路由交换机 S7500、S9500。

8.1.1　三层交换应用基础

为了避免在大型局域网络上进行的广播所引起的广播风暴,可将大型局域网进一步划分为多个虚拟网。在一个虚拟网内,由一个工作站发出的信息只能发送到具有相同虚拟网号的其他站点,而其他虚拟网的成员接收不到这些信息或广播帧。虚拟网有效地控制了网络上的广播风暴并提高了网络的安全性,但这种技术也引发一些新问题:随着应用的升级,网络规划者可根据情况在交换式局域网环境中将用户划分在不同虚拟网上,但是虚拟网之间通信是不允许的。每个虚拟网就是一个子网,子网间的通信可以放置路由器,但路由器转发数据的速度较慢,而使用具有路由功能的三层交换机则可以很好地解决这个问题。如图 8-1 所示的三层交换机,网络的性能得到很大的提升。

三层交换机在二层网络交换机中引入路由模块,从而实现了交换与路由相结合的网络功能,它是两者的有机结合,是将路由器功能通过硬件及软件的方式实现在局域网交换机上的。

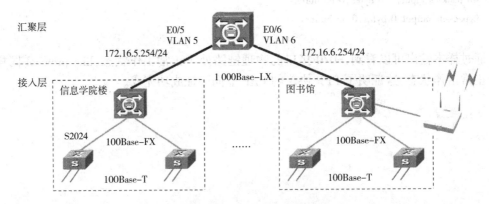

图 8-1　局域网互联拓扑图(三层交换机)

虽然具有“路由器功能、交换机性能”的三层交换机同时具有二层交换和三层路由的特性,但是三层交换机与路由器在结构和性能上还是存在很大区别的。在结构上,三层交换机更接近于二层交换机,只是针对三层路由进行了专门设计,其路由功能没有同一档次的专业路由器强,在安全、协议支持等方面还有许多欠缺,并不能完全取代路由器工作。所以,在网络中一般会将三层交换机用在网络的核心层,用三层交换机上的千兆端口或百兆端口连接不同的子网或 VLAN。在实际应用过程中,典型的做法是:处于同一个局域网中的各个子网的互联以及局域网中 VLAN 间的路由,用三层交换机代替路由器,而只有在局域网与公网互联之间要实现跨地域的网络访问时才通过专业路由器来实现。

8.1.2 三层交换原理

在三层交换机上,VLAN 之间的互通相当于用路由器所连接的网络互通,路由器使用物理接口与网络连接,而在三层交换机上则是通过虚拟 VLAN 接口实现连接的,即针对每个 VLAN,交换机内部都设置了一个与该 VLAN 对应的接口,该接口对外是不可见的,是一个虚拟的接口,但该接口有所有物理接口所具有的特性,比如,有 MAC 地址、可配置最大传输单元和传输的以太网帧类型等。为这个 VLAN 虚接口指定 IP 地址后,此虚拟接口就是此 VLAN 网段的默认网关。例如,在图 8-2 中,汇聚层交换机的 E0/5 连接信息学院网段,被指定到 VLAN 5 中,而分配给 VLAN 5 的 IP 地址(如 172.16.5.254)就是信息学院网段的缺省(默认)网关。

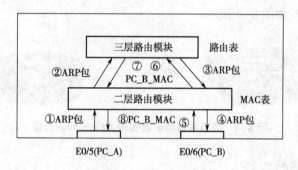

图 8-2　三层交换原理

如图 8-2 所示,假设两个使用 IP 协议的计算机 PC_A(信息学院网段)与计算机 PC_B(图书馆网段)通过第三层交换机进行通信。计算机 PC_A 开始时,把自己的 IP 地址与 PC_B 的 IP 地址进行比较,判断 PC_B 是否与自己在同一子网内。若两者在同一子网内,则进行二层的转发。显然,两者不在同一子网内,PC_A 要向"缺省网关"(IP:172.16.5.254,E0/5)发出 ARP 请求。如果三层交换模块在以前的通信过程中已经获知 PC_B 的 MAC 地址,则向 PC_A 回复 PC_B 的 MAC 地址。否则,三层交换模块根据路由信息向 PC_B 广播一个 ARP 请求,PC_B 站得到此 ARP 请求后向三层交换模块回复其 MAC 地址,三层交换模块保存此地址并回复给 PC_A,同时将 PC_B 的 MAC 地址发送到二层交换引擎的 MAC 地址表中。以后,当 PC_A 向 PC_B 发送的数据包便全部交给二层交换处理,信息得以高速交换。由于仅仅在路由过程中才需要三层处理,绝大部分数据都通过二层交换转发,即"路由一次,交换多次",因此三层交换机的速度很快接近二层交换机的速度。

由于三层交换技术甚至多层交换技术的发展,使得交换机的应用范围越来越广。虽是如此,但路由器还是在异种网互联、远程接入等方面有着无可比拟的优势。

8.1.3 VLAN 间的路由选择

网络默认时,只有在同一个 VLAN 中的主机才能通信。要实现 VLAN 间的通信,就需要第三层网络设备。

8.1.3.1 外部路由器

(1)可以使用一个与交换机上的每一个 VLAN 都有连接的外部路由器,以此实现 VLAN 间的通信,如图 8-3 所示。

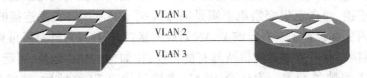

图 8-3 使用路由器实现 VLAN 间的通信

(2)外部路由器可以通过一个中继线与交换机连接,而这台交换机连接了所有必要的 VLAN。因为该路由器只用一个接口完成任务,所以也称为单臂路由器。"臂"指的是连接路由器和交换机的中继,如图 8-4 所示。

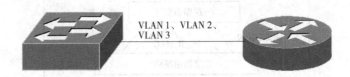

图 8-4 使用单臂路由器实现 VLAN 间的通信

8.1.3.2 内部路由器

另一种采用的方式为集成了路由处理器的多层交换机。在这种情况下,路由处理器位于交换机机箱的某块线路板上或交换引擎的模块上。交换机的背板提供了交换引擎和路由处理器之间的通信路径,如图 8-5 所示。

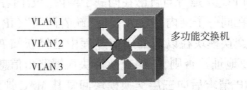

图 8-5 使用内部路由器实现 VLAN 间的通信

8.2 实验实训——三层交换机 VLAN 间路由实训

三层交换机具有路由器常见的功能。若想在三层交换机上完成路由功能需要建立

VLAN 并指定 IP 地址。本书通过建立 VLAN 并设置 IP 地址来验证三层交换机的路由功能。

8.2.1　实训步骤

第一步,按配置参考图 8-6 连接设备。三层交换机可使用 Quidway-3528P 等具有三层功能的交换机。

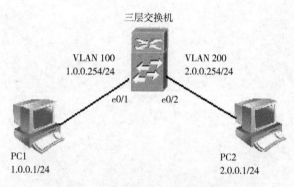

三层交换机

VLAN 100　　　　　VLAN 200
1.0.0.254/24　　　 2.0.0.254/24

e0/1　　e0/2

PC1　　　　　　　　　　　　　　　　PC2
1.0.0.1/24　　　　　　　　　　　　　2.0.0.1/24

图 8-6　三层交换机配置参考图

第二步,连接网线,启动交换机。查看 VLAN 信息以及路由表信息。命令是:

Ruijie(config)# show vlan all
Ruijie(config)# show ip routing

第三步,测试两台计算机的连通性,并对结果进行解释。

第四步,创建 VLAN 100、VLAN 200,并将各端口放置于对应的 VLAN 中。命令是:

Ruijie(config)#vlan 100
Ruijie(config-vlan)# port Ethernet e0/1
Ruijie(config-vlan)# quit
Ruijie(config)# vlan 200
Ruijie(config-vlan)#　 port Ethernet e0/2

第五步,配置各 VLAN 的 IP 地址。命令是:

Ruijie(config)# int vlan 100
Ruijie(config-if)# ip address 1.0.0.254 255.255.255.0
Ruijie(config-if)#int vlan 200
Ruijie(config-if)# ip address 2.0.0.254 255.255.255.0

第六步,再次使用 VLAN 与路由表查看命令,观察前后两次路由表内容的变化。

第七步,设置各计算机的 IP 地址及缺省网关地址,并使用 ping 命令测试两网的连通性。

不通,则查找原因。

8.2.2　实训总结

通过此项实验,读者可以掌握路由器与三层交换机的基本设置方法,对路由器及三层交换机的工作过程有初步的了解。

9 访问控制列表技术

9.1 IP 标准访问控制列表的建立及应用

随着互联网技术的快速发展,越来越多的私有网络连入互联网。如何在保证合法访问的同时,对非法访问进行控制,从而保证信息网络安全是人们一直关注的问题。

包过滤技术是利用访问控制列表实现的一项防火墙技术。包过滤技术是最常用的一种访问控制手段,包过滤技术最显著的特点是利用 IP 数据包的特征进行访问控制,它适用于用户根据 IP 地址、端口等定义合适的规则,阻止对网络直接的非法访问。利用包过滤技术可以阻挡"不信任网络"的访问。

访问控制是路由器提供的一种重要的安全策略,它的主要任务是保证网络资源不被非法使用和访问。它是保证网络安全最重要的技术策略之一。

访问控制列表(access control list)是应用在路由器接口的指令列表。这些指令列表用来告诉路由器哪些数据包可以接收、哪些数据包需要拒绝。至于数据包是被接收还是被拒绝,可以由源 IP 地址、目的 IP 地址、协议号、源端口、目的端口等特定条件来决定。

按照访问控制列表(ACL)的用途,ACL 可以分为以下四类。

第一,基于接口的访问控制列表(interface-based access control list)。

第二,基本的访问控制列表(basic access control list)。

第三,高级的访问控制列表(advanced access control list)。

第四,基于 MAC 的访问控制列表(mac-based access control list)。

访问控制列表的使用用途是依靠数字的范围指定的,1 000~1 999 范围的访问控制列表是基于接口的访问控制列表,2 000~2 999 范围的访问控制列表是基本的访问控制列表,3 000~3 999 范围的访问控制列表是高级的访问控制列表,4 000~4 999 范围的访问控制列表是基于 MAC 地址的访问控制列表。

访问控制列表作为一种 IP 包过滤技术,其应用非常广泛。本节主要介绍基本访问控制列表及高级访问控制列表的配置方法及应用举例。

在路由器上配置访问控制列表一般包括两个步骤:①定义对特定数据流的访问控制规则,也就是定义 ACL;②将特定的规则应用到接口上,过滤特定方向的数据流。

9.1.1 基本的访问控制列表

访问控制列表 ACL 分为很多种,不同场合应用不同种类的 ACL,其中最简单的就是基本的访问控制列表。它只能通过使用 IP 包中的源地址信息,作为定义访问控制列表规则的元素。基本的访问控制列表使用访问控制列表号为 2 000 到 2 999,以此范围创建相应的 ACL。

9.1.1.1 基本的访问控制列表的格式

基本的访问控制列表的具体格式如下:

acl number acl-number ［match-order { config ｜ auto }］

之后进入 ACL 设置界面:

rule ［rule id { permit ｜ deny }］［source source-addr source-wildcard ｜ any ］［time-range time-name ］
［logging］［fragment］［vpn-instance vpn-instance-name］

在系统视图下,通过上面第一条命令定义一个访问列表,通过 match order 指定 ACL 的匹配顺序。config 表示该访问列表使用配置顺序匹配,在 match order 缺省的情况下,访问列表按照 config 即 ACL 配置顺序匹配。auto 表示该访问列表按照深度优先的原则使用自动顺序匹配。

ACL(基本和高级 ACL)深度优先顺序的判断原则如下。

(1)比较 ACL 规则的协议范围。IP 协议的范围为 1~255,承载在 IP 上的其他协议范围就是自己的协议号;协议范围小的优先。

(2)比较源 IP 地址范围。源 IP 地址范围小(掩码长)的优先。

(3)比较目的 IP 地址范围。目的 IP 地址范围小(掩码长)的优先。

(4)比较四层端口号(TCP/UDP 端口号)范围。端口号范围小的优先。

在访问列表配置视图下,rule 命令可以为某一个访问列表定义规则,一个访问列表可以包含多条规则。

deny 关键字用于指定符合该规则的数据流,被认为是不属于此访问列表所定义的数据流。permit 关键字用于指定符合该规则的数据流,被认为是属于此访问列表所定义的数据流。关键字 any 表示任意数据流都匹配该规则。

source-addr source-wildcard-mask 定义该规则所匹配的 IP 数据包的 IP 源地址范围。source-addr 指定一个 IP 地址,source-wildcard-mask 是反掩码,用来指定一个地址范围。

9.1.1.2 反掩码

反掩码就是通配符掩码,在第 2 章中已述,IP 地址和子网掩码表示一个网段,反掩码和子网掩码相似,但写法不同。由于和子网掩码刚好相反,所以也称反掩码。

路由器使用反掩码同源地址或目标地址分辨匹配的地址范围,它与子网掩码刚好相反。反掩码像子网掩码告诉路由器 IP 地址的哪一位属于网络号一样,反掩码告诉路由器为了判断出匹配,它需要检查 IP 地址中的多少位。这个地址掩码可以只使用两个 32 位的号码即可确定 IP 地址的范围。如果没有掩码,人们不得不对每个匹配的 IP 客户地址加入一个单独的访问列表语句,这将造成很多额外的输入和路由器大量额外的处理过程,所以地址掩码相当有用。

在子网掩码中,将掩码的一位设成 1 表示 IP 地址对应的位属于网络地址部分。然而,在访问列表中将反掩码中的一位设成 1 表示 IP 地址中对应的位既可以是 1 又可以是 0。有时,可将其称作"无关"位,因为路由器在判断是否匹配时并不关心它们。掩码位设成 0 则表示 IP 地址中相对应的位必须精确匹配。概括来说就是:0 表示需要比较,1 表示忽略比较。通过标记 0 和 1 告诉设备应该匹配到哪位。

举例:对于访问控制列表规则 rule deny source 192.168.1.1 0.0.0.255,反掩码是 0.0.0.255 ,通过前面的分析可知,对于 192.168.1.1 这个 IP 地址,只比较前 24 位 。该命令是将所有来自 192.168.1.0 网段的数据包丢弃。

rule deny source 192.168.1.1 0.0.0.0 这一命令是将所有来自 192.168.1.1 地址的数据包丢弃。

9.1.2　基本的访问控制列表应用实例

9.1.2.1　拓扑结构

网络环境介绍:采用如图 9-1 所示的拓扑结构。通过路由器连接了两个网段,这两个网段分别为 202.1.1.0/24 和 202.1.2.0/24。在 202.1.1.0/24 网段中有一台服务器提供 WWW 服务,IP 地址为 202.1.1.15。

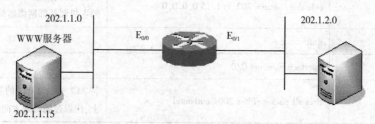

图 9-1　基本的访问控制列表配置实例组网图

9.1.2.2　实例要求

【实例 1】禁止 202.1.1.0/24 网段(除 202.1.1.15 这台计算机)访问 202.1.2.0/24 的计算机。202.1.1.15 可以正常访问 202.1.2.0/24。

【实例 2】禁止 202.1.1.15 这台计算机对 202.1.2.0/24 网段的访问,而 202.1.1.0/24 网段中的其他计算机可以正常访问。

9.1.2.3　配置过程

配置过程一见表 9-1。

表 9-1　配置过程一

当前路由器提示视图	依次输入的配置命令	简单说明
HW(config)#	acl 10	定义基本的访问控制列表
HW(config-if)#	rule deny source any	设置 ACL,禁止所有的数据包通过
HW(config-if)#	rule permit source 202.1.1.15 0.0.0.0	设置 ACL,允许 IP 地址为 202.1.1.15 的主机和外部网络通信
HW(config-if)#	quit	
HW(config)#	interface Ethernet 0/0	
HW(config-if)#	firewall packet-filter 2000 inbound	将 ACL 号为 2 000 的规则应用到接口上,来过滤特定方向的数据流

经过设置后 E0/0 端口只容许来自 202.1.1.15 这个 IP 地址的数据包传输出去。来自其他 IP 地址的数据包都无法通过 E0/0 传输。

配置过程二见表 9-2。

表 9-2　配置过程二

当前路由器提示视图	依次输入的配置命令	简单说明
HW(config)#	firewall enable	使能路由器的防火墙功能
HW(config)#	firewall packet-filter default permit	设置防火墙的缺省过滤方式为允许数据包通过
HW(config)#	acl number 2001	定义基本的访问控制列表
HW(config-if)#	rule deny source 202.1.1.15 0.0.0.0	设置 ACL,禁止 IP 地址为 202.1.1.15 的主机和外部网络通信
HW(config-if)#	quit	
HW(config)#	interface Ethernet 0/0	
HW(config-if)#	firewall packet-filter 2001 outbound	将 ACL 号为 2 001 的规则应用到接口上,用以过滤特定方向的数据流

9.2　高级访问控制列表的建立及应用

高级访问控制列表比基本的访问控制列表具有更多的匹配项,包括协议类型、源地址、目的地址、源端口、目的端口等。编号范围从 3 000 到 3 999 的访问控制列表为高级访问控制列表。

9.2.1　高级访问控制列表格式

高级访问控制列表的命令格式如下:

acl number acl-number [match-order { config | auto }]

之后进入 ACL 设置界面:

rule [rule id { permit | deny } protocol [source source-addr source-wildcard | any] [destination dest-addr dest-wildcard | any] [source-port operator port1 [port2]] [destination-port operator port1 [port2]] [icmp-type {icmp-message | icmp-type icmp-code }] [precedence precedence] [time-range time-name] [logging] [fragment] [vpn-instance vpn-instance-name]

必要参数说明如下。
(1) protocol:用名称或数字表示的 IP 承载的协议类型。取值范围为 1~255;名称取值可以为:gre、icmp、igmp、ip、ip-in-ip、ospf、tcp、udp。

（2）source:可选参数,指定 ACL 规则的源地址信息。如果不配置,表示报文的任何源地址都匹配。

（3）sour-addr:数据包的源地址,点分十进制表示。

（4）sour-wildcard:源地址通配符,点分十进制表示。

（5）destination:可选参数,指定 ACL 规则的目的地址信息。如果不配置,表示报文的任何目的地址都匹配。

（6）dest-addr:数据包的目的地址,点分十进制表示。

（7）dest-wildcard:目的地址通配符,点分十进制表示。

（8）any:表示所有源地址或目的地址,作用与源地址或目的地址是 0.0.0.0,通配符是255.255.255.255 相同。

（9）icmp-type:可选参数,指定 icmp 报文的类型和消息码信息,仅仅在报文协议是 icmp的情况下有效。如果不配置,表示任何 icmp 类型的报文都匹配。

（10）icmp-type:icmp 包可以依据 icmp 的消息类型进行过滤。取值范围为 0~255。

（11）icmp-code:依据 icmp 的消息类型进行过滤的 icmp 包,也可以依据消息码进行过滤。取值范围为 0~255。

（12）icmp-message:icmp 包可以依据 icmp 消息类型名称,或 icmp 消息类型和码的名称进行过滤。

（13）source-port:可选参数,指定 udp 或者 tcp 报文的源端口信息,仅仅在规则指定的协议号是 tcp 或者 udp 时有效。如果不指定,表示 tcp/udp 报文的任何源端口信息都匹配。

（14）destination-port:可选参数,指定 udp 或者 tcp 时报文的目的端口信息,仅仅在规则指定的协议号是 tcp 或者 udp 有效。如果不指定,表示 tcp/udp 报文的任何目的端口信息都匹配。

（15）operator:可选参数。比较源地址或者目的地址的端口号的操作符,名称及意义为:lt（小于）,gt（大于）,eq（等于）,neq（不等于）,range（在范围内）。只有 range 需要两个端口号作为操作数,其他的只需要一个端口号作为操作数。

（16）port1,port2:可选参数,tcp 或 udp 的端口号,用名称或数字表示,取值范围为 0~65 535。

（17）precedence:可选参数,数据包可以依据优先级字段进行过滤。取值范围为 0~7。

（18）logging:可选参数,是否对符合条件的数据包做日志。日志内容包括访问控制列表规则的序号、数据包允许或被丢弃、IP 承载的上层协议类型、源/目的地址、源/目的端口号、数据包的数目。

（19）time-range time-name:配置访问控制规则生效的时间段。

（20）fragment:指定该规则是否仅对非首片分片报文有效。当包含此参数时表示该规则仅对非首片分片报文有效。

9.2.2 高级访问控制列表应用实例

9.2.2.1 拓扑结构

网络环境介绍:采用如图 9-2 所示的拓扑结构。该结构通过路由器连接了两个网段,这两个网段分别为 202.1.1.0/24 和 202.1.2.0/24。在 202.1.1.0/24 网段中有一台服务器提供 FTP 服务,IP 地址为 202.1.2.23。

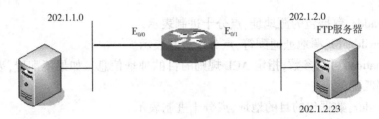

图 9-2　基于时间的高级访问控制列表组网图

9.2.2.2　实例要求

只容许 202.1.1.0 网段的用户在周末访问 202.1.2.23 上的 FTP 资源,工作时间不能下载该 FTP 资源。

9.2.2.3　配置过程

配置过程三见表 9-3。

表 9-3　配置过程三

当前路由器提示视图	依次输入的配置命令	简单说明
HW(config)#	firewall enable	使能路由器的防火墙功能
HW(config)#	firewall packet-filter default permit	设置防火墙的缺省过滤方式为允许数据包通过
HW(config)#	time-range ftp-user 00:00 to 23:59 working-day	定义时间段名称为 ftp-user,定义具体时间范围为每周工作日的 0 点到 23 点 59 分
HW(config)#	acl number 3000	定义高级访问控制列表
HW(config)#	rule deny ip source anydestination 202.1.1.23 0.0.0.0 eq ftp time-range ftp-user	设置 ACL,禁止在时间段 ftp-user 范围内访问 202.1.2.23 的 FTP 服务
HW(config)#	rule permit ip source any	设置 ACL,容许其他时间段和其他条件下的正常访问
HW(config)#	quit	
HW(config)#	interface Ethernet 0/1	
HW(config)#	firewall packet-filter 3000 outbound	将 ACL 号为 3 000 的规则应用到接口上,用以过滤特定方向的数据流

基于时间的 ACL 比较适合于时间段的管理,通过上面的设置,202.1.1.0 网段的用户只能在周末访问服务器提供的 FTP 资源,平时无法访问。

9.3 通过高级的访问控制列表限制外网对内部服务器的访问

9.3.1 拓扑结构

网络环境介绍:某公司通过一台 Quidway 路由器的接口 Serial1/0 访问 Internet,路由器与内部网通过以太网接口 Ethernet0/0 连接。组网如图 9-3 所示。

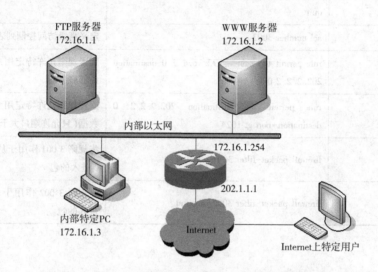

图 9-3 限制外网对内部服务器的访问配置案例组网图

9.3.2 实例要求

公司内部对外提供 FTP、WWW 服务,公司内部子网为 172.16.1.0。其中,内部 FTP 服务器地址为 172.16.1.1,内部 WWW 服务器地址为 172.16.1.2,内网特定主机的 IP 地址为 172.16.1.3,公司对外地址为 202.1.1.1。内部 PC 机可以访问 Internet,外部 PC 机可以访问内部服务器。通过配置防火墙,可实现两个要求:外部网络只有特定用户可以访问内部服务器,内部网络只有特定主机可以访问外部网络;假定外部特定用户的 IP 地址为 202.2.2.2。

9.3.3 配置过程

配置过程四见表 9-4。　　　　表 9-4　配置过程四

当前路由器提示视图	依次输入的配置命令	简单说明
HW(config)#	firewall enable	使能路由器的防火墙功能
HW(config)#	firewall packet-filter default permit	设置防火墙的缺省过滤方式为允许数据包通过
HW(config)#	acl number 3001	定义高级访问控制列表号为 3 001

续表

当前路由器提示视图	依次输入的配置命令	简单说明
HW(config)#	rule permit ip source 172.16.1.1 0	配置规则允许特定主机访问外部网,允许内部服务器访问外部网
HW(config)#	rule permit ip source 172.16.1.2 0	
HW(config)#	rule permit ip source 172.16.1.3 0	
HW(config)#	rule deny ip	
HW(config)#	quit	
HW(config)#	acl number 3002	定义高级访问控制列表号为 3 002
HW(config)#	rule permit tcp source 172.16.1.1 0 destination 202.2.2.2 0	配置规则允许特定用户从外部网访问内部服务器
HW(config)#	rule permit tcp destination 202.2.2.2 0 destination-port gt 1024	配置规则允许特定用户从外部网取得数据(只允许端口大于 1 024 的包)
HW(config)#	firewall packet-filter 3001 inbound	将规则 3 001 作用于从接口 Ethernet0/0 进入的包
HW(config)#	firewall packet-filter 3002 inbound	将规则 3 002 作用于从接口 Serial1/0 进入的包

10 园区网络——国际互联网接入技术

10.1 NAT 基础

　　NAT——网络地址转换,是将私有网络地址(如企业内部网 Intranet)转换为公有网络地址(如互联网 Internet),从而对外隐藏内部管理的私有地址。这样,通过在内部使用非注册的私有地址,并将它们转换为一小部分外部注册的共有地址,从而减少 IP 地址注册的费用并节省目前越来越缺乏的地址空间。同时,这也能够隐藏内部网络结构,从而降低内部网络受到攻击的风险。国际互联网名称和编号分配公司(ICANN)发布的新闻公报说,2011 年 2 月 3 日于美国迈阿密举行的一个会议上,最后所剩的 5 组 IP 地址(基于互联网通信协议 IPv4)被分配给了全球五大区域互联网注册管理机构。

　　NAT 功能通常被集成到路由器、防火墙、单独的 NAT 设备中,当然,现在比较流行的操作系统或其他软件(主要是代理软件,如 WINROUTE),大多也有着 NAT 的功能。NAT 设备(或软件)维护一个状态表,用来把内部网络的私有 IP 地址映射到外部网络的合法 IP 地址上去。每个包在 NAT 设备(或软件)中都被翻译成正确的 IP 地址发往下一级。与普通路由器不同的是,NAT 设备实际上对包头进行修改,将内部网络的源地址变为 NAT 设备自己的外部网络地址,而普通路由器仅在将数据包转发到目的地前读取源地址和目的地址。NAT 接入方式如图 10-1 所示。

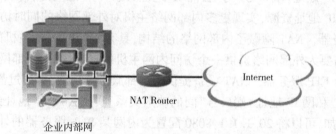

企业内部网

图 10-1　NAT 接入方式示意图

　　NAT 设置可以分为静态地址转换、动态地址转换和复用动态地址转换。

　　(1)静态地址转换是将内部本地地址与内部全局地址进行一对一转换,且需要指定与哪个合法地址进行转换。内部网络的 E-mail 服务器或 FTP 服务器,可以成为外部用户共用的服务器。这些服务器的 IP 地址必须采用静态地址转换,以便外部用户可以使用这些服务。

　　(2)动态地址转换是将内部本地地址与内部全局地址进行一对一转换,但是要从内部全局地址池中动态地选择一个未使用的地址对内部本地地址进行转换。而一旦连接断开,取出的全局 IP 地址将重新放入池中,以供其他连接使用。动态的地址转换效率是非常高的,因为一个注册过的 IP 地址可以被多个不同的站点多次使用,而静态的地址转换只能让一个特定的站点使用。

（3）复用动态地址转换首先是一种动态地址转换，但是它可以允许多个内部本地地址共用一个内部全局地址。对只申请到少量 IP 地址但却经常同时有多于合法地址数的用户上外部网络的情况，这种地址转换极为有用。

当多个用户同时使用一个 IP 地址时，外部网络如何进行识别呢？路由器内部会利用上层的如 TCP 或 UDP 端口号等唯一标识某台计算机。

10.2　NAT 技术

（1）基本地址转换。从地址转换过程可见，当内部网络访问外部网络时，地址转换将会选择一个合适的外部地址替代内部网络数据报文的源地址。简单方法是选择 NAT 设备出接口的 IP 地址（公网 IP 地址）。这样所有内部网络的主机访问外部网络时，只能拥有一个外部网络的 IP 地址，因此，这种情况同时只允许最多有一台内部网络主机访问外部网络。当内部网络的多台主机并发地要求访问外部网络时，NAT 也可实现对并发性请求的响应，允许 NAT 设备拥有多个公有 IP 地址。当第一个内网主机访问外网时，NAT 选择一个公有地址 IP1，在地址转换表中添加记录并发送数据报；当另一内网主机访问外网时，NAT 选择另一个公有地址 IP2，以此类推，从而满足了多台内网主机访问外网的请求。

（2）NAPT。NAPT（network address port translation，网络地址端口转换）是基本地址转换的一种变形，它允许多个内部地址映射到同一个公有地址上，也可称之为“多对一地址转换”。NAPT 同时映射 IP 地址和端口号：来自不同内部地址的数据报文的源地址可以映射到同一外部地址，但它们的端口号被转换为该地址的不同端口号，因而仍然能够共享同一地址，也就是“私网 IP 地址+端口号”与“公网 IP 地址+端口号”之间的转换。采用 NAPT 可以更加充分地利用 IP 地址资源，实现更多内部网络主机对外部网络的同时访问。

（3）内部服务器。NAT 隐藏了内部网络的结构，具有“屏蔽”内部主机的作用，但是在实际应用中，可能需要为外部网络提供一个访问内网主机的机会，如为外部网络提供一台 Web 服务器，或是一台 FTP 服务器。NAT 设备提供的内部服务器功能，即通过静态配置“公网 IP 地址+端口号”与“私网 IP 地址+端口号”间的映射关系，实现公网 IP 地址到私网 IP 地址的“反向”转换。例如，可以将 20.1.1.1:8080 配置为内网某 Web 服务器的外部网络地址和端口号供外部网络访问。

10.3　NAPT 技术

10.3.1　NAPT 概述

网络地址端口转换 NAPT（network address port translation）是人们比较熟悉的一种转换方式。NAPT 普遍应用于接入设备中，它可以将中小型的网络隐藏在一个合法的 IP 地址后面。NAPT 与动态地址 NAT 不同，它将内部连接映射到外部网络中的一个单独的 IP 地址上，同时在该地址上加上一个由 NAT 设备选定的 TCP 端口号。

NAPT 是一种较流行的 NAT 的变体，通过转换 TCP 或 UDP 协议端口号以及地址提供并发性。除了一对源和目的 IP 地址以外,这个表还包括一对源和目的协议端口号,以及 NAT 盒使用的一个协议端口号。

NAPT 的主要优点在于,能够使一个全球有效的 IP 地址获得通用性;主要缺点在于其通信仅限于 TCP 或 UDP。只要所有通信都采用 TCP 或 UDP,NAPT 就允许一台内部计算机访问多台外部计算机,并允许多台内部主机访问同一台外部计算机,相互之间不会发生冲突。

10.3.2 NAPT 技术

由于 NAT 可以实现私有 IP 和 NAT 的公共 IP 之间的转换,那么,私有网中同时与公共网进行通信的主机数量就受到 NAT 的公共 IP 地址数量的限制。为了消除这种限制,NAT 被进一步扩展到在进行 IP 地址转换的同时进行 Port 的转换,这就是网络地址端口转换 NAPT(network address port translation)技术。

10.3.3 NAPT 与 NAT 的区别

NAPT 与 NAT 的区别在于,NAPT 不仅转换 IP 包中的 IP 地址,还对 IP 包中 TCP 和 UDP 的 Port 进行转换。这使得多台私有网主机利用一个 NAT 公共 IP 地址就可以同时和公共网进行通信(NAPT 多了对 TCP 和 UDP 的端口号的转换)。

私有网主机 192.168.1.2 要访问公共网中的 HTTP 服务器 166.111.80.200 时,首先要建立 TCP 连接,假设分配的 TCP Port 是 1010,发送了一个 IP 包,当 IP 包经过 NAT 网关时,NAT 会将 IP 包的源 IP 转换为 NAT 的公共 IP,同时将源 Port 转换为 NAT 动态分配的一个 Port。然后,转发到公共网,此时 IP 包已经不含任何私有网 IP 和 Port 的信息。

由于 IP 包的源 IP 和 Port 已经被转换成 NAT 的公共 IP 和 Port,响应的 IP 包将被发送到 NAT。这时 NAT 会将 IP 包的目的 IP 转换成私有网主机的 IP,同时将目的 Port 转换为私有网主机的 Port,然后将 IP 包(Des = 192.168.1.2:1010,Src = 166.111.80.200:80)转发到私网。对于通信双方而言,这种 IP 地址和 Port 的转换是完全透明的。

10.4 实验实训 1——网络地址转换 NAT 配置实训

10.4.1 用出接口地址做 Easy NAT

NAT 拓扑结构示意如图 10-2 所示。

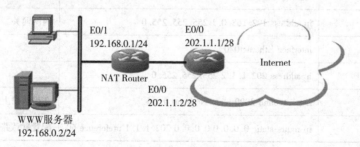

图 10-2 NAT 拓扑结构示意图

表 10-1 为用出接口地址做 Easy NAT。

表 10-1　用出接口地址做 Easy NAT

当前路由器提示视图	依次输入的配置命令	命令说明
Ruijie(config)#	acl number 2000	定义访问控制列表
Ruijie(config)#	rule permit source 192.168.0.0 0.0.0.255	配置允许进行 NAT 转换的内网地址段
Ruijie(config)#	rule deny	
Ruijie(config)#	interface Ethernet0/1	
Ruijie(config-if)#	ip address 192.168.0.1 255.255.255.0	内网网关
Ruijie(config)#	interface Ethernet0/0	
Ruijie(config-if)#	ip address 202.1.1.2 255.255.255.248	
Ruijie(config-if)#	nat outbound 2000	在出接口上进行 NAT 转换
[Quidway]	ip route-static 0.0.0.0 0.0.0.0 202.1.1.1 preference 60	配置默认路由

10.4.2　用地址池方式做 NAT

表 10-2 为用地址池方式做 NAT。

表 10-2　用地址池方式做 NAT

当前路由器提示视图	依次输入的配置命令	命令说明
Ruijie(config)#	acl number 2000	
Ruijie(config)#	rule permit source 192.168.0.0 0.0.0.255	配置允许进行 NAT 转换的内网地址段
Ruijie(config)#	rule deny	
Ruijie(config-if)#	nat address-group 0 202.1.1.3 202.1.1.6	用户 NAT 的地址池
Ruijie(config)#	interface Ethernet0/1	
Ruijie(config-if)#	ip address 192.168.0.1 255.255.255.0	内网网关
Ruijie(config)#	interface Ethernet0/0	
Ruijie(config-if)#	ip address 202.1.1.2 255.255.255.0	
Ruijie(config-if)#	nat outbound 2000 address-group 0	在出接口上进行 NAT 转换
Ruijie(config)#	ip route-static 0.0.0.0 0.0.0.0 202.1.1.1 preference 60	配置默认路由

10.4.3 内部服务器

当内部网络中存在公共服务器(如 WWW 服务器)时,公网接口需要增加如下配置:

Ruijie(config-if)#nat server protocol tcp global 202.1.1.2 www inside 192.168.0.2 www

需要注意的是,如果需要其他用户可以 ping 通内部对外提供服务的服务器,必须增加如下配置:

Ruijie(config-if)#nat server protocol global icmp 202.1.1.2 inside 192.168.0.2

同时,内部用户不能使用公网地址访问内部服务器,必须使用内网地址访问。

如上例 192.168.0.0/24 网段的用户不能访问 http://202.1.1.2,而只能访问 http://192.168.0.2;如果企业内部网络中进行了子网的划分,各子网内的主机也只能通过访问 http://192.168.0.2 获得 WWW 服务。

10.5 实验实训2——网络端口地址转换 NAPT 配置实训

10.5.1 实验原理

NAPT-PT 全称为 Network Address Port Translation-Protocol Translation。由于静态 NAT-PT 和动态 NAT-PT 都比较浪费 IPv4 地址,没有体现出 IPv6 的优越性。在本书中采用 NAPT-PT,只有一个 IPv4 地址,用端口表示 IPv6 网中的主机。

10.5.2 实验拓扑

NAPT 实验拓扑结构如图 10-3 所示。

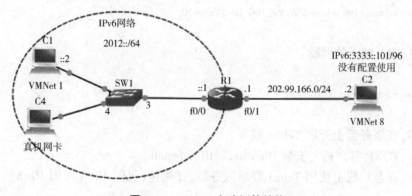

图 10-3 NAPT 实验拓扑结构

10.5.3 实验环境

IPv6 客户机:XP 系统,使用 VMNet 1 网卡。

IPv6 客户机:XP 系统,真机网卡。

IPv4 服务器:2003 系统,使用 VMNet 8 网卡,IPv4:202.99.166.2,开启 Telnet 服务。

10.5.4 实验步骤

第一步,配置路由(路由使用 3700 系统,3600 不支持 NAPT-PT)。

启用 IPv6 转发:

```
<config>ipv6 unicast-routing
```

进接口启用 NAT:

```
<config-if>ipv6 nat
```

设置 IPv6 的访问控制列表(ipv6-list 是列表名):

```
< config >ipv6 access-list ipv6-list
<config-ipv6-acl>permit ipv6 3ffe::/64 any
```

指定 v6 到 v4 的地址翻译:

```
<config>ipv6 nat v6v4 source list ipv6-list interface f0/1 overload
```

指定 v4 到 v6 的地址翻译:

```
< config>ipv6 nat v4v6 source 202.99.166.10 3333::10
```

指定要 NAT 翻译的网段:

```
< config>ipv6 nat prefix 3333::/96
```

第二步,在服务器上开启 Telnet 服务。

第三步,在 XP 客户机上安装 IPv6 协议:IPv6 install。

第四步,在客户机上使用 Telnet 登录服务器,并抓包(见图 10-4 和图 10-5)。

No.	Time	Source	Destination	Protocol	Length	Info
16	43.8160000	3333::10	2012::f190:489a:41ae:d2af	TELNET	95	Telnet Data ...
17	43.8460000	2012::f190:489a:41ae:d2af	3333::10	TELNET	77	Telnet Data ...
18	43.9690000	3333::10	2012::f190:489a:41ae:d2af	TELNET	82	Telnet Data ...
19	43.9860000	2012::f190:489a:41ae:d2af	3333::10	TELNET	101	Telnet Data ...
22	44.1270000	3333::10	2012::f190:489a:41ae:d2af	TELNET	109	Telnet Data ...
23	44.1330000	2012::f190:489a:41ae:d2af	3333::10	TELNET	131	Telnet Data ...
24	44.1740000	3333::10	2012::f190:489a:41ae:d2af	TELNET	237	Telnet Data ...
25	44.1810000	2012::f190:489a:41ae:d2af	3333::10	TELNET	119	Telnet Data ...
27	44.3470000	2012::f190:489a:41ae:d2af	3333::10	TELNET	263	Telnet Data ...
28	44.3790000	3333::10	2012::f190:489a:41ae:d2af	TELNET	265	Telnet Data ...
30	46.0270000	2012::f190:489a:41ae:d2af	3333::10	TELNET	75	Telnet Data ...
31	46.0900000	3333::10	2012::f190:489a:41ae:d2af	TELNET	75	Telnet Data ...
32	46.1990000	2012::f190:489a:41ae:d2af	3333::10	TELNET	75	Telnet Data ...
33	46.2220000	3333::10	2012::f190:489a:41ae:d2af	TELNET	75	Telnet Data ...
35	46.5640000	2012::f190:489a:41ae:d2af	3333::10	TELNET	75	Telnet Data ...
36	46.6230000	3333::10	2012::f190:489a:41ae:d2af	TELNET	75	Telnet Data ...

```
Frame 17: 77 bytes on wire (616 bits), 77 bytes captured (616 bits) on interface 0
Ethernet II, Src: Vmware_ec:ea:9c (00:0c:29:ec:ea:9c), Dst: c4:00:0b:78:00:00 (c4:00:0b:78:00:00)
Internet Protocol Version 6, Src: 2012::f190:489a:41ae:d2af (2012::f190:489a:41ae:d2af), Dst: 3333::10 (3333::10)
Transmission Control Protocol, Src Port: blackjack (1025), Dst Port: telnet (23), Seq: 1, Ack: 22, Len: 3
Telnet
```

图 10-4 Telnet 服务抓包

No.	Time	Source	Destination	Protocol	Length	Info
24	43.8180000	202.99.166.2	202.99.166.1	TELNET	75	Telnet Data ...
25	43.9350000	202.99.166.1	202.99.166.2	TELNET	60	Telnet Data ...
26	43.9550000	202.99.166.2	202.99.166.1	TELNET	62	Telnet Data ...
27	44.0410000	202.99.166.1	202.99.166.2	TELNET	81	Telnet Data ...
28	44.0700000	202.99.166.2	202.99.166.1	TELNET	89	Telnet Data ...

```
Frame 25: 60 bytes on wire (480 bits), 60 bytes captured (480 bits) on interface 0
Ethernet II, Src: c4:00:0b:78:00:01 (c4:00:0b:78:00:01), Dst: Vmware_75:e6:ad (00:0c:29:75:e6:ad)
Internet Protocol Version 4, Src: 202.99.166.1 (202.99.166.1), Dst: 202.99.166.2 (202.99.166.2)
Transmission Control Protocol, Src Port: blackjack (1025), Dst Port: telnet (23), Seq: 1, Ack: 22, Len: 3
Telnet
```

图 10-5 源目的地址抓包分析

10.5.5 实验结果

第一个客户机的 Telnet 连接包如下。

源 IP2012::f190:489a:41ae:d2af。目的 IP:3333::10。源端口 1025,目的端口 23。

源 IP:202.99.166.1(路由器)。目的 IP:202.99.166.2(路由器)。源端口 1025,目的端口 23。

11 无线局域网规划与设计

11.1 无线局域网基础

11.1.1 无线局域网定义

无线局域网 WLAN(wireless local area network)广义上是指以无线电波、激光、红外线等代替有线局域网中的部分或全部传输介质所构成的网络。WLAN 技术是基于 802.11 标准系列的,是利用高频信号(例如 2.4GHz 或 5GHz)作为传输介质的无线局域网。

802.11 是 IEEE 在 1997 年为 WLAN 定义的一个无线网络通信的工业标准。此后这一标准又不断得到补充和完善,形成 802.11 的标准系列,如 802.11、802.11a、802.11b、802.11e、802.11g、802.11i、802.11n 等。

11.1.2 无线局域网目的

以有线电缆或光纤作为传输介质的有线局域网应用广泛,但有线传输介质的铺设成本高,位置固定,移动性差。随着人们对网络的便携性和移动性的要求日益增强,传统的有线网络已经无法满足需求,WLAN 技术应运而生。目前,WLAN 已经成为一种经济、高效的网络接入方式。通过 WLAN 技术,用户可以方便地接入无线网络,并在无线网络覆盖区域内自由移动,彻底摆脱有线网络的束缚。

11.1.3 无线局域网优势

首先,网络使用自由。用户在自由空间均可连接网络,不受限于线缆和端口位置。在办公大楼、机场候机厅、度假村、商务酒店、体育场馆、咖啡店等场所尤为适用。

其次,网络部署灵活。对于地铁、公路交通监控等难以布线的场所,采用 WLAN 进行无线网络覆盖,免去或减少了繁杂的网络布线,实施简单,成本低,扩展性好。

11.1.4 行业术语

第一步,工作站 STA(station)。工作站是支持 802.11 标准的终端设备。例如带无线网卡的电脑、支持 WLAN 的手机等。

第二步,射频信号。射频信号提供基于 802.11 标准的 WLAN 技术的传输介质,是具有远距离传输能力的高频电磁波。局域网射频信号是 2.4G 或 5G 频段的电磁波。

第三步,接入点 AP(access point)。接入点 AP 为 STA 提供基于 802.11 标准的无线接入服务,起到有线网络和无线网络的桥接作用。根据无线架构的划分,可以分为 FAT(胖)AP 和 FIT(瘦)AP。

第四步,无线控制器 AC(access controller)。在集中式网络架构中,AC 对无线局域网中的所有 AP 进行控制和管理。例如,AC 可以通过与认证服务器交互信息为 WLAN 用户提供认证服务。

第五步,CAPWAP(control and provisioning of wireless access points)。CAPWAP 由 RFC5415 协议定义,实现 AP 和 AC 之间互通的一个通用封装和传输机制。

第六步,VAP(virtual access point)虚拟接入点。虚拟接入点是 AP 设备上虚拟出来的业务功能实体。用户可以在一个 AP 上创建不同的 VAP,为不同的用户群体提供无线接入服务。

第七步,AP 域。可以将一组 AP 划分在一个域里。域的划分由企业根据实际部署进行规划,通常一个域对应一个"热点"。

第八步,SSID(service set identifier)服务集标识符。这是无线网络的标识,用来区分不同的无线网络。例如,在笔记本电脑上搜索可接入无线网络时,显示出来的网络名称就是 SSID。

第九步,BSS(basic service set)基本服务集。这是指一个 AP 所覆盖的范围。在一个 BSS 的服务区域内,STA 可以相互通信。

第十步,ESS(extend service set)扩展服务集。多个使用相同 SSID 的 BSS 组成扩展服务集。

图 11-1 显示出 SSID、BSSID、BSS 与 ESS 的关系。

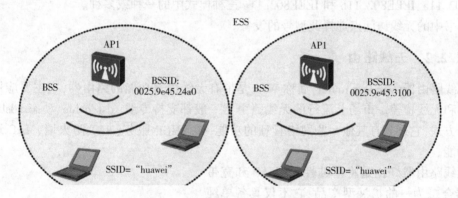

图 11-1　SSID、BSSID、BSS 与 ESS 的关系

11.2　无线局域网设备

在图书馆中,为方便读者使用自备的无线设计使用网络,规划设计了无线接入点。要想使用无线网络,必须配备将用户无线终端设备接入局域网中的设备。目前,比较常用的设备是无线访问点(AP)和无线路由器。无线访问点 AP 和无线路由器是目前组建无线网络的中心设备,它们在无线网中起着如有线网中集线器/交换机/路由器这样的中心设备的作用。

11.2.1　无线访问点(AP)

无线访问点(Access point,简称 AP)主要是提供无线工作站对有线局域网和从有线局域网对无线工作站的访问,在访问接入点覆盖范围内的无线工作站可以通过它进行相互通信。实际上,AP 就是一个无线的交换机,仅仅是提供一个无线信号发射的功能。如无特殊说明,本节提到的 AP 是单纯性无线访问点,不具备路由功能,包括 DNS、DHCP、Firewall 在内的服

图 11-2　锐捷 RG-AP530-I 无线访问点

务器功能。AP 的主要工作就是将网络信号通过双绞线传送过来,经过 AP 产品的编译,将电信号转换成为无线电讯号发送出来,形成无线网的覆盖。根据不同的功率,无线访问点可以实现不同程度、不同范围的网络覆盖,一般无线访问点的最大覆盖距离可达 300 米。锐捷 RG-AP530-I 无线访问点,如图 11-2 所示。

锐捷公司的无线产品主要有 RG-WS6108 和 RG-AP320-I 系列。这些产品主要应用于各种向用户提供 WLAN 接入的无线网络。RG-AP320-I 系列产品属于瘦 AP(fit AP),即需要与无线控制器系列产品配套使用;而 RG-WS6108 系列支持 Fat 和 Fit 两种工作模式,根据网络规划的需要,可以通过命令行灵活地在 Fat 和 Fit 两种工作模式中切换。RG-WS6108 系列产品作为瘦 AP(fit AP)时,需要与无线控制器系列产品配套使用;作为胖 AP(fat AP)时,可以独立进行组网。通常情况下,无线 AP 可按单、双频率,单、双模式分类。这里的双频率是指既可工作于 WLAN 的 2.4GHz 频段,也可工作于 5GHz 频段之上;而模式是指支持IEEE802.11a、IEEE802.11b 和 IEEE802.11g 三种模式中的一种或多种。

本书中的无线访问点选择此型号的设备。

11.2.2　无线路由

无线路由器(wireless router,简称 WR)是带有无线覆盖功能的路由器,它主要应用于用户上网和无线覆盖。市场上流行的无线路由器一般都支持专线 xdsl/cable、动态 xdsl、PPTP 等接入方式,它还具有其他一些网络管理的功能,如 DHCP 服务、NAT 防火墙、MAC 地址过滤等功能。

无线路由器好比是将单纯性无线 AP 和宽带路由器合二为一的扩展型产品,它不仅具备单纯性无线 AP 等所有功能,而且还包括支持 DHCP 客户端、VPN、防火墙、网络地址转换(NAT)功能,可支持局域网用户的网络连接共享,可实现家庭无线网络中的 Internet 连接共享,实现 ADSL 和小区宽带的无线共享接入等。锐捷的 RG-EAP201 宽带路由器如图 11-3 所示。

图 11-3　锐捷 RG-EAP201 宽带路由器

RG-EAP201 是锐捷公司面向家庭、中小企业办公等场所推出的一款高性能无线路由器,可提供 1 个 WAN 口和 4 个 10/100M 全双工LAN 口。该产品内置 802.11g 125M 无线 AP,支持 NAT、DHCP 服务器、动态 DNS、域名过滤、MAC 地址过滤和时间过滤等功能,提供四重安全机制,支持 WPA 加密、WEP 加密、ESSID 认证、MAC 控制等,可以帮助家庭和小型企业用户轻松实现有线和无线组网。

11.2.3　无线网卡

有了无线访问点或无线路由覆盖的无线区域后,对于要接入无线网络的各类终端设备则必须有无线网卡,它是终端无线网络的设备,通过它才能接入无线网络。目前的便携式设备,如笔记本、PDA 等一般都具有内置的无线网卡。本部分内容只提及外置式的无线网卡。

目前常见的无线网卡的接口形式主要有 USB 和 PCMCIA 两种。图 11-4 列示的是锐捷两种不同接口的无线网卡。

图中左端是 Aolynk WUB320g。它是锐捷公司面向个人用户推出的 54M 速率无线 USB 网卡,兼容 IEEE 802.11g、IEEE 802.11b 标准,无线传输速率达 54Mbps ;支持 64/128 位 WEP 数据加密,同时支持 WPA、WPA - PSK、WPA2、WPA2 - PSK 等加密与安全机制。WUB320g 内置天线,USB2.0 接口,可适应不同的工作环境,使笔记本电脑用户能够方便地接入无线网络。

图 11-4　锐捷 Aolynk WUB320g 与 WCB600g 无线网卡

图中右端是 Aolynk WCB600g。它是 125M 笔记本无线网卡,该产品提供 32 位 Cardbus 总线接口,兼容 IEEE 802.11g、IEEE 802.11b 标准,无线传输速率达 125Mbps;支持 WPA、WPA-PSK 等加密与安全机制。

11.3　园区网无线接入设备的配置与管理

本书中,以无线访问点的形式为无线终端设备提供无线接入服务,然后再通过以太口接入上一级有线网络中,如图 11-5 所示。这些设备需要设置一些必要的参数才能使其更好地工作。

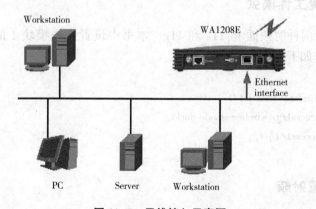

图 11-5　无线接入示意图

通过对网络设备的基本配置使其能为无线终端用户提供接入功能。主要配置有 SSID

配置、射频配置、模式配置以及无线接口配置等。

具体要求如下。

SSID 为 W_LIB,绑定到射频模块 1 的 1 接口上,该接口使用的模式是 802.11g。

11.3.1 配置业务集标识(SSID)

要实现无线业务,必须配置业务集标识(service set identifier,简称 SSID)。SSID 类似于局域网中的工作组名称,用来区分不同的网络,只有相同名称的 SSID 的计算机才能相互通信。SSID 最多可以有 32 个字符,无线网卡设置了不同的 SSID 就可以进入不同的网络。SSID 通常由无线访问点或无线路由广播出来。通过系统的无线扫描功能可以查看当前区域内的 SSID。出于安全考虑,可以禁止无线设备广播 SSID,此时用户只有手工设置 SSID 才能进入相应的网络。

首先需要在 WA1208E 上设置 SSID 标识,并且在无线端口上绑定设置的 SSID,与之对接的设备(如无线网卡)才能收到无线端口广播的 SSID 标识,接入无线局域网络。需要设置的 SSID 标识是 W_LIB,绑定到射频模块 1 的 1 接口上。具体操作如下。

11.3.1.1 增加 SSID

ssidW_LIB
[锐捷-ssid-W_LIB]

11.3.1.2 将 SSID 绑定到无线接口

[锐捷]interface Wireless-access 1/1
[锐捷-Wireless-access1/1]bind ssid W_LIB
bind the ssidsucessfully!

11.3.2 配置工件模式

WA1208E 支持两种射频插卡:11a 和 11g。本书中设置无线模块 1 的 1 号接口工作在 dot11g 模式下,操作如下:

[锐捷]interface Wireless-access 1/1
[锐捷-Wireless-access1/1]wireless-mode dot11g
[锐捷-Wireless-access1/1]

11.3.3 配置射频

以下命令可在射频模块模式下执行(见表 11-1)。

表 11-1　射频模块模式下执行命令

命　　令	操　　作
tx-power-level	发送功率
distance	配置最大传输距离
turbo	把两个信道合在一起,使速度加倍
channel	配置当前信道
beacon-period	配置信标周期
dtim-period	配置 DTIM
ani enable	配置射频自动抗干扰功能

11.3.3.1　配置发送功率

WA1208E 支持 4 级发射功率,级别范围为 1~4。数值越大,表示发射功率越大,信号的覆盖也就越好。

例如:配置发送功率等级为 4。

[锐捷-radio-module1]tx-power-level 4

11.3.3.2　配置最大传输距离

WA1208E 支持配置的最大传输距离为 1km~40km。因为 WA1208E 发出数据包的响应时间会随着传输距离变长而变长,所以距离设置越远,WA1208E 的数据包响应丢弃时间也就越长,这样更能接收到远端接入终端的响应。

例如:配置最大传输距离为 30km。

[锐捷-radio-module1]distance 30

11.3.3.3　配置无线信道

WA1208E 配置的插卡不同时,WA1208E 的工作信道也不同。根据 WA1208E 配置的国家码的不同,在 11a 和 11g 模式下可配置的信道也会有所不同。

WA1208E 的国家码默认设置为中国,此时可配置信道如下。

(1)11a 模式下:支持 5 个非重叠信道,分别是 149、153、157、161、165。

(2)11g 模式下:支持 13 个信道,取值范围是 1~13。

通过配置命令改变工作的信道。可以配置 WA1208E 工作在其中任意一个信道。

例如:11g 模式下,改变模块 1 的工作信道为 2。

[锐捷-radio-module1]channel 2
[锐捷-radio-module1]

11.3.3.4 配置信标周期

WA1208E 可以周期性地发送信标包,信标包用于同其他接入点设备或其他网络控制设备进行联络,表明本设备的存在。信标周期单位为 ms,取值范围为 100~1 000。缺省信标时间是 100ms。

例如:设置信标周期为 500ms。

[锐捷-radio-module1]beacon-period 500

11.3.3.5 配置 DTIM

DTIM(delivery traffic indication map,发送流量指示图)是一种特殊的信标帧,用户可以设定每隔多少个信标后发出的那个信标作为一个 DTIM。DTIM 周期的取值范围是 4~255个信标,默认是 4 个信标。

例如:设置 DTIM 周期为 200 个信标。

[锐捷-radio-module1]dtim-period 200

11.3.4 配置接口

进入无线接口模式后,可以对相应的接口发送速率等参数进行配置(见表 11-2)。

表 11-2 无线接口配置和 WDS 接口配置

命　令	操　作
shutdown	禁止无线接口
undo shutdown	启用无线接口
basic-rate-set	配置基本速率集
rate-tx	配置发送速率
station-rate-set	配置 station 的发送速率

11.3.4.1 启用/禁止无线接口

每个射频模块支持 4 个无线接口,用户可以关闭其中任何一个,停止其通信。

例如:先关闭 1 号射频模块的 1 号端口,然后再打开。

[锐捷-Wireless-access1/1]shutdown
%10/2/2008 16:12:22-L2INF-5-S1-PORT LINK STATUS CHANGE:
wireless-access1/1: change status to down
[锐捷-Wireless-access1/1]undo shutdown
[锐捷-Wireless-access1/1]
%10/2/2008 16:12:38-L2INF-5-S1-PORT LINK STATUS CHANGE:

wireless-access1/1：change status to UP

11.3.4.2 配置基本速率集

当 WA1208E 配置 11g 或 11b 的插卡时,需要配置接口速率集。

(1)11b 模式下支持以下两种基本速率集。

①dot11：1Mbit/s、2Mbit/s。

②dot11b：1Mbit/s、2Mbit/s、5.5Mbit/s、11Mbit/s。

(2)11g 模式下支持以下四种基本速率集。

①dot11：1Mbit/s、2Mbit/s。

②dot11b：1Mbit/s、2Mbit/s、5.5Mbit/s、11Mbit/s。

③dot11g：1Mbit/s、2Mbit/s、5.5Mbit/s、6Mbit/s、11Mbit/s、12Mbit/s、24Mbit/s。

④ofdm：6Mbit/s、12Mbit/s、24Mbit/s。

例如:配置 1 模块的 1 号接口的速率集为 dot11b。

［锐捷-Wireless-access1/1］basic-rate-set dot11b
［锐捷-Wireless-access1/1］

11.3.4.3 配置发送速率

在不同的无线模式下可以配置的发送速率也不同。

(1)无线模式为 11g 的时候可以配置 ｛ 1M ｜ 2M ｜ 5.5M ｜ 6M ｜ 9M ｜ 11M ｜ 12M ｜ 18M ｜ 24M ｜ 36M ｜ 48M ｜ 54M ｜ auto ｝。

(2)无线模式为 11b 的时候可以配置 ｛ 1M ｜ 2M ｜ 5.5M ｜ 11M ｜ auto ｝。

(3)无线模式为 11a 的时候可以配置 ｛ 6M ｜ 9M ｜ 12M ｜ 18M ｜ 24M ｜ 36M ｜ 48M ｜ 54M ｜ auto ｝。

(4)在 turbo 模式下可以配置 ｛ 12M ｜ 18M ｜ 24M ｜ 36M ｜ 48M ｜ 72M ｜ 96M ｜ 108M ｜ auto ｝。

例如:配置无线模块 1 的 1 号接口的发送速率为自动。

［锐捷-Wireless-access1/1］rate-tx auto
［锐捷-Wireless-access1/1］

11.3.4.4 配置 station 发送速率

指定的 station 无线接口发送速率如下。

1：1Mbit/s。

2：2Mbit/s。

5.5：5.5Mbit/s。

6：6Mbit/s。

9：9Mbit/s。

11:11Mbit/s。

12:12Mbit/s。

18:18Mbit/s。

24:24Mbit/s。

36:36Mbit/s。

48:48Mbit/s。

54:54Mbit/s。

例如:配置无线模块 1 的 1 号接口接入的 station 的发送速率为 54M。

[锐捷-Wireless-access1/1]station-rate-set 54

通过以上配置,无线网卡扫描到相应的 SSID 后,无线终端即可通过 AP 接入网络中。

12 VRRP 技术

12.1 VRRP 简介

VRRP(virtual router redundancy protocol,虚拟路由冗余协议)是一种容错协议。通常,一个网络内的所有主机都设置一条缺省路由(如图 12-1 所示,10.100.10.1),这样,主机发出的目的地址不在本网段的报文将被缺省路由发往路由器 RouterA,从而实现了主机与外部网络的通信。当路由器 RouterA 发生故障时,本网段内所有以 RouterA 为缺省路由下一跳的主机将断掉与外部的通信,具体如图 12-1 所示。

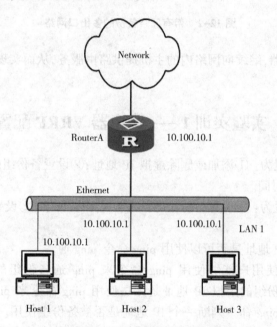

图 12-1 单出口网络拓扑结构

VRRP 就是为解决上述问题而创建的,它为具有多播或广播能力的局域网(如以太网)设计。VRRP 将局域网的一组路由器[包括一个 Master(活动路由器)和若干个 Backup(备份路由器)]组成一个虚拟路由器,称之为一个备份组,如图 12-2 所示。

虚拟路由器拥有自己的 IP 地址 10.100.10.1(此 IP 地址可以和备份组内的某个路由器的接口地址相同),备份组内的路由器也有自己的 IP 地址(如 Master 的 IP 地址为 10.100.10.2,Backup 的 IP 地址为 10.100.10.3)。局域网内的主机仅仅知道这个虚拟路由器的 IP 地址为 10.100.10.1,而并不知道具体的 Master 路由器的 IP 地址 10.100.10.2,以及 Backup 路由器的 IP 地址为 10.100.10.3,它们将自己的缺省路由下一跳地址设置为该虚拟路由器的 IP 地址 10.100.10.1。于是,网络内的主机就通过这个虚拟的路由器与其他网络进行通信。如果备份组内的 Master 路由器发生故障,Backup 路由器就会通过选举策略选出

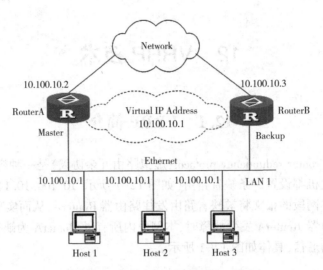

图 12-2 带有冗余备份的多出口网络

一个新的 Master 路由器，继续向网络内的主机提供路由服务，从而实现网络内的主机不间断地与外部网络的通信。

12.2 实验实训1——路由器 VRRP 配置实训

VRRP 的基本配置为：①添加或删除虚拟 IP 地址；②设置备份组的优先级；③设置备份组的抢占方式和延迟时间。

VRRP 的高级配置为：①设置备份组的认证方式和认证字；②设置备份组的定时器；③设置监视指定接口。

第一，设定虚拟 IP 地址是否可以使用 ping 命令 ping 通。

本配置任务可以使用户能够使用 ping 命令来 ping 通备份组的虚拟 IP 地址。根据 VRRP 的标准协议，备份组的虚拟 IP 地址是无法使用 ping 命令来 ping 通的。这时路由器连接的用户无法通过 ping 命令判断一个 IP 地址是否被备份组使用。如果用户将自己的主机 IP 地址配置为与备份组的虚拟 IP 地址相同的 IP 地址，就会使本网段的报文都发送到用户的主机，导致本网段的数据不能被正确转发。

Switch 路由器为用户提供了良好的功能：在进行相应的配置后，用户可以使用 ping 命令 ping 通备份组的虚拟 IP 地址。具体可以使用下面的命令进行配置。

在系统视图下进行下列配置：设定虚拟 IP 地址是否可以使用 ping 命令 ping 通（见表 12-1）。

表 12-1 设定虚拟 IP 地址是否可以使用 ping 命令 ping 通

操　　作	命　　令
设定虚拟 IP 地址可以使用 ping 命令 ping 通	vrrp ping-enable
设定虚拟 IP 地址不可以使用 ping 命令 ping 通	no vrrp ping-enable

缺省情况下,用户不能使用 ping 命令 ping 通备份组的虚拟 IP 地址。需要注意的是,本配置需要在备份组建立之前就进行设定。如果路由器上已经建立了备份组,系统将不允许再进行本配置设定虚拟 IP 地址是否可以使用 ping 命令 ping 通。

第二,添加或删除虚拟 IP 地址。将一个本网段的 IP 地址指定给到一个虚拟路由器(也称为备份组),或将一个指定到一个备份组虚拟 IP 地址从虚拟地址列表中删除。如果不指定删除某一虚拟 IP 地址,则删除此虚拟路由器上的所有虚拟 IP 地址。在接口视图下进行下列配置:添加或删除虚拟 IP 地址(见表 12-2)。

表 12-2　添加或删除虚拟 IP 地址

操　　作	命　　令
添加虚拟 IP 地址	vrrpvirtual-router-ID ip virtual-address
删除虚拟 IP 地址	no vrrpvirtual-router-ID ip virtual-address

备份组号 virtual-router-ID 范围为 1~255,虚拟地址可以是备份组所在网段中未被分配的 IP 地址,也可以是属于备份组某接口的 IP 地址。对于后者,称拥有这个接口 IP 地址的路由器为一个地址拥有者(IP address owner)。当指定第一个 IP 地址到一个备份组时,系统会创建这个备份组,以后再指定虚拟 IP 地址到这个备份组时,系统仅仅将这个地址添加到这个备份组的虚拟 IP 地址列表中。在对一个备份组进行其他配置之前,必须先通过指定一个虚拟 IP 地址的命令将这个备份组创建起来。

备份组中最后一个虚拟 IP 地址被删除后,这个备份组也将同时被删除,即这个接口上不再有这个备份组,这个备份组的所有配置都不再有效。

需要说明的是,路由器上每个接口都可以同时加入 64 个备份组中,每个备份组可配置的虚拟 IP 地址个数为 16 个。当配置的虚拟备份组个数超过 14 个时,要在接口使能混合模式(promiscuous),否则会有直连路由不通的情况发生,使得 VRRP 备份功能和负载分担功能丢包。

第三,设置备份组的优先级。VRRP 中根据优先级确定参与备份组的每台路由器的地位,备份组中优先级最高的路由器将成为 Master。优先级的取值范围为 0~255(数值越大表明优先级越高),但是可配置的范围最小值是 1,最大值是 254。优先级 0 为系统保留给特殊用途使用,255 则是系统保留给 IP 地址拥有者。在接口视图下进行下列配置:设置备份组的优先级(见表 12-3)。

表 12-3　设置备份组的优先级

操　　作	命　　令
设置备份组的优先级	vrrpvirtual-router-ID priority priority-value
恢复为缺省值	no vrrp virtual-router-ID priority

缺省情况下,优先级的取值为 100。

需要说明的是,对于 IP 地址拥有者,存在配置优先级和运行优先级两种优先级,运行优先级是不可配置的,始终为 255。

第四,设置和取消备份组的抢占方式和延迟时间。在非抢占方式下,一旦备份组中的某台路由器成为 Master,只要它未发生故障,其他路由器即使随后被配置更高的优先级,也不会成为 Master。如果路由器设置为抢占方式,它一旦发现自己的优先级比当前的 Master 的优先级高,就会成为 Master。相应地,原来的 Master 将会变成 Backup。

在设置抢占的同时,还可以设置延迟时间,这样可以使得 Backup 延迟一段时间成为 Master。其目的是在性能不够稳定的网络中,Backup 可能因为网络堵塞而无法正常收到 Master 的报文,使用 vrrp vrid 命令配置了抢占方式和延迟时间后,可以避免因网络的短暂故障而导致的备份内路由器的状态频繁转换。延迟的时间单位为秒,范围为 0~255。

在接口视图下进行下列配置:设置和取消备份组的抢占方式和延迟时间(见表 12-4)。

表 12-4　设置和取消备份组的抢占方式和延迟时间

操　作	命　令
设置备份组的抢占方式和延迟时间	standbyvirtual-router-ID preempt
取消备份组的抢占方式	no vrrp vridvirtual-router-ID preempt-mode

缺省方式是抢占方式,延迟时间为 0 秒。

需要说明的是,取消抢占方式,则延迟时间就会自动变为 0 秒。

第五,设置认证方式及认证字。VRRP 提供了两种认证方式,分别是:①SIMPLE,简单字符认证;②MD5,MD5 认证。

在一个安全的网络中,认证方式采用缺省值,则路由器对要发送的 VRRP 报文不进行任何认证处理,而收到 VRRP 报文的路由器也不进行任何认证就认为是一个真实的、合法的 VRRP 报文,这种情况下,不需要设置认证字。

在一个有可能受到安全威胁的网络中,可以将认证方式设置为 SIMPLE,则发送 VRRP 报文的路由器就会将认证字填入 VRRP 报文中,而收到的 VRRP 报文的路由器,会将收到的 VRRP 报文中的认证字和本地配置的认证字进行比较,相同则认为是真实的、合法的 VRRP 报文,否则认为是一个非法的报文,将会丢弃。这种情况下,应当设置长度为不超过 8 字节的认证字。

在一个非常不安全的网络中,可以将认证方式设置为 MD5,则路由器就会利用 Authentication Header 提供的认证方式和 MD5 算法对 VRRP 报文进行认证。这种情况下,应当设置长度不超过 8 字节的认证字。

对于没有通过认证的报文将做丢弃处理,并会向网管发送陷阱报文。

在接口视图下进行下列配置:设置认证方式及认证字(见表 12-5)。

表 12-5　设置认证方式及认证字

操　作	命　令
设置认证方式和认证字	vrrp authentication-mode { md5 key	simple key}
恢复为缺省值	no vrrp authentication-mode

缺省认证方式为不进行认证。

需要说明的是,一个接口上的备份组要设置相同的认证方式和认证字。

第六,设置 VRRP 的定时器。VRRP 备份组中的 Master 路由器通过定时(adver-interval)发送 VRRP 报文向组内的路由器通知自己工作正常。如果 Backup 超过一定时间(master-down-interval)没有收到 Master 发送的 VRRP 报文,则认为它已经无法正常工作,同时就会将自己的状态转变为 Master。用户可以通过设置定时器的命令调整 Master 发送 VRRP 报文的间隔时间(adver-interval)。而 Backup 的 master-down-interval 的间隔时间大约是 adver-interval 的 3 倍。由于网络流量过大或者不同的路由器上的定时器差异等因素,将会导致 master-down-interval 异常最终导致状态转换。对于这种情况,可以通过 adver-interval 的间隔时间延长和设置延迟时间的办法解决。adver-interval 的时间单位是秒。

在接口视图下进行下列配置:设置 VRRP 的定时器(见表 12-6)。

表 12-6 设置 VRRP 的定时器

操　　作	命　　令
设置 VRRP 定时器	vrrp virdvirtual-router-ID timer advertise adver-interval
恢复为缺省值	no vrrp virdvirtual-router-ID timer advertise

缺省情况下,adver-interval 的值是 1 秒,取值范围为 1~255。

第七,设置和取消监视指定接口。VRRP 的监视接口功能,更好地扩充了备份功能,即不仅在备份组所在的接口出现故障时提供备份功能,而且在路由器的其他接口不可用时,也可以使用备份功能。具体做法是通过设置监视某个接口的命令实现。当被监视的接口 down 时,这个接口的路由器的优先级会自动降低一个数额(priority-reduced),于是就会导致备份组内其他路由器的优先级高于这个路由器的优先级,从而使得其他优先级高的路由器转变为 Master,达到对这个接口监视的目的。

在接口视图下进行下列配置:设置和取消监视指定接口(见表 12-7)。

表 12-7 设置和取消监视指定接口

操　作	命　　令
设置监视指定接口	Vrrp virtual-router-ID track interface-type interface-number [reduced priority-reduced]
取消监视指定接口	no vrrpvirtual-router-ID track [interface-type interface-numbe]

缺省情况下,priority-reduced 的值为 10。

需要说明的是,当路由器为 IP 地址拥有者时,不允许对其进行监视接口的配置。

第八,配置是否检查 VRRP 报文的 TTL 域。在以太网接口视图下进行下列配置:配置是否检查 VRRP 报文的 TTL 域(见表 12-8)。

表 12-8　配置是否检查 VRRP 报文的 TTL 域

操　作	命　令
配置不检查 VRRP 报文的 TTL 域	vrrp un-check ttl
配置检查 VRRP 报文的 TTL 域	no vrrp un-check ttl

12.2.1　VRRP 显示和调试

在完成上述配置后,在所有视图下执行 show 命令可以显示 VRRP 配置后的运行情况,通过查看显示信息验证配置的效果。

在用户视图下,执行 debugging 命令可以对 VRRP 进行的调试如表 12-9 所示。

表 12-9　执行 debugging 命令可以对 VRRP 进行的调试

操　作	命　令
显示 VRRP 的状态信息	show vrrp [interfacetype number [virtual-router-ID]]
使能对 VRRP 报文的调试	debugging vrrp packet
禁止对 VRRP 报文的调试	no debugging vrrp packet
使能对 VRRP 状态的调试	debugging vrrp state
禁止对 VRRP 状态的调试	no debugging vrrp state

用户可以通过打开 VRRP 调试开关的命令查看 VRRP 的运行情况。VRRP 共有两个调试开关,一个是 VRRP 的报文调试开关(packet),一个是 VRRP 的状态调试开关(state),缺省情况下是将调试开关关闭。

12.2.2　VRRP 典型配置举例

12.2.2.1　功能需求及组网说明

(1)配置环境参数。SwitchA 选用锐捷-3com 公司的高中端交换机,如 S8500 系列或者 S6500 系列交换机;SwitchB 和 SwitchC 选用锐捷-3com 公司的低端三层交换机,如 S3500 或者 S3550 系列交换机;SwitchD 和 SwitchE 选用锐捷-3com 公司的低端二层交换机,如 S3000 系列或者 S2000 系列交换机。

网络中有两个用户 VLAN,分别为 VLAN 10 和 VLAN 20,网关地址分别为 10.1.1.254/24 和 20.1.1.254/24。

SwitchA、SwitchB 和 SwitchC 之间使用 VLAN 100 进行互联,互联地址分别为 100.1.1.1/24、100.1.1.2/24、100.1.1.3/24。

SwitchD 和 SwitchE 作为二层接入交换机,将用户 VLAN 传到三层交换机 SwitchB 和 SwitchC。

各交换机之间端口的连接如图 12-3 所示。

(2)组网需求。在 SwitchB 和 SwitchC 上配置 VRRP(virtul router redundancy protocol)协

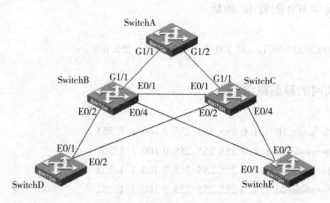

图 12-3 VRRP 配置图

议,对网络内主机数据报文进行备份以及负载分担。

在 SwitchB、SwitchC、SwitchD 和 SwitchE 上配置 STP 协议,保证网络中没有环路(此部分配置可参考本书中 STP 配置部分)。

12.2.2.2 数据配置步骤

虚拟的交换机拥有自己的真实 IP 地址 10.1.1.254(这个 IP 地址可以和备份组内的某个交换机的接口地址相同),备份组内的交换机也有自己的 IP 地址(如 Master 的 IP 地址为 10.1.1.253,Backup 的 IP 地址为 10.1.1.252)。局域网内的主机仅知道这个虚拟路由器的 IP 地址为 10.1.1.254(通常被称为备份组的虚拟 IP 地址),而不知道具体的 Master 交换机的 IP 地址为 10.1.1.253 以及 Backup 交换机的 IP 地址为 10.1.1.252。局域网内的主机将自己的缺省路由下一跳设置为该虚拟路由器的 IP 地址为 10.1.1.254。于是,网络内的主机就通过这个虚拟的交换机与其他网络进行通信。当备份组内的 Master 交换机不能正常工作时,备份组内的其他 Backup 交换机将接替不能正常工作的 Master 交换机成为新的 Master 交换机,继续向网络内的主机提供路由服务,从而实现网络内的主机不间断地与外部网络进行通信。

(1)SwitchA 相关配置。

①创建(进入)VLAN 100:

[SwitchA]vlan 100

②将端口 f0/1 和 f0/2 加入 VLAN 100:

[SwitchA-Vlan 100]port GigabitInterface 1/1 GigabitInterface 1/2

③创建(进入)VLAN 接口 100:

[SwitchA]interface Vlan-interface 100

④为 VLAN 接口 100 配置 IP 地址：

[SwitchA-Vlan-interface100]ip add 100.1.1.2 255.255.255.0

⑤配置到局域网的静态路由：

[SwitchA]ip route-static 10.1.1.0 255.255.255.0 100.1.1.253
[SwitchA]ip route-static 10.1.1.0 255.255.255.0 100.1.1.252
[SwitchA]ip route-static 20.1.1.0 255.255.255.0 100.1.1.253
[SwitchA]ip route-static 20.1.1.0 255.255.255.0 100.1.1.252

（2）SwitchB 相关配置。

①设定虚拟 IP 地址可以被 ping 通（缺省情况下，按照协议规定虚拟 IP 地址不可以被 ping 通，本配置必须在备份组建立之前就进行设定）：

[SwitchB]vrrp ping-enable

②创建（进入）VLAN 100：

[SwitchB]vlan 100

③将端口 G1/1 加入 VLAN 100：

[SwitchB-Vlan100]port GigabitInterface 1/1

④创建（进入）VLAN 接口 100：

[SwitchB]interface Vlan-interface 100

⑤为 VLAN 接口 100 配置 IP 地址：

[SwitchB-Vlan-interface100]ip add 100.1.1.2 255.255.255.0

⑥创建（进入）VLAN 10：

[SwitchB]vlan 10

⑦创建（进入）VLAN 接口 10：

［SwitchB］interface Vlan-interface 10

⑧为 VLAN 接口 10 配置 IP 地址：

［SwitchB-Vlan-interface10］ip add 10. 1. 1. 253 255. 255. 255. 0

⑨为 VLAN 接口 10 添加虚拟 IP 地址,虚拟组 ID 为 10：

［SwitchB-Vlan-interface10］vrrp vrid 10 virtual-ip 10. 1. 1. 254

⑩设置备份组的优先级为 120(备份组的优先级默认为 100)：

［SwitchB-Vlan-interface10］vrrp vrid 10 priority 120

⑪设置备份组监视物理接口 G1/1,当物理接口 G1/1 的状态 down 掉以后,备份组优先级的数额降低 30(默认降低的数额为 10)：

［SwitchB-Vlan-interface10］vrrp vrid 10 track interface G1/1 reduced 30

⑫创建(进入)VLAN 20：

［SwitchB］vlan 20

⑬创建(进入)VLAN 接口 20：

［SwitchB］interface Vlan-interface 20

⑭为 VLAN 接口 20 配置 IP 地址：

［SwitchB-Vlan-interface20］ip add 20. 1. 1. 253 255. 255. 255. 0

⑮为 VLAN 接口 20 添加虚拟 IP 地址,虚拟组 ID 为 20：

［SwitchB-Vlan-interface20］vrrp vrid 20 virtual-ip 20. 1. 1. 254

(3)SwitchC 相关配置。
①设定虚拟 IP 地址可以被 ping 通(缺省情况下,按照协议规定虚拟 IP 地址不可以被 ping 通,本配置必须在备份组建立之前就进行设定)：

[SwitchC] vrrp ping-enable

②创建(进入)VLAN 100：

[SwitchC] vlan 100

③将端口 G1/1 加入 VLAN 100：

[SwitchC-Vlan100] port GigabitInterface 1/1

④创建(进入)VLAN 接口 100：

[SwitchC] interface Vlan-interface 100

⑤为 VLAN 接口 100 配置 IP 地址：

[SwitchC-Vlan-interface100] ip add 100.1.1.3 255.255.255.0

⑥创建(进入)VLAN 10：

[SwitchC] vlan 10

⑦创建(进入)VLAN 接口 10：

[SwitchC] interface Vlan-interface 10

⑧为 VLAN 接口 10 配置 IP 地址：

[SwitchC-Vlan-interface10] ipadd 10.1.1.252 255.255.255.0

⑨为 VLAN 接口 10 添加虚拟 IP 地址,虚拟组 ID 为 10：

[SwitchC-Vlan-interface10] vrrp vrid 10 virtual-ip 10.1.1.254

⑩创建(进入)VLAN 20：

[SwitchC] vlan 20

⑪创建(进入)VLAN 接口 20：

[SwitchC]interface Vlan-interface 20

⑫为 VLAN 接口 20 配置 IP 地址：

[SwitchC-Vlan-interface20]ip add 20.1.1.252 255.255.255.0

⑬为 VLAN 接口 20 添加虚拟 IP 地址,虚拟组 ID 为 20：

[SwitchC-Vlan-interface20]vrrp vrid 20 virtual-ip 20.1.1.254

⑭设置备份组的优先级为 120(备份组的优先级默认为 100)：

[SwitchC-Vlan-interface20]vrrp vrid 20 priority 120

⑮设置备份组监视物理接口 G1/1,当物理接口 G1/1 的状态 down 掉以后,备份组优先级的数额降低 30(默认降低的数额为 10)：

[SwitchC-Vlan-interface20]vrrp vrid 20 track interface G1/1 reduced 30

通过多备份组设置可以实现负荷分担。例如,将 SwitchB 配置为备份组 10 的 Master,同时又是备份组 20 的备份交换机;而将 SwitchC 配置为备份组 20 的 Master,同时又是备份组 10 的备份交换机。

对于 SwitchA、SwitchB 以及 SwitchC 之间,最合理的应用方式为 SwitchA 分别使用两个不同的网段连接 SwitchB 和 SwitchC,同时这三台设备均运行动态路由协议,如 OSPF 协议。

某些情况下,由于网络报文流量较大等其他原因会导致备份组中的设备不能正常接收到 Master 设备发出的 VRRP 报文,而出现 Master 错误切换的故障,解决此问题可以将不同的备份组中 Master 发送报文的间隔时间错开,例如：

[Switch-Vlan-interface1]vrrp vrid 1 timer advertise 2
[Switch-Vlan-interface2]vrrp vrid 2 timer advertise 4

12.2.3 VRRP 故障诊断与排错

VRRP 配置不是很复杂,如果功能不正常,基本可以通过查看配置以及调试信息来定位。以下就如何排除常见的故障做出说明。

故障之一:控制台上频频给出配置错误的提示。这表明收到一个错误的 VRRP 报文,一种可能是备份组内的另一台路由器由于配置不一致造成的,另一种可能是有的机器试图发送非法的 VRRP 报文。对于第一种可能,可以通过修改配置给予解决,对于第二种可能,则是有些机器有不良企图,应当通过非技术手段给予解决。

故障之二:同一个备份组内出现多个 Master 路由器。出现这种故障有两种情况:一种是多个 Master 并存时间较短,这种情况是正常的,无须进行人工干预;另一种是多个 Master 长时间共存,这很有可能是由于 Master 之间收不到 VRRP 报文,或者收到的报文不合法造成的。解决的方法是,先在多个 Master 之间互相 ping,如果 ping 不通,则是其他问题;如果能 ping 通,则一定是配置不同造成的。对于同一个 VRRP 备份组的配置,必须保证虚拟 IP 地址个数、每个虚拟 IP 地址、定时器间隔时间和认证方式完全一致。

故障之三:VRRP 的状态频繁转换。这种故障一般是由于备份组的定时器间隔时间(adver-interval)设置得太短造成的,增加时间间隔或者设置抢占方式和延迟时间都可以解决这种故障。

12.3 实验实训 2——三层交换 VRRP 配置实训

12.3.1 实训目的

第一,掌握锐捷 S2000 系列交换机的生成树协议配置操作。

第二,掌握锐捷 S3550 系列交换机的 VRRP 协议配置操作。

12.3.2 实训内容

为了使网络更具可靠性,部分链路采用全连接。在提高网络的可靠性时,网络中存在环路,会产生广播风暴问题,使整个网络的性能下降。在广播风暴严重的情况下,网络将不可用。本节探究如何在提高网络的可靠性的同时,解决网络的广播风暴问题。

12.3.3 生成树协议实训过程

12.3.3.1 实训拓扑结构

交换网络冗余构建拓扑图如图 12-4 所示。

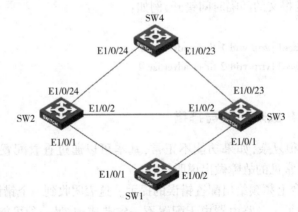

图 12-4 交换网络冗余构建拓扑图

12.3.3.2 实训步骤

实训步骤见表12-10。

表 12-10 实训步骤

序号	命 令	说 明
SW1 的配置		
1	[RUIJIE]sysname SW1	为设备命名
2	[SW1]stp enable	启用 STP 协议
3	[SW1]stp priority 4096	配置交换机的优先级
SW2 的配置		
1	[RUIJIE]sysname SW2	为设备命名
2	[SW2]stp enable	启用 STP 协议
SW3 的配置		
1	[RUIJIE]sysname SW3	为设备命名
2	[SW3]stp enable	启用 STP 协议
SW4 的配置		
1	[RUIJIE]sysname SW4	为设备命名
2	[SW4]stp enable	启用 STP 协议

12.3.3.3 实训结论

运行 STP 协议,STP 构建冗余的拓扑示例图(粗线条为实际转发链路,其他链路为备份链路)如图12-5所示。

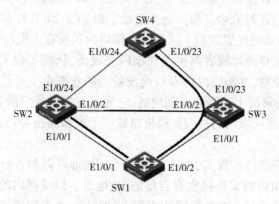

图 12-5 STP 构建冗余的拓扑示例图

12.3.4　VRRP 协议实训过程

12.3.4.1　实训拓扑结构

应用 VRRP 协议构建冗余网络拓扑结构如图 12-6 所示。

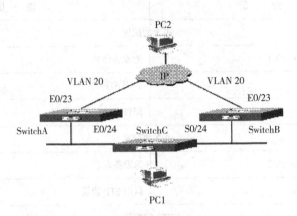

图 12-6　应用 VRRP 协议构建冗余网络拓扑结构

12.3.4.2　实训步骤

（1）配置环境参数。

SwitchA 通过 E0/24 与 SwitchC 相连,通过 E0/23 上行。

SwitchB 通过 E0/24 与 SwitchC 相连,通过 E0/23 上行。

交换机 SwitchA 通过 interface 0/24 与 SwitchB 的 interface 0/24 连接到 SwitchC。

SwitchA 和 SwitchB 上分别创建两个虚接口,interface vlan 10 和 interface 20 作为三层接口,其中 interface vlan 10 分别包含 interface 0/24 端口,interface 20 包含 interface 0/23 端口,作为出口。

（2）组网需求。SwitchA 和 SwitchB 之间做 VRRP,interface vlan 10 作为虚拟网关接口,SwitchA 作为主设备,允许抢占,SwitchB 作为从设备,PC1 主机的网关设置为 VRRP 虚拟网关地址 192.168.100.1,进行冗余备份。访问远端主机 PC2 10.1.1.1/24。

（3）两台交换机主备的配置流程。通常一个网络内的所有主机都设置一条缺省路由,主机发往外部网络的报文将通过缺省路由发往该网关设备,从而实现了主机与外部网络的通信。当该设备发生故障时,本网段内所有以此设备为缺省路由下一跳的主机将断开与外部的通信。VRRP 就是为解决上述问题而创建的,它为具有多播或广播能力的局域网(如以太网)设计。VRRP 可以将局域网的一组交换机组成一个虚拟路由器,这组交换机被称为一个备份组。

虚拟的交换机拥有自己的真实 IP 地址(这个 IP 地址可以和备份组内的某个交换机的接口地址相同),备份组内的交换机也有自己的 IP 地址。局域网内的主机仅仅知道这个虚拟路由器的 IP 地址(通常被称为备份组的虚拟 IP 地址),而不知道具体的 Master 交换机的 IP 地址以及 Backup 交换机的 IP 地址。局域网内的主机将自己的缺省路由下一跳设置为该虚拟路由器的 IP 地址。于是,网络内的主机就通过这个虚拟的交换机与其他网络进行通信。当备份组内的 Master 交换机不能正常工作时,备份组内的其他 Backup 交换机将接替不能正常工作的 Master 交换机成为新的 Master 交换机,继续向网络内的主机提供路由服务,从而实现网络内的主机不间断地与外部网络进行通信。

(4)SwitchA 相关配置。

①基础配置如下。

a. 创建(进入)vlan 10:

[SwitchA] vlan 10

b. 将 E0/24 加入 vlan 10:

[SwitchA-vlan 10] port Interface 0/24

c. 创建(进入)vlan 20:

[SwitchA]vlan 20

d. 将 E0/23 加入 vlan 20:

[SwitchA-vlan 20]port Interface 0/23

e. 创建(进入)vlan 20 的虚接口:

[SwitchA-vlan 20]int vlan 20

f. 给 vlan 20 的虚接口配置 IP 地址:

[SwitchA-Vlan-interface20]ip add 11. 1. 1. 1 255. 255. 255. 252

g. 创建(进入)vlan 10 的虚接口:

[SwitchA] interface vlan 10

h. 给 vlan 10 的虚接口配置 IP 地址:

[SwitchA-Vlan-interface10]ip address 192. 168. 100. 2 255. 255. 255. 0

i. 配置一条到对方网段的静态路由:

[SwitchA]ip route-static 10.1.1.1 255.255.255.0 11.1.1.2

②VRRP 配置如下。
a. 创建 VRRP 组 1,虚拟网关为 192.168.100.1:

[SwitchA-Vlan-interface10]vrrp vrid 1 virtual-ip 192.168.100.1

b. 设置 VRRP 组优先级为 120,缺省为 100:

[SwitchA-Vlan-interface10]vrrp vrid 1 priority 120

c. 设置为抢占模式:

[SwitchA-Vlan-interface10]vrrp vrid 1 preempt-mode

d. 设置监控端口为 interface vlan 20,如果端口 down 掉优先级降低 30:

[SwitchA-Vlan-interface10]vrrp vrid 1 track Vlan-interface 20 reduced 30

(5)SwitchB 相关配置。
①基础配置如下。
a. 创建(进入)vlan 10:

[SwitchB] vlan 10

b. 将 E0/24 加入 vlan 10:

[SwitchB-vlan 10] port Interface 0/24

c. 创建(进入)vlan 20:

[SwitchB]vlan 20

d. 将 E0/23 加入 vlan 20:

[SwitchB-vlan 20]port Interface 0/23

e. 创建(进入)vlan 20 的虚接口:

［SwitchB-vlan 20］int vlan 20

f. 为 vlan 20 的虚接口配置 IP 地址：

［SwitchB-Vlan-interface20］ip add 12. 1. 1. 1 255. 255. 255. 252

g. 创建(进入) vlan 10 的虚接口：

［SwitchB］ interface vlan 10

h. 为 vlan 10 的虚接口配置 IP 地址：

［SwitchB-Vlan-interface10］ip address 192. 168. 100. 3 255. 255. 255. 0

i. 配置一条到对方网段的静态路由：

［SwitchB］ip route-static 10. 1. 1. 1 255. 255. 255. 0 12. 1. 1. 2

②VRRP 配置如下。

a. 创建 VRRP 组 1,虚拟网关为 192. 168. 100. 1：

［SwitchB-Vlan-interface10］vrrp vrid 1 virtual-ip 192. 168. 100. 1

b. 设置为抢占模式：

［SwitchB-Vlan-interface10］vrrp vrid 1 preempt-mode

(6)SwitchC 相关配置。SwitchC 在这里起端口汇聚作用,同时允许 SwitchA 和 SwitchB 发送心跳报文,可以不配置任何数据。

(7)两台交换机负载分担的配置流程。通过多备份组设置可以实现负荷分担。如交换机 A 作为备份组 1 的 Master,同时又兼职备份组 2 的备份交换机,而交换机 B 正相反,作为备份组 2 的 Master,并兼职备份组 1 的备份交换机。一部分主机使用备份组 1 作为网关,另一部分主机使用备份组 2 作为网关。这样可以达到分担数据流,同时又相互备份的目的。

(8)SwitchA 相关配置。

a. 创建一个 VRRP 组 1：

［SwitchA-vlan-interface10］ vrrp vrid 1 virtual-ip 192. 168. 100. 1

b. 设置 VRRP 组 1 的优先级比默认值高,保证 SwitchA 为此组的 Master:

〔SwitchA-vlan-interface10〕vrrp vrid 1 priority 150

c. 创建一个 VRRP 组 2,优先级为默认值:

〔SwitchA-vlan-interface10〕vrrp vrid 2 virtual-ip 192.168.100.2

(9)SwitchB 相关配置。

a. 创建一个 VRRP 组 1,优先级为默认值:

〔SwitchB-vlan-interface10〕vrrp vrid 1 virtual-ip 192.168.100.1

b. 创建一个 VRRP 组 2,优先级比默认值高,保证 SwitchB 为此组的 Master:

〔SwitchB-vlan-interface10〕vrrp vrid 2 virtual-ip 192.168.100.2

c. 设置备份组的优先级:

〔SwitchB-vlan-interface10〕vrrp vrid 2 priority 110

d. 此配置完成以后,SwitchC 下面的用户可以部分以 VRRP 组 1 的虚拟地址为网关,一部分用户以 VRRP 组 2 的虚拟地址为网关。

(10)说明。按 RFC2338 协议要求,VRRP 虚拟地址是不能被 ping 通的,目前 RUIJIE 产品在实现中对其进行了扩展,VRRP 虚拟地址可以被 ping 通。但是要求在配置 VRRP 之前,先在系统视图下执行如下命令:

〔Switch〕vrrp ping-enable

优先级的取值范围为 0~255(数值越大表明优先级越高),但是可配置的范围是 1~254。优先级 0 为系统保留给特殊用途使用,255 则是系统保留给 IP 地址拥有者。缺省情况下,优先级的取值为 100。

12.3.4.3 实训结论

将 PC2 通过 SwitchC 上行的两条链路任意断开一条,PC 仍然能够正常 ping 通 PC1。由此可以证明,当网络链路、节点设备出现故障时,由于存在 VRRP 协议,网络通信不受影响。

13　VPN 技术

13.1　VPN 技术概述

13.1.1　VPN 技术简介

虚拟专用网络(virtual private network,VPN)是在公共通信基础设施上构建的虚拟专用或私有网,可以被认为是一种从公共网络中隔离出来的网络。它可以通过特殊的加密通信协议,将连接在 Internet 上的位于不同地方的两个或多个企业内部网之间建立一条专有的通信线路,犹如架设了一条专线一样,但是它并不需要真正地铺设光缆之类的物理线路。VPN技术原是路由器具有的重要技术之一,目前在交换机、防火墙设备或操作系统等中也都支持VPN 功能,即 VPN 的核心是利用公共网络建立虚拟私有网。

虚拟专用网络可以帮助远程用户、公司分支机构、商业伙伴及供应商同公司的内部网建立可信的安全连接,并保证数据的安全传输。如果将数据流移至低成本的网络上,虚拟专用网络在一个企业将大幅度地减少其花费在城域网和远程网络连接上的费用。同时,还将简化网络的设计和管理,加速连接新的用户和网站。另外,虚拟专用网络还可以保护现有的网络投资。随着用户的商业服务不断发展,良好的企业虚拟专用网络解决方案可以使用户将精力集中到自己的生意上,而不是网络上。虚拟专用网络可帮助不断增长的移动用户的全球因特网接入,以实现安全连接;还可帮助企业实现网站之间安全通信的虚拟专用线路的搭建,便于有效地连接到商业伙伴和用户的安全外联虚拟专用网。

13.1.2　VPN 技术原理

(1)VPN 系统使分布在不同地方的专用网络在不可信任的公共网络上安全地通信。

(2)VPN 设备根据网管设置的规则,确定是否需要对数据进行加密或让数据直接通过。

(3)对需要加密的数据,VPN 设备对整个数据包进行加密和附上数字签名。

(4)VPN 设备加上新的收据包头,其中包括目的地 VPN 设备需要的安全信息和一些初始化参数。

(5)VPN 设备对加密后的数据、鉴别包、源 IP 地址、目标 VPN 设备 IP 地址进行重新封装,重新封装后的数据包通过虚拟通道在公网上传输。

(6)当数据包到达目标 VPN 设备时,数据包被解封装,数字签名核对无误后,数据包被解密。

13.1.3　VPN 标准的分类及各种 VPN 协议的比较

13.1.3.1　点对点隧道协议(PPTP)

PPTP(point-to-point tunneling protocol)即点对点隧道协议。该协议由美国微软公司设

计,用于将 PPP 分组通过 IP 网络封装传输。通过该协议,远程用户能够通过 Windows 操作系统以及其他装有点对点协议的系统安全访问公司网络,并能拨号连入本地 ISP,通过 Internet 安全链接到公司网络。

13.1.3.2 第二层转发协议(L2F)

第二层转发协议(L2F)用于建立跨越公共网络(如因特网)的安全隧道将 ISP POP 连接到企业内部网关。这个隧道建立了一个用户与企业客户网络间的虚拟点对点连接。

13.1.3.3 第二层隧道协议(L2TP)

第二层隧道协议(L2TP)是用来整合多协议拨号服务至现有的因特网服务提供商点。PPP 定义了多协议跨越第二层点对点链接的一个封装机制。用户通过使用诸多技术(如拨号 POTS、ISDN、ADSL 等)获得第二层连接到网络访问服务器(NAS),然后在此连接上运行 PPP 。在这样的配置中,第二层终端点和 PPP 会话终点处于相同的物理设备中(如 NAS)。

L2TP 扩展了 PPP 模型,允许第二层和 PPP 终点处于不同的、由包交换网络相互连接的设备中。通过 L2TP,用户在第二层连接到一个访问集中器(如调制解调器池、ADSL DSLAM 等),然后,这个集中器将单独的 PPP 帧隧道至 NAS 。这样,可以将 PPP 包的实际处理过程与 L2 连接的终点分离开来。

13.1.3.4 多协议标记交换(MPLS)

MPLS 属于第三代网络架构,是新一代的 IP 高速骨干网络交换标准,由 IETF(internet engineering task force,因特网工程任务组)提出,由 Cisco、ASCEND、3Com 等网络设备大厂主导。

MPLS 是集成式的 IP Over ATM 技术,即在 Frame Relay 及 ATM Switch 上结合路由功能,数据包通过虚拟电路传送,只需在 OSI 第二层(数据链接层)执行硬件式交换,即取代第三层(网络层)软件式 routing,它整合了 IP 选径与第二层标记交换为单一的系统,因此可以解决 Internet 路由的问题,使数据包传送的延迟时间缩短,加快网络传输的速度,更适合多媒体信息的传送。因此,MPLS 最大的技术特色为可以指定数据包传送的先后顺序。MPLS 使用标记交换(label switching),网络路由器只需判别标记后即可进行传送处理。

13.1.3.5 IP 安全协议(IPSec)

IPSec(IP security protocol,IP 安全协议)是一组开放标准集,它们协同工作确保对等设备之间的数据机密性、数据完整性以及数据认证。这些对等实体可能是一对主机或是一对安全网关(路由器、防火墙、VPN 集中器等),或者它们可能在一个主机和一个安全网关之间,正如远程访问 VPN。IPSec 能够保护对等实体之间的多个数据流,并且一个单一网关能够支持不同的成对的合作伙伴之间的多条并发安全 IPSec 隧道。

13.1.3.6 SSL 协议

安全套接层协议(secure sockets layer,SSL)是网景(Netscape)公司提出的基于 Web 应用的安全协议。SSL 协议指定了一种在应用程序协议(如 HTTP、Telnet、NMTP、FTP 等)和 TCP/IP 协议之间提供数据安全性分层的机制,它为 TCP/IP 连接提供数据加密、服务器认证、消息完整,以及可选的客户机认证。

SSL 协议层包含两类子协议——SSL 握手协议和 SSL 记录协议。它们共同为应用访问连接(主要是 HTTP 连接)提供认证、加密和防篡改功能。SSL 能在 TCP/IP 和应用层间无缝实现 Internet 协议栈处理,而不对其他协议层产生任何影响。SSL 的这种无缝嵌入功能还可运用于类似 Internet 的应用,如 Intranet 和 Extranet 接入、应用程序安全访问、无线应用,以及 Web 服务。

SSL 基于 Internet 能够实现安全数据通信:数据在从浏览器发出时进行加密,到达数据中心后解密;同样,数据在传回客户端时也进行加密,再在 Internet 中传输。它工作于高层,SSL 会话由两部分组成:连接和应用会话。在连接阶段,客户端与服务器交换证书并协议安全参数,如果客户端接受了服务器证书,便生成主密钥,并对所有后续通信进行加密。在应用会话阶段,客户端与服务器间安全传输各类信息。

13.2 GRE VPN 技术

13.2.1 GRE 简介

GRE(generic routing encapsulation,通用路由封装)协议可以对某些网络层协议(如 IP 和 IPX)的数据报文进行封装,使这些被封装的数据报文能够在另一个网络层协议(如 IP)中传输。GRE 采用了 Tunnel(隧道)技术,是 VPN(virtual private network)的第三层隧道协议。

Tunnel 技术是一个虚拟的点对点的连接,该技术提供了一条通路使封装的数据报文能够在这个通路上传输,并且在一个 Tunnel 的两端可以分别对数据报文进行封装及解封装。

一个×协议的报文要想穿越 IP 网络在 Tunnel 中传输,必须要经过加封装与解封装两个过程,下面以图 13-1 的网络为例说明这两个过程。

图 13-1　协议网络通过 GRE 隧道互联

13.2.2 加封装过程

RouterA 连接 Group 1 的接口收到×协议报文后,首先交由×协议处理。

×协议检查报文头中的目的地址域,以确定如何路由此包。

若报文的目的地址要经过 Tunnel 才能到达,则设备将此报文发给相应的 Tunnel 接口。

Tunnel 接口收到此报文后进行 GRE 封装,在封装 IP 报文头后,设备根据此 IP 包的目的地址及路由表对报文进行转发,并从相应的网络接口发送出去。

13.2.3 GRE 封装后的报文格式

封装好的报文格式如图 13-2 所示。

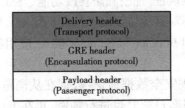

图 13-2　封装好的 Tunnel 报文格式

举例来说,一个封装在 IP Tunnel 中的×协议报文的格式如图 13-3 所示。

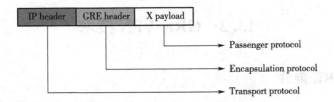

图 13-3　Tunnel 中传输报文的格式

需要封装和传输的数据报文称之为净荷(payload),净荷的协议类型为乘客协议(passenger protocol)。系统收到一个净荷后,首先使用封装协议(Enc apsulation Protocol)对此净荷进行 GRE 封装,即把乘客协议报文进行"包装",加上一个 GRE 头部成为 GRE 报文;然后再把封装好的原始报文和 GRE 头部封装在 IP 报文中,这样就可完全由 IP 层负责此报文的前向转发(forwarding)。

通常将这个负责前向转发的 IP 协议称为传输协议(delivery protocol 或者 transport protocol)。

根据传输协议的不同,可以分为 GRE over IPv4 和 GRE over IPv6 两种隧道模式。

13.2.4　解封装的过程

解封装过程和加封装的过程相反。RouterB 从 Tunnel 接口收到 IP 报文,检查目的地址;如果发现目的地是本路由器,则 RouterB 剥掉此报文的 IP 报头,交给 GRE 协议处理(进行检验密钥、检查校验和,以及报文的序列号等);GRE 协议完成相应的处理后,剥掉 GRE 报头,再交由×协议对此数据报文进行后续的转发处理。

GRE 收发双方的加封装、解封装处理,以及由于封装造成的数据量增加,会导致使用 GRE 后设备的数据转发效率有一定程度的下降。

13.2.5　GRE 的安全选项

为了提高 GRE 隧道的安全性,GRE 还支持由用户选择设置 Tunnel 接口的识别关键字(或称密钥),和对隧道封装的报文进行端到端校验。

在 RFC1701 中有以下规定。

第一,若 GRE 报文头中的 Key 标识位置 1,则收发双方将进行通道识别关键字的验证,只有 Tunnel 两端设置的识别关键字完全一致时才能通过验证,否则将报文丢弃。

第二,若 GRE 报文头中的 Checksum 标识位置 1,则校验和有效。发送方将根据 GRE 头及 Payload 信息计算校验和,并将包含校验和的报文发送给对端。接收方对接收到的报文计算校验和,并与报文中的校验和比较,如果一致则对报文做进一步的处理,否则丢弃。

13.2.6 应用范围

GRE 能够实现以下几种服务类型。

13.2.6.1 多协议的本地网通过单一协议的骨干网传输

如图 13-4 所示,Group 1 和 Group 2 是运行 Novell IPX 协议的本地网,Team 1 和 Team 2 是运行 IP 协议的本地网。通过在 RouterA 和 RouterB 之间采用 GRE 协议封装的隧道(Tunnel),Group 1 和 Group 2、Team 1 和 Team 2 可以互不影响地进行通信。

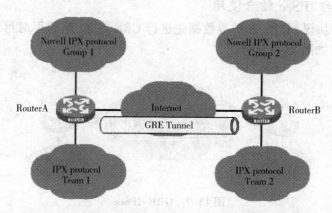

图 13-4 多协议的本地网通过单一协议的骨干网传输

13.2.6.2 扩大了步跳数受限协议(如 RIP)的网络工作范围

两台终端之间的步跳数超过 15,它们将无法通信。而通过在网络中使用隧道(Tunnel)可以隐藏一部分步跳,从而扩大了网络的工作范围,如图 13-5 所示。

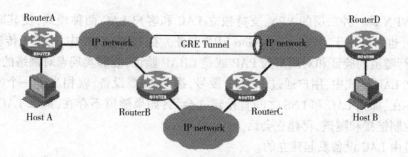

图 13-5 扩大网络工作范围

13.2.6.3 将一些不连续的子网连接起来,用于组建 VPN

运行 Novell IPX 协议的两个子网 Group 1 和 Group 2 分别在不同的城市,通过使用隧道可以实现跨越广域网的 VPN,具体如图 13-6 所示。

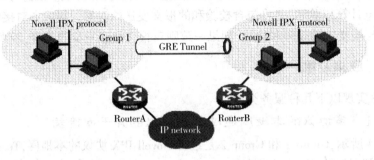

图 13-6 Tunnel 连接不连续子网

13.2.6.4 与 IPSec 结合使用

对于诸如路由协议、语音、视频等数据先进行 GRE 封装,然后再对封装后的报文进行 IPSec 的加密处理,如图 13-7 所示。

图 13-7 GRE-IPSec

13.3 L2TP VPN 技术

13.3.1 L2TP VPN 简介

L2TP VPN 是一种二层的 VPN,支持独立 LAC 和客户 LAC 两种模式,使其既可以用于实现 VPDN,也可以用于实现 Site-to-Site VPN 业务。在 L2TP VPN 中,隧道上传输的是 PPP 帧,可以进行隧道的验证和对用户的 PAP 或是 CHAP 验证,能够实现点对网络的特性。

在独立 LAC 模式中,用户通过 PPPoE 拨号,拨入 LAC 设备,就相当于一个呼叫,这时,如果隧道存在,那么 LAC 和 LNS 之间直接建立会话;如果隧道不存在,那么 LAC 和 LNS 之间先建立控制链接和隧道,再建立会话。

隧道是由 LAC 设备发起建立的。

会话可以由 LAC 设备发起建立,也可以由 LNS 设备发起建立。

13.3.2 L2TP 中的基本术语

呼叫:远程系统(用户)通过拨号到 LAC,这个连接就是一个 L2TP 呼叫。

隧道:存在于一对 LAC 和 LNS 之间,基于控制链接建立的基础,一个隧道包含 0 个或是多个会话,隧道承载的是 L2TP 的控制消息和封装后的 PPP 帧,但是 PPP 帧是采用 L2TP 封装格式进行传送的。

控制链接:存在于隧道内部,用于建立、维护和释放隧道中的会话以及隧道本身。

控制消息:在 LAC 和 LNS 之间进行交换,L2TP 的控制消息包含 AVP(属性值对),AVP 是一系列的属性及其具体值,控制消息通过其携带的 AVP 使隧道两端设备能够沟通信息,管理会话和隧道。

13.3.3　L2TP 的封装技术

在 L2TP 中,控制通道和数据通道都采用 L2TP 头格式,只是其中具体的字段不同,以 type 位表明本消息的类型,值为 1 表示此消息是控制消息,值为 0 表示此消息是数据消息。

L2TP 头中的 tunnel id 字段是 L2TP 控制链接的标识符,也就是隧道的标识符。

在 L2TP 中,使用端口为 UDP 1701。

私网的 IP 包前面加上 PPP 头,PPP 头前面加上 L2TP 头,加上 UDP 头,加上公网的 IP 头。

在 UDP 头中,用端口号 1701 标识 L2TP 协议。

13.3.4　L2TP 连接过程

13.3.4.1　建立控制链接

由 LAC 发送 SCCRQ(打开控制链接请求),发起隧道建立。

LNS 收到请求后通过 SCCRP(打开控制链接应答),进行应答。

LAC 收到应答消息之后发送 SCCCN(打开控制链接已建立),进行确认。

LNS 回复 ZLB(零长度体),进行最后的确认。

13.3.4.2　建立会话

使用的报文:ICRQ、ICRP、ICCN、ZLB。

13.3.4.3　关闭会话

使用的报文:CDN、ZLB。

13.3.4.4　关闭控制链接

使用的报文:StopCCN、ZLB。

13.3.4.5　L2TP 验证

远端系统通过 PPPoE 拨号链接到 LAC 设备;然后,LAC 和 LNS 之间建立控制链接和隧道,在隧道中建立相应的会话。

LNS 对远程系统再次 PPP 验证如下。

(1)代理验证:LAC 将它从远程系统板得到的所有的验证信息,以及 LAC 端本身设备配置的验证方式发送给 LNS。

(2)强制 CHAP 验证:LNS 直接对远程系统进行 CHAP 验证。

(3)LCP 重协商:由 LNS 与远程系统重新进行 LCP 协商,并采用虚拟模版接口上配置的验证方式进行验证。

13.4 IPSec VPN 技术

IPSec 是 IETF IPSec 工作组为了在 IP 层提供通信安全而制定的一套协议族。它包括安全协议部分和密钥协商部分。安全协议部分定义了对通信的各种保护方式,密钥协商部分定义了如何为安全协议协商保护参数,以及如何对通信实体的身份进行鉴别。

IPSec 安全协议给出了两种通信保护机制:认证和加密。认证机制使 IP 通信的数据接收方能够确认数据发送方的真实身份,以及数据在传输过程中是否被篡改。加密机制通过对数据进行编码保证数据的机密性,以防数据在传输过程中被窃听。IPSec 协议组包含 AH(authentication header)协议、ESP(encapsulating security payload)协议和 IKE(internet key exchange)协议。其中,AH 协议定义了认证的应用方法,提供数据源认证和完整性保证;ESP 协议定义了加密和可选认证的应用方法,提供可靠性保证。在实际进行 IP 通信时,可以根据实际安全需求同时使用这两种协议或选择使用其中的一种。AH 和 ESP 都可以提供认证服务,不过,AH 提供的认证服务要强于 ESP。IKE(internet key exchange)协议是实现安全协议的自动安全参数协商。IKE 协商的安全参数包括加密及鉴别算法、加密及鉴别密钥、通信的保护模式(传输或隧道模式)、密钥的生存期等。IKE 将这些安全参数构成的安全参数背景称为安全关联(security association)。IKE 负责这些安全参数的刷新。下面分别简要介绍 IPSec 协议组的几个协议。

13.4.1 AH(authentication header)协议

AH 协议为 IP 通信提供数据源认证、数据完整性和反重播保证,它能保护通信免受篡改,但不能防止窃听,适合用于传输非机密数据。AH 的工作原理是在每一个数据包上添加一个身份验证报头。此报头包含一个带密钥的 hash 散列(可以将其当作数字签名,只是它不使用证书),此 hash 散列在整个数据包中计算,因此对数据的任何更改将致使散列无效,这样就提供了完整性保护。

AH 报头位置在 IP 报头和传输层协议报头之间,见图 13-8。AH 由 IP 协议号"51"标识,该值包含在 AH 报头之前的协议报头中,如 IP 报头。AH 可以单独使用,也可以与 ESP 协议结合使用,如图 13-8 所示。

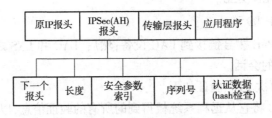

图 13-8 AH 报头

AH 报头字段如下。

（1）Next Header（下一个报头）：识别下一个使用 IP 协议号的报头，例如，Next Header 值等于"6"，表示紧接其后的是 TCP 报头。

（2）Length（长度）：AH 报头长度。

（3）Security Parameters Index（SPI，安全参数索引）：这是一个为数据报识别安全关联的 32 位伪随机值。SPI 值 0 被保留以表明"没有安全关联存在"。

（4）Sequence Number（序列号）：从 1 开始的 32 位单增序列号，不允许重复，唯一地标识了每一个发送数据包，为安全关联提供反重播保护。接收端校验序列号为该字段值的数据包是否已经被接收过，若是，则拒收该数据包。

（5）Authentication Data（AD，认证数据）：包含完整性检查和。接收端接收数据包后，首先执行 hash 计算，再与发送端所计算的该字段值比较，若两者相等，表示数据完整，若在传输过程中数据遭修改，两个计算结果不一致，则丢弃该数据包。

数据包完整性检查：如图 13-9 所示，AH 报头插在 IP 报头之后，TCP/UDP 或者 ICMP 等上层协议报头之前。一般 AH 为整个数据包提供完整性检查，但如果 IP 报头中包含"生存期（time to live）"或"服务类型（type of service）"等值可变字段，则在进行完整性检查时清除这些值的可变字段。

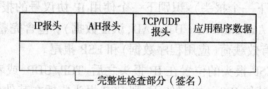

图 13-9　AH 为整个数据包提供完整性检查

13.4.2　ESP（encapsulating security payload）协议结构

ESP 为 IP 数据包提供完整性检查、认证和加密，ESP 提供机密性并可防止篡改，因此可以看作是"超级 AH"。ESP 服务依据建立的安全关联（SA）是可选的。然而，也有以下一些限制。

第一，完整性检查和认证一起进行。

第二，仅当同完整性检查和认证一起时，"重播（replay）"保护才是可选的。

第三，"重播"保护只能由接收方选择。

ESP 的加密服务是可选的，但如果启用加密，也就同时选择了完整性检查和认证。因为如果仅使用加密，入侵者就可能伪造包以发动密码分析攻击。

ESP 可以单独使用，也可以和 AH 结合使用。一般 ESP 不对整个数据包加密，而是只加密 IP 包的有效载荷部分，不包括 IP 头。但在端对端的隧道通信中，ESP 需要对整个数据包加密。

如图 13-10 所示，ESP 报头插在 IP 报头之后、TCP 或 UDP 等传输层协议报头之前。ESP 由 IP 协议号"50"标识。

ESP 报头字段如下。

图 13-10　ESP 报头、报尾和认证报尾

第一, Security Parameters Index(SPI, 安全参数索引)：为数据包识别安全关联。

第二, Sequence Number(序列号)：从 1 开始的 32 位单增序列号, 不允许重复, 唯一地标识了每一个发送数据包, 为安全关联提供反重播保护。接收端校验序列号为该字段值的数据包是否已经被接收过, 若是, 则拒收该数据包。

ESP 报尾字段如下：

第一, Padding(扩展位)：0~255 个字节。DH 算法要求数据长度(以位为单位)模 512 为 448, 若应用数据长度不足, 则用扩展位填充。

第二, Padding Length(扩展位长度)：接收端根据该字段长度清除数据中扩展位。

第三, Next Header(下一个报头)：识别下一个使用 IP 协议号的报头, 如 TCP 或 UDP。

ESP 认证报尾字段 Authentication Data(AD, 认证数据)：包含完整性检查和。完整性检查部分包括 ESP 报头、有效载荷(应用程序数据)和 ESP 报尾。

如图 13-11 所示, ESP 报头的位置在 IP 报头之后、TCP/UDP, 或者 ICMP 等传输层协议报头之前。如果已经有其他 IPSec 协议使用, 则 ESP 报头应插在其他任何 IPSec 协议报头之前。ESP 认证报尾的完整性检查部分包括 ESP 报头、传输层协议报头、应用数据和 ESP 报尾, 但不包括 IP 报头, 因此 ESP 不能保证 IP 报头不被篡改。ESP 加密部分包括上层传输协议信息、数据和 ESP 报尾。

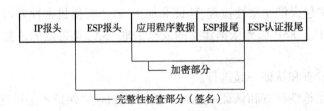

图 13-11　ESP 的加密部分和完整性检查部分

13.4.3　ESP 隧道模式和 AH 隧道模式

以上部分介绍的是传输模式下的 AH 协议和 ESP 协议, ESP 隧道模式和 AH 隧道模式同传输模式略有不同。

在隧道模式下, 整个原数据包被当作有效载荷封装了起来, 外面附上新的 IP 报头。其中"内部"IP 报头(原 IP 报头)指定最终的信源和信宿地址, 而"外部"IP 报头(新 IP 报头)中包含的常常是做中间处理的安全网关地址。

与传输模式不同,在隧道模式下,原 IP 地址被当作有效载荷的一部分受到 IPSec 的安全保护。另外,通过对数据加密,还可以将数据包目的地址隐藏起来,这样更有助于保护端对端隧道通信中数据的安全性。

ESP 隧道模式中签名部分(完整性检查和认证部分)和加密部分如图 13-12 所示。ESP 的签名不包括新 IP 头。

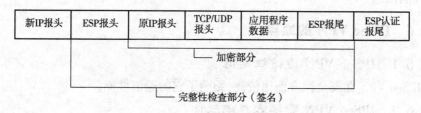

图 13-12　ESP 隧道模式

AH 隧道模式为整个数据包提供完整性检查和认证,认证功能优于 ESP。但在隧道技术中,AH 协议很少单独实现,通常与 ESP 协议组合使用。图 13-13 标示出了 AH 隧道模式中的签名部分。

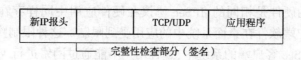

图 13-13　AH 隧道模式

13.4.4　IKE(internet key exchange)协议

IKE 通过两阶段的协商完成 SA 的建立。第一阶段,由 IKE 交换的发起方发起的一个主模式交换(main mode),交换的结果是建立一个名为 ISAKMP SA 的安全关联。这个安全关联的作用是保护为安全协议协商 SA 的后续通信。主模式将 SA 的建立和对端身份的鉴别以及密钥协商结合起来,这种连接的好处是它能抵抗中间人攻击。为了给 ISAKMP SA 提供更快捷的方式,IKE 还提供了另一种模式:积极模式。这种模式使得协商更为快捷,但抵抗攻击的能力较差,也不能提供身份保护。第二阶段可由通信的任何一方发起一个快捷模式的消息交换序列,完成用于保护通信数据的 IPSec SA 的协商。

13.4.5　IPSec VPN 的优点

(1)IPSec 是与应用无关的技术,因此 IPSec VPN 的客户端支持所有 IP 层协议。IPSec 在传输层之下,对于应用程序来说是透明的。当在路由器或防火墙上安装 IPSec 时,无须更改用户或服务器系统中的软件设置。即使在终端系统中执行 IPSec,应用程序一类的上层软件也不会被影响。

(2)IPSec 技术中,客户端至站点(client-to-site)、站点对站点(site-to-site)、客户端至客户端(client-to-client)连接所使用的技术是完全相同的。

（3）IPSec VPN 安全性能高。因为 IPSec 安全协议是工作在网络层的,不仅所有网络通道都是加密的,而且在用户访问所有企业资源时,就像采用专线方式与企业网络直接物理连接一样。IPSec 不仅使正在通信的那一很小的部分通道加密,而是对所有通道进行加密。另外,IPSec VPN 还要求在远程接入客户端,适当安装和配置 IPSec 客户端软件和接入设备,这大大提高了安全级别,原因是访问受到特定的接入设备、软件客户端、用户认证机制和预定义安全规则的限制。

13.4.6　IPSec VPN 的缺点

13.4.6.1　IPSec VPN 通信性能低
由于 IPSec VPN 在安全性方面比较高,影响了它的通信性能。

13.4.6.2　IPSec VPN 需要客户端软件
在 IPSec VPN 中需要为每一客户端安装特殊用途的客户端软件,用这些软件替换或者增加客户系统的 TCP/IP 堆栈。在许多系统中,这就可能带来了与其他系统软件之间兼容性问题的风险。解决 IPSec 协议的这一兼容性风险问题目前还缺乏一致的标准,几乎所有的 IPSec 客户端软件都是专有的,不能与其他软件兼容。

在另一些情形中,IPSec 安全协议运行在网络硬件应用中,在这种解决方案中大多数要求通信双方所采用的硬件是相同的,IPSec 协议在硬件应用中同样存在着兼容性方面的问题。并且,IPSec 客户端软件在桌面系统中的应用受到限制。这种限制降低了用户使用的灵活性,在没有安装 IPSec 客户端的系统中,远程用户不能通过网络进行 VPN 连接。

13.4.6.3　安装和维护困难
采用 IPSec VPN,必须为每一个需要接入的用户安装 VPN 客户端,因此,支持费用很高。有些终端用户是移动的,这不像 IPSec VPN 最初设计主要用于连接远程办公地点。现在的用户希望能在不同的台式机和网络上自由移动。如果采用 IPSec VPN,就不得不为每一个台式机提供客户端。这些客户端因为环境和网络的不同而配置各异。那些要求从各个不同的地方访问公司内网的用户需要时常修改配置,这无形中提高了支持费用。

部署 IPSec VPN 后,如果用户没有预先在其计算机上安装客户端,则不能访问他需要的资源。这就意味着,当办公地点经常变动的员工想从家里的计算机、机场提供的电脑或者任何其他非其本人的计算机上访问公司的资源时,他或者无法成功,或者需要打电话向公司寻求帮助。

13.4.6.4　全面支持的系统比较少
虽然已有许多开发的操作系统提出对 IPSec 协议的支持,但是在实际应用时,IPSec 安全协议客户的计算机通常只运行于 Windows 系统,很少有能运行在其他 PC 系统平台的,如 Mac、Linux、Solaris 等。

13.4.6.5　不易解决网络地址转换（NAT）和穿越防火墙的问题
IPSec VPN 产品并不能很好地解决包括网络地址转换、防火墙穿越和宽带接入在内的复杂的远程访问问题。例如,如果一个用户已经安装了 IPSec 客户端,但他仍然不能在其他公司的网络内接入互联网,IPSec 会被该公司的防火墙阻止,除非该用户和这个公司的网络管理员协商,在防火墙上打开另一个端口,才可以接入互联网。

同样的困难也出现在无线接入点。由于许多的无线接入点使用 NAT,非专业的 IPSec 使用者如果不寻求公司技术人员的支持,不更改一些配置,常常不能建立连接。

配置 IKE 见表 13-1。

表 13-1　配置 IKE

命　令	命令描述
ike local-nameikename	配置 IKE 名称
ike proposalproposal-name	配置一个 IKE 安全协议
IKE peerpeer-name	创建 IKE 对等体,名称可以随意取,只对应下面的 IPSec 和 policy 即可
pre-shared-keykey	配置身份验证字
Remote-addressaddress	指定对端网关的 IP 地址
IPSec policy［IPSec 策略的名称］［IPSec 策略的序列号］isakmp	创建自动协商模式的 IPSec 安全策略,isakmp 为使用 IKE 建立 IPSec 安全联盟

13.5　实验实训 1——IPSec 隧道配置实训

13.5.1　拓扑结构

本书中将通过 IPSec 协议建立路由器 VPN 隧道链接,其拓扑结构如图 13-14 所示。

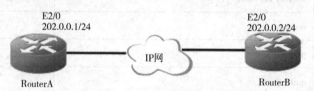

图 13-14　VPN 应用实例拓扑结构

13.5.2　实例要求

RouterA 公网 IP 地址:202.0.0.1/24,使用 E2/0 完成公网连接,建立 VPN 后使用 192.168.1.0/24 网段提供私有网段服务。

RouterB 公网 IP 地址:202.0.0.2/24,使用 E2/0 完成公网连接,建立 VPN 后使用 192.168.2.0/24 网段提供私有网段服务。

13.5.3　配置过程

路由器 A 的配置命令见表 13-2。

表 13-2 路由器 A 的配置命令

表 13-2 路由器 A 的配置命令

当前路由器提示视图	依次输入的配置命令	命令说明
Ruijie(config)#	ike peer a	配置 IKE 对等体
Ruijie(config-if)#	pre-shared-key ruijie	配置身份验证字
Ruijie(config-if)#	remote-address 202. 0. 0. 2	指定对端网关的 IP 地址
Ruijie(config-if)#	quit	
Ruijie(config)#	acl number 3009	定义被保护的数据流
Ruijie(config-if)#	rule 0 permit ip source 192. 168. 1. 0 0. 0. 0. 255 destination 192. 168. 2. 0 0. 0. 0. 255	
Ruijie(config-if)#	rule 1 deny ip	
Ruijie(config-if)#	quit	
Ruijie(config)#	ip route-static 0. 0. 0. 0 0. 0. 0. 0 202. 0. 0. 2 preference 60	配置默认路由
Ruijie(config)#	ike proposal 1	配置一个 IKE 安全协议
Ruijie(config-if)#	quit	
Ruijie(config)#	IPSec proposal a	配置 IPSec 提议
Ruijie(config-if)#	quit	
Ruijie(config)#	IPSec policy a 1 isakmp	配置协商模式的 IPSec 安全策略
Ruijie(config-if)#	security acl 3009	
Ruijie(config-if)#	ike-peer a	
Ruijie(config-if)#	proposal a	
Ruijie(config-if)#	quit	
Ruijie(config)#	interface Ethernet0/0	配置 E0/0 IP 地址
Ruijie(config-if)#	ip address 192. 168. 1. 1 255. 255. 255. 0	
Ruijie(config-if)#	quit	
Ruijie(config)#	interface Ethernet2/0	配置接口并应用安全策略组
Ruijie(config-if)#	ip address 202. 0. 0. 1 255. 255. 255. 0	
Ruijie(config-if)#	IPSec policy a	

路由器 B 的配置命令见表 13-3。

表 13-3　路由器 B 的配置命令

当前路由器提示视图	依次输入的配置命令	命令说明
Ruijie(config)#	ike peerb	配置 IKE 对等体
Ruijie(config-if)#	pre-shared-key ruijie	配置身份验证字
Ruijie(config-if)#	remote-address 202.0.0.1	指定对端网关的 IP 地址
Ruijie(config-if)#	quit	
Ruijie(config)#	acl number 3009	定义被保护的数据流
Ruijie(config-if)#	rule 0 permit ip source 192.168.2.0 0.0.0.255 destination 192.168.1.0 0.0.0.255	
Ruijie(config-if)#	rule 1 deny ip	
Ruijie(config-if)#	quit	
Ruijie(config)#	ip route-static 0.0.0.0 0.0.0.0 202.0.0.1 preference 60	配置默认路由
Ruijie(config)#	ike proposal 1	配置一个 IKE 安全协议
Ruijie(config-if)#	quit	
Ruijie(config)#	IPSec proposalb	配置 IPSec 提议
Ruijie(config-if)#	quit	
Ruijie(config)#	IPSec policyb 1 isakmp	配置协商模式的 IPSec 安全策略
Ruijie(config-if)#	security acl 3009	
Ruijie(config-if)#	ike-peerb	
Ruijie(config-if)#	proposalb	
Ruijie(config-if)#	quit	
Ruijie(config)#	interface Ethernet0/0	配置 E0/0 IP 地址
Ruijie(config-if)#	ip address 192.168.2.1 255.255.255.0	
Ruijie(config-if)#	quit	
Ruijie(config)#	interface Ethernet2/0	配置接口并应用安全策略组
Ruijie(config-if)#	ip address 202.0.0.2 255.255.255.0	
Ruijie(config-if)#	IPSec policyb	

　　需要注意的是,当路由器既需要配置 IPSec,又需要使用 NAT 时,一定要在 NAT 的 ACL 中 deny 掉 IPSec 保护的流。否则需要 IPSec 保护的流首先会被 NAT 的 ACL 匹配,进行 NAT,将无法触发 IPSec 的建立。

13.6　实验实训2——GRE隧道配置实训

13.6.1　GRE over IPSec应用背景

IPSec-VPN不支持IPv4单播流量以外的流量,如组播等流量,这将意味着视频流量、IGP路由动态协议的流量无法穿越IPSec-VPN传递,然而GRE-VPN支持IP组播等流量,但是不能提供数据的安全保障机制。在这种既要支持IP组播流量,又要保证流量数据安全的需求下,产生了greover IPSec的VPN,即将组播流量封装进GRE中,再将GRE流量以单播形式封装进IPSec中进行传输,满足组播等流量穿越IPSec的需求。拓扑结构如图13-15所示。

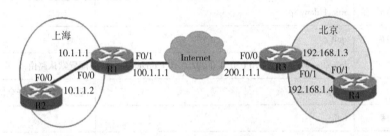

图13-15　实验拓扑结构

在如图13-15所示的网络环境中,当上海和北京两个公司都拥有复杂结构的网络时,两端的网段希望可以依靠某些动态路由协议实现动态分发与传递,但即使在两端通过穿越Internet建立IPSec LAN-to-LAN VPN之后,两个网络之间却还是不能启用动态路由协议交换路由信息,而只能通过ACL匹配感兴趣流量指定去向对端的每一个网段;虽然IPSec LAN-to-LAN VPN能够在网段的两端穿越Internet建立隧道,但IPSec建立的隧道却不能用于传递动态路由协议信息,原因有如下两个。

第一,IPSec建立的隧道是逻辑隧道,并不是真正的隧道,没有点对点连接的功能。换句话说,即IPSec隧道两端的地址是原本的公网地址,这两个地址不可能在同一网段,而对于两端不同网段IP地址的路由器之间,不太可能建立动态路由协议邻居关系,如建立OSPF邻居或EIGRP邻居是办不到的。

第二,IPSec建立的隧道在设计时就只支持IP单播,并且也不支持组播,所以IGP动态路由协议的流量不可能穿越IPSec隧道,并且也不支持非IP协议的流量。

基于上述原因,在使用IPSec建立VPN的两地网络之间,使用动态路由协议分发和传递路由信息变得难以实现,但是,这并不表示绝对不能实现。前述中已经详细介绍过IPSec分为两种工作模式:Tunnel mode和Transport mode,当工作在Tunnel mode时,表示IPSec不仅可以实现数据保护功能,同时还能实现隧道功能,从而实现完整的VPN功能,这就是IPSec在自己独立工作而不依靠其他任何技术时能够实现的两个功能,但正是因为IPSec自己的隧道功能的局限性才使得其不能运行动态路由协议;除上述之外,还可以只使用IPSec的数据保护功能,继而引入其他隧道技术而不使用 IPSec 自身的隧道功能,这样就有办法避免 IPSec 自己隧道功能的局限性,从而利用其他隧道技术的能力在 VPN 之间实现动态路由协议的目的,如果只需要使用 IPSec 的数据保护功能而不使用其自身的隧道功能,就会要求 IPSec 工作在 Transport mode。

如果最后选择工作在 Tunnel mode,那么数据包就会再额外增加 20 字节。其实,在 P2P GRE over IPSec 下,IPSec 的两个模式都是可以的,网络都可以正常通信,但 Transport mode 有时会有一些技术局限性,所以在 p2p GRE over IPSec 时,还是都保持使用 Tunnel mode。

将 IPSec 配置在 Transport mode 时,就丢失了隧道功能,也就不能完成 VPN 功能,所以 Transport mode 下的 IPSec 需要引入其他隧道协议配合完成隧道功能,这时就完全可以寻找一个能够传递 IP 组播与动态路由信息的隧道协议,可选的隧道协议有 GRE 或 VTI。很明显,人们青睐于 GRE 隧道协议,因为它完全能够满足要求,不仅能够在配合 IPSec 使用时既可以保护数据,还可以提供 IP 组播与动态路由协议的传递功能,这样的使用称为 p2p GRE over IPSec。使用了 GRE 隧道协议之后,之前的网络就可以演变为如图 13-16 所示的情况。

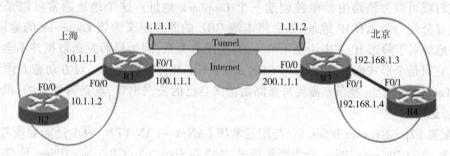

图 13-16　实验拓扑结构

图 13-16 中使用 GRE 之后的效果是人们应该熟悉和了解的,GRE 在穿越 Internet 后建立了可用于传递 IP 组播与动态路由协议的隧道,并且 GRE 隧道两端的 IP 地址还是同网段的,所以这就保证了 IGP 动态路由协议更加稳定地运行。

在此还需要说明的是,网络中点到点(point-to-point)的链路通常只能有两台端点,只能有两个设备互联,包括在路由协议中,任何一方只能看到一个邻居,点到点链路上的设备只能和其他一台设备通信,不能和两台以上的设备通信。在前面介绍的 GRE 隧道中,GRE 两端的设备要建立隧道,必须有一个事先被对方知道的并且在前端网络(通常是 Internet)上是可路由的固定 IP 地址,双方需要通过对方的可路由 IP 地址找到对方,从而建立 GRE 隧道。在 IP 地址不确定的双方建立 GRE 隧道会有一定难度,但这并不是一个绝对不能解决的问题,针对具体情况,可有如下解决办法。

如果是单独建立 p2p GRE 隧道,当双方的 IP 地址无法确定时(如通过 DHCP 获得),这是不可能的。

如果建立的 p2p GRE 隧道运行在 IPSec 之上,也就是 p2p GRE over IPSec,那么可以允许 IP 地址是动态的,但条件是必须有一方是固定的静态 IP,不能双方同时都为无法确定的动态 IP。

当双方都为固定的静态 IP 时,建立的 p2p GRE over IPSec 称为 Static p2p GRE over

IPSec；而如果一方为静态 IP、一方为动态 IP，这样的 p2p GRE over IPSec 称为 Dynamic p2p GRE over IPSec。

在 Dynamic p2p GRE over IPSec 的环境中，既然一方是静态 IP，而另一方是动态 IP，那么又怎么能够建立 GRE 隧道呢？动态 IP 方可以轻松找到静态 IP 方从而将数据发到对方，那么静态 IP 方又如何找到动态 IP 方呢？这个答案很简单。既然动态 IP 方能够找到静态 IP 方，那么静态 IP 方就当然知道动态 IP 方在哪里，这个前提就是先让动态 IP 方向静态 IP 方发送数据，静态 IP 方根据动态 IP 方发来的数据的源 IP 地址，就能立即发现对方的 IP 地址。所以，在 Dynamic p2p GRE over IPSec 的环境中，必须让动态 IP 方先向静态 IP 方发送数据，否则 GRE 隧道是不可能建立的，那么后面的 VPN 也就不可能连通了。通常的做法就是到动态 IP 方的设备上向静态 IP 方发送 ICMP 包或者其他数据包，发出的数据包首先会促发 ISAKMP 的协商数据包，当数据包发向静态 IP 方时，静态 IP 方就会根据动态 IP 方发来的 ISAKMP 的协商数据包的源 IP 地址获知对方真正的 IP 地址。

因为动态 IP 方没有固定的 IP 地址，所以在建立 p2p GRE 隧道时难以确定自己的源点地址，这时就可以为该路由器单独创建一个 Loopback 地址。这个地址通常可以是任意地址，但最好分配一个私有 IP 地址，然后将本端 GRE 的源点定义为该 Loopback 的地址，其实这个 IP 地址对于静态 IP 方来说是不可达的，但没有关系，因为最后发送数据并不会使用这个地址，它只是个形式而已，最终 p2p GRE over IPSec 照样能够成功。对方动态方作为 GRE 源点的 Loopback 地址，静态方需要写条路由指向自己的公网出口，这是需要做的，虽然从公网是不可达的。

在配置 p2p GRE over IPSec 时，与配置常规 LAN-to-LAN VPN 一样，还需要配置 Crypto map，因为 p2p GRE over IPSec 分为两种情况，所以在 Static p2p GRE over IPSec 下，需要配置 static map，而在 Dynamic p2p GRE over IPSec 下，则需要在静态 IP 方配置 dynamic map，在动态 IP 方还是配置 static map；对于 p2p GRE over IPSec 下的 Crypto map 应用方法，根据 IOS 的不同，应用方法有所不同，在 IOS Release 12.2(13)T 之前的版本，Crypto map 必须同时应用于物理接口和 GRE 隧道接口下，在 IOS Release 12.2(13)T 以及之后的版本，Crypto map 只在物理接口下应用即可，不需要在 GRE 隧道接口下应用了。

实施上述各项配置，需要注意以下方面的问题。

第一，p2p GRE over IPSec 能够支持 IP 单播、IP 组播以及非 IP 协议的传递功能。

第二，即使是 p2p GRE over IPSec 模式，IPSec 部分仍然是 LAN-to-LAN VPN，所以可以选择使用普通 LAN-to-LAN VPN 或 Dynamic LAN-to-LAN VPN(DyVPN)，这取决于分支场点的 IP 地址是固定的还是不可预知的，从而选择是配置 Static p2p GRE over IPSec 还是 Dynamic p2p GRE over IPSec。

第三，在 Dynamic p2p GRE over IPSec 环境中，必须先从动态 IP 方向静态 IP 方发送数据，否则 GRE 隧道无法建立，VPN 无法完成。

第四，因为 GRE Tunnel 只支持路由器，不支持集中器、PIX 以及 ASA，所以也就谈不上在 PIX 和 ASA 上配置 p2p GRE over IPSec 了。

第五，在 IOS Release 12.2(13)T 以及之后的版本，Crypto map 只在物理接口下应用即可，不需要在 GRE 隧道接口下应用了。

第六,p2p GRE over IPSec 的 IPSec 部分和 LAN-to-LAN VPN 一样,但唯一的区别就是定义的感兴趣流量是双方用来建立 GRE 隧道的公网 IP 地址,并且协议为 GRE,而不是内网网段,因为内网网段是依靠路由协议传递的。

第七,通过 p2p GRE over IPSec 通信的内网流量不会受物理接口的 NAT 影响,但会受 GRE 接口 NAT 的影响。

第八,一方静态 IP 和一方动态 IP 之间建立 p2p GRE 接口时,如果不配置 p2p GRE over IPSec,那么 p2p GRE 接口是不能工作的,是毫无用处的。

13.6.2　GRE over IPSec 的配置实例

sessuib GRE over IPSec 配置的拓扑图如图 13-17 所示。

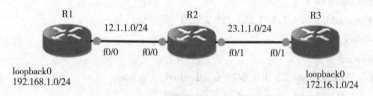

图 13-17　sessuib GRE over IPSec 配置拓扑图

图 13-17 中,R1 与 R3 分别模拟总部和分公司,R2 模拟 Internet。目前 R1 使用 loopback0 模拟内网 192.168.1.0/24,R3 使用 loopback0 模拟内网 172.16.1.0/24,公司使用 EIGRP 做路由协议。要求 R1 与 R3 通过 EIGRP 学习到对端的内部网络,且要求支持组播流量和数据通信加密。

该拓扑中涉及 IGP 路由协议 EIGRP 的学习,所以需要 R1 与 R3 之间的 VPN 能够传输组播流量,并且要求数据通信过程加密,所以在数据加密上采用 IPSec,在传输组播 IGP 流量时选择 GRE 隧道承载 IGP 的组播流。为了使 IPSec-VPN 能够传输组播流量,需要将流量封装进 GRE 中,再将整个 GRE 封装进仅支持单播的 IPSec 进行加密传输。

具体配置步骤如下。

13.6.2.1　配置基础网络

R1(config)#interface f0/0
R1(config-if)#ip address 12.1.1.1 255.255.255.0
R1(config-if)#no shutdown
R1(config-if)#exit
R1(config)#interface loopback 0
R1(config-if)#ip address 192.168.1.1 255.255.255.0
R1(config-if)#no shutdown
R1(config-if)#exit
R1(config)#ip route 0.0.0.0 0.0.0.0 f0/0　　　　　　在 R1 上指默认路由去往 Internet

在 R1 上配置 EIGRP,宣告内网(与 R2 连接是 Internet,应该使用默认路由,而不会在

IGP 中宣告)。

```
R1(config)#do show run | s eigrp
router eigrp 1
network 192.168.1.0
no auto-summary

R2(config)#interface f0/0
R2(config-if)#ip address 12.1.1.2 255.255.255.0
R2(config-if)#no shutdown
R2(config-if)#exit
R2(config)#interface f0/1
R2(config-if)#ip address 23.1.1.2 255.255.255.0
R2(config-if)#no shutdown
R2(config-if)#exit
R2(config)#do show ip route 23.0.0.0/24 is subnetted, 1 subnets
C       23.1.1.0 is directly connected, FastEthernet0/1
        12.0.0.0/24 is subnetted, 1 subnets
C       12.1.1.0 is directly connected, FastEthernet0/0
```

　　R2 作为 Internet 路由器,只负责连接 R1 与 R3 的出口公网 IP 地址即可,所以不需要任何路由。

```
R3(config)#interface f0/1
R3(config-if)#ip address 23.1.1.3 255.255.255.0
R3(config-if)#no shutdown
R3(config-if)#exit
R3(config)#interface loopback 0
R3(config-if)#ip address 172.16.1.1 255.255.255.0
R3(config-if)#no shutdown
R3(config-if)#exit
R3(config)#ip route 0.0.0.0 0.0.0.0 f0/1      在 R3 上指默认路由去往 Internet
```
　　在 R3 上配置 EIGRP,宣告内网(与 R2 连接是 Internet,应该使用默认路由,而不会在 IGP 中宣告)。

```
R3#show run | s eigrp
router eigrp 1
network 172.16.1.0 0.0.0.255
no auto-summary
R3#
```

测试基础网络连通性,用 R1 出口公网 IP 与 R3 出口公网 IP 进行连通性测试。

```
R1#ping 23.1.1.3
Type escape sequence to abort.
Sending 5, 100-byte ICMP Echos to 23.1.1.3, timeout is 2 seconds:
Success rate is 100 percent(5/5), round-trip min/avg/max = 20/20/20 ms
R1#
```

可以 ping 通,说明 Internet 的路由可达。

13.6.2.2　配置 GRE over IPSec VPN

(1)在 R1 与 R3 之间配置 GRE VPN 隧道。

R1 上:

```
interface Tunnel1
ip address 1.1.1.1 255.255.255.0
tunnel source 12.1.1.1
tunnel destination 23.1.1.3
```

R3 上:

```
R3#show run interface tunnel 1
interface Tunnel1
ip address 1.1.1.3 255.255.255.0
tunnel source 23.1.1.3
tunnel destination 12.1.1.1
end
```

R1 与 R3 两端 Tunel 配置完后,需测试 Tunel 接口的连通性。

```
R1#ping 1.1.1.3 source 1.1.1.1
Type escape sequence to abort.
Sending 5, 100-byte ICMP Echos to 1.1.1.3, timeout is 2 seconds:
Packet sent with a source address of 1.1.1.1
Success rate is 100 percent(5/5), round-trip min/avg/max = 16/25/60 ms
R1#
```

测试表明 GRE 的 Tunel 隧道已经建立,下面配置 IPSec(因为要让数据走 IPSec,所以这里不需要静态路由引导感兴趣流量走 GRE 隧道,而是在后面 IPSec 中使用 ACL 匹配感兴趣流量走 IPSec)。

(2)在 R1 与 R3 之间配置 IPSec。

R1 上的 IPSec 配置如下。

```
R1#show run | s crypto
```

```
crypto isakmp policy 1                          创建第一阶段 IKE 协商的 SA
    encr 3des
    hash md5
    authentication pre-share                    规定使用 PSK 预共享密钥认证
    group 2                                     密钥使用 group2 长度的 bit 加密
crypto isakmp key 12345 address 23. 1. 1. 3     使用 PSK 预共享密钥验证对等体合法性
crypto IPSec transform-set r1-r3 esp-3des       配置第二阶段 IPSec 协商的 SA
    R1#show access-lists 100
Extended IP access list 100
    10 permit ip host 12. 1. 1. 1 host 23. 1. 1. 3(10915 matches)
```

R1#定义要走 IPSec 的流量,定义的感兴趣流量是双方用来建立 GRE 隧道的公网 IP 地址,并且协议为 GRE(这里用 IP 代替),而不是内网网段,因为内网网段是依靠路由协议传递的。

```
crypto map r1-r3 1 IPSec-isakmp
```

创建 crypto map 关联 IKE SA、IPSec SA、对等体及 PSK 认证等。

```
set peer 23. 1. 1. 3
    set transform-set r1-r3
    match address 100
    crypto map r1-r3
R1#
```

```
R1#show run interface f0/0
Building configuration. . .
Current configuration:111 bytes
interface FastEthernet0/0
    ip address 12. 1. 1. 1 255. 255. 255. 0
    duplex auto
    speed auto
    crypto map r1-r3                   最后将 crypto map 应用到接口上
end
R1#
```

R3 上的 IPSec 配置如下。

```
R3#show run | s crypto
crypto isakmp policy 1
    encr 3des
    hash md5
```

```
    authentication pre-share
    group 2
crypto isakmp key 12345 address 12. 1. 1. 1
crypto IPSec transform-set r3-r1 esp-3des
    R3#show access-lists 100
Extended IP access list 100
    10 permit ip host 23. 1. 1. 3 host 12. 1. 1. 1(10941 matches)
R3#
crypto map r3-r1 1 IPSec-isakmp
    set peer 12. 1. 1. 1
    set transform-set r3-r1
    match address 100
    crypto map r3-r1
R3#
    R3#show run interface f0/1
Building configuration. . .
Current configuration:111 bytes
!
interface FastEthernet0/1
    ip address 23. 1. 1. 3 255. 255. 255. 0
    duplex auto
    speed auto
    crypto map r3-r1
end
```

R3 上的配置与 R1 完全相同,配置完成后检查 IPSec 状态:

```
R1#show crypto isakmp peers
Peer:23. 1. 1. 3 Port:500 Local:12. 1. 1. 1
    Phase1 id:23. 1. 1. 3
R1#R1#show crypto isakmp sa
dst                src              state            conn-id slot status
23. 1. 1. 3     12. 1. 1. 1      QM_IDLE              1      0 ACTIVE
R1#show crypto IPSec sa
interface:FastEthernet0/0
    Crypto map tag:r1-r3, local addr 12. 1. 1. 1
    protected vrf:(none)
    local   ident(addr/mask/prot/port):(12. 1. 1. 1/255. 255. 255. 255/0/0)
    remote ident(addr/mask/prot/port):(23. 1. 1. 3/255. 255. 255. 255/0/0)
    current_peer 23. 1. 1. 3 port 500
        PERMIT, flags={origin_is_acl,}
    #pkts encaps:5245, #pkts encrypt:5245, #pkts digest:5245
```

#pkts decaps：5553，#pkts decrypt：5553，#pkts verify：5553

#pkts compressed：0，#pkts decompressed：0

#pkts not compressed：0，#pkts compr. failed：0

#pkts not decompressed：0，#pkts decompress failed：0

#send errors 16，#recv errors 0

  local crypto endpt.：12. 1. 1. 1，remote crypto endpt.：23. 1. 1. 3

  path mtu 1500，ip mtu 1500，ip mtu idb FastEthernet0/0

  current outbound spi：0xA1A490E9（2711916777）

  inbound esp sas：

    spi：0xD800176E（3623884654）

      transform：esp－3des，

      in use settings ＝｛Tunnel，｝

      conn id：2004，flow_id：SW：4，crypto map：r1－r3

      sa timing：remaining key lifetime（k/sec）：（4469032/1561）

      IV size：8 bytes

      replay detection support：N

      Status：ACTIVE

  inbound ah sas：

  inbound pcp sas：

  outbound esp sas：

    spi：0xA1A490E9（2711916777）

      transform：esp－3des，

      in use settings ＝｛Tunnel，｝

      conn id：2003，flow_id：SW：3，crypto map：r1－r3

      sa timing：remaining key lifetime（k/sec）：（4469086/1558）

      IV size：8 bytes

      replay detection support：N

      Status：ACTIVE

  outbound ah sas：

  outbound pcp sas：

R1#

看到 IPSec 已经正常建立，测试内网的连通性：

R1#ping 172. 16. 1. 1

  Type escape sequence to abort.

Sending 5，100－byte ICMP Echos to 172. 16. 1. 1，timeout is 2 seconds：

. . . . .

Success rate is 0 percent（0/5）

R1#

因为目前的 IPSec 只加密了双方建立 GRE 时用到的公网地址,而不包含双方内网地址,所以双方内网通信不成功,但这就是要使用动态协议的理由。

在 R1 上配置 EIGRP,AS 号为 1,并且将内网网段 192.168.1.0 和 GRE Tunel 接口 IP 宣告进入 EIGRP 进程,以便通过 GRE 隧道和北京公司建立起 EIGRP 邻居关系,从而交换双方内网网段信息。

```
R1#show run | s eigrp
router eigrp 1
    network 1.1.1.1 0.0.0.0
    network 192.168.1.0
    no auto-summary
R1#
    R3#show run | s eigrp
router eigrp 1
    network 1.1.1.0 0.0.0.255
    network 172.16.1.0 0.0.0.255
    no auto-summary
R3#
    R1#show run | s eigrp
router eigrp 1
    network 1.1.1.1 0.0.0.0
    network 192.168.1.0
    no auto-summary
R1#
```

完成 EIGRP 配置后,测试内网的连通性:

```
R1#ping 172.16.1.1
Type escape sequence to abort.
Sending 5, 100-byte ICMP Echos to 172.16.1.1, timeout is 2 seconds:
!!!!!
Success rate is 100 percent(5/5), round-trip min/avg/max = 16/24/44 ms
R1#traceroute 172.16.1.1
Type escape sequence to abort.
Tracing the route to 172.16.1.1
    1 1.1.1.3 28 msec 16 msec 20 msec
R1#
```

测试内网后,已经可以通信了,并且运用 tracert 跟踪发现流量从 R1 去往 R3 的内网时走的是 GRE over IPSec VPN 的隧道。

14 双机热备技术

14.1 双机热备技术概述

14.1.1 双机热备概述

双机热备,即对于重要的服务使用两台服务器,互相备份,共同执行同一项服务。当一台服务器出现故障时,可以由另一台服务器承担服务任务,从而在不需要人工干预的情况下,自动保证系统持续正常提供服务。

双机热备由备用的服务器解决了在主服务器故障时服务中断的问题,但在实际应用中可能会出现多台服务器的情况,即服务器群集。双机热备一般情况下需要有共享的存储设备。但某些情况下也可以使用两台独立的服务器。实现双机热备,需要通过专业的群集软件或双机软件

从狭义上讲,双机热备特指基于 active/standby 方式的服务器热备。在同一时间内只有一台服务器运行,当其中运行着的一台服务器出现故障无法启动时,另一台备份服务器会通过软件诊测(一般是通过心跳诊断)将 standby 机器激活,保证应用在短时间内完全恢复正常使用。

14.1.2 做双机热备的目的

双机热备针对的是服务器的故障。服务器的故障可能由各种原因引起,如设备故障、操作系统故障、软件系统故障等。一般地讲,有技术人员在现场的情况下,恢复服务器正常可能需要 10 分钟、几小时甚至几天。从实际经验上看,除非是简单地重启服务器(可能隐患仍然存在),否则往往需要数小时恢复服务器。而如果技术人员不在现场,则恢复服务器的时间就更长了。

对于一些重要的系统而言,用户是很难忍受长时间的服务中断的。因此就需要通过双机热备避免长时间的服务中断,从而保证系统长期、可靠的服务。决定是否使用双机热备,正确的方法是要分析系统的重要性以及对服务中断的容忍程度,以此决定是否使用双机热备,即用户能够容忍多长时间的恢复服务,如果服务不能恢复会造成多大的影响。

在考虑设置双机热备时需要注意,一般意义上的双机热备都会有一个切换过程,这个切换过程可能是一分钟左右。双机热备在切换过程中,服务是有可能短时间中断的,当切换完成后,服务将恢复正常。因此,双机热备不是无缝、不中断的,但它能够保证在系统出现故障时,很快恢复正常的服务,业务不受到较大影响。而如果没有双机热备,则一旦出现服务器故障,可能会出现几个小时的服务中断,对业务的影响就可能会很严重。

另外需要强调,服务器的故障与交换机、存储设备的故障不同,原因在于服务器是比交换机、存储设备复杂得多的设备,同时服务器故障既包括硬件,也包括操作系统、应用软件系

统等方面的故障。不仅硬件设备故障可能引起服务中断,而且软件方面的问题也可能导致服务器不能正常工作。

14.1.3 双机热备的分类

14.1.3.1 基于共享存储(磁盘阵列)方式

共享存储方式主要通过磁盘阵列提供切换后,保障数据的完整性和连续性。服务器与磁盘阵列通过 scsi 数据线连接,用户数据一般会放在磁盘阵列上,当主机宕机后,备用机继续从磁盘阵列上取得原有数据。

因为传统的单存储方式使用一台存储设备,发生的故障往往被业内人士称为磁盘单点故障。但一般来讲该方式存储的安全性较高,是业内采用最多的热备方式。

14.1.3.2 全冗余(双机双存储)方式

基于单台存储的传统双机热备方式,确实存在存储单点故障的情况。双机热备最早是为解决服务器计划性停机与非计划性宕机问题的,但是无法实现存储的计划性停机与非计划性宕机带来的服务器停机,而存储设备作为双机热备中唯一存储数据的设备,它一旦发生故障往往会造成双机热备系统全面崩溃。

随着科技的进步,云存储和云计算的发展,使得存储热备已经进入成熟及快速发展阶段,双机热备也随着技术的进步,逐渐演变为没有单点故障的全冗余双机热备。

双机双存储方式的特点如下。

(1)存储设备之间的数据复制不经过网络。

(2)两个存储设备之间的复制是完全实时的,不存在任何时间延时。

(3)主备存储之间的切换时间小于 500ms,以确保系统存储数据时不产生延时。

(4)硬盘盘符及分区不因为主备存储设备之间的切换而改变。

(5)服务器的切换,不影响存储设备之间的初始化、增量同步及数据复制。

(6)某一存储设备的计划性停机,不影响整个服务器双机热备系统的工作。

(7)存储设备之间使用重复数据删除技术,完成增量同步工作。

(8)双机存储方式是真正的 7×24 小时切换的全冗余方案。

14.1.4 典型的双机热备方案设计

图 14-1 是一个典型的双机热备案例。案例中的双机热备主要由两台惠普服务器、一个共享的磁盘阵列、两台高速光交换机组成。KVM 设备用于对服务器的管理。两台服务器分别作为主从服务器,通过 HP 光交换机与磁盘整列柜实现连接,这样就实现了数据的集中存储、统一管理。在操作系统、业务软件及数据库配置方面都是一样的,两台服务器通过一条心跳线连接,然后通过双机软件实现真正意义上的双机热备系统,如果主服务器因软件或是硬件上的问题导致不能正常提供服务时,从服务器就会自动识别,并且在几秒钟之内自动代替主服务器提供服务,从而保证系统应用的不间断性。

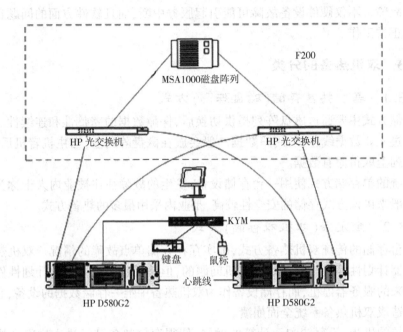

CISCO C2950

图 14-1 双机热备拓扑结构

14.2 Windows 2008 Server 操作系统实现双机热备

双机热备在 Windows 中的实现称为故障转移群集，Windows 服务器故障转移群集（windows server failover cluster,简称 WSFC）使用仲裁投票（quorum voting）决定群集的健康状况，或使故障自动转移，或使群集离线。当群集中的节点发生故障时，会由其他节点接手继续提供服务，但当节点之间通信出现问题，或大多数节点发生故障时，群集就会停止服务。群集可以容忍多少个节点发生故障呢？这要由仲裁配置（quorum configuration）决定。仲裁配置使用多数（majority）原则，只要群集中健康运行的节点数量达到仲裁规定的数量（多数节点投赞成票），群集就会继续提供服务，否则群集就会停止提供服务。在停止提供服务期间，正常节点持续监控故障节点是否恢复正常，一旦正常节点的数量恢复到仲裁规定的数量，群集就恢复正常，继续提供服务。

14.2.1 仲裁模式

仲裁模式是在 WSFC 群集级别配置的、规定仲裁投票的方法。在默认情况下，故障转移群集管理器会基于群集节点的数量，自动推荐一个仲裁模式。仲裁模式影响群集的可用性，在群集中，重组的群集节点必须在线，否则群集将由于仲裁不足而必须停止服务。

14.2.1.1 术语解释

仲裁(quorum):法定数量,预先规定具有投票权的节点或见证(witness)的数量。

仲裁投票(quorum voting):法定数量的节点和见证进行投票,如果多数投赞成票,那么判断群集处于健康状态。

投票节点(voting node):在群集中,拥有投票权的节点称为投票节点,如果投票节点投赞成票,代表该节点认为群集是健康的;但是,单个节点不能决定群集整体的健康状态。

投票见证(voting witness):除了投票节点能够进行投票之外,共享的 File 和 Disk 也能投票,称为投票见证。共享的 File 投票见证称为文件共享见证(file share witness);共享的 Disk 投票见证称为硬盘见证(disk witness)。

仲裁节点集合(quorum node set):拥有投票权的节点和见证统称仲裁节点集合;由仲裁节点集合的投票结果决定群集整体的健康状态。

14.2.1.2 仲裁模式介绍

仲裁模式多数原则是指所有投票节点进行投票,如果赞成票占比在 50% 以上,那么 WSFC 认为群集处于健康状态,执行故障转移,继续提供服务;否则,WSFC 认为群集出现严重故障,WSFC 使群集离线,停止提供服务。根据仲裁节点集合的组成类型,将仲裁模式分为以下四种类型。

(1)节点多数(node majority):在群集中,投票节点都是群集的节点服务器,如果一半以上的投票节点(voting node)投赞成票,那么 WSFC 判定群集是健康的。

(2)节点和文件共享多数(node and file share majority):与节点多数模式相似,除了将远程文件共享配置为一个投票见证(voting witness)之外,该共享文件称为仲裁文件,或见证文件。使用仲裁文件,远程文件拥有投票权,如果其他节点能够连接到该共享文件,那么应当为该文件投一张赞成票。如果投票节点和文件共享投的赞成票占一半以上,那么 WSFC 判定群集是健康的。作为一个最佳实践,文件共享见证(file share witness)不要存储在群集中的任何一个节点服务器上,并且要设置成任何一个节点服务器都有权限访问该共享文件。

(3)节点和硬盘多数(node and disk majority):和节点多数模式相似,除了将共享硬盘配置为一个投票见证(voting witness)之外,该共享硬盘称为仲裁硬盘,或见证硬盘。仲裁硬盘需要共享存储,群集中各个节点都需要挂载同一个共享硬盘。

(4)只硬盘(disk only):没有多数,仅仅把一个共享的硬盘作为唯一见证,群集中的任何一个节点都能够访问该共享硬盘。这意味着,一旦仲裁硬盘脱机,群集就会停止提供服务。

常见的仲裁模式是节点多数(node majority)、节点和文件共享多数(node and file share majority)。如果群集节点数量是奇数,那么使用节点多数仲裁模式;如果群集结节点数量是偶数,那么使用节点和文件共享多数仲裁模式。该模式需要配置一个共享文件夹,群集中的各个节点都有权限访问该共享文件夹,并且该共享文件夹不能创建在群集的节点上。

14.2.2 仲裁配置(quorum configuration)

打开故障转移管理器(failover cluster manager),右击群集节点,在上下文菜单中点击"More Actions",在扩展菜单中选择"Configure Cluster Quorum Settings",打开仲裁配置向导(wizard),为该群集配置仲裁。

仲裁配置共有以下三个选项。

(1)使用默认的仲裁配置:该选项将仲裁配置选项的选择权交由群集系统。

(2)仲裁见证:该选项将群集中添加仲裁见证,由群集决定其他仲裁管理选项。

(3)高级仲裁配置:由用户控制仲裁配置的所有选项。

14.3 实验实训——双机热备的配置实训

14.3.1 实训拓扑结构

双机热备实训拓扑结构如图 14-2 所示。

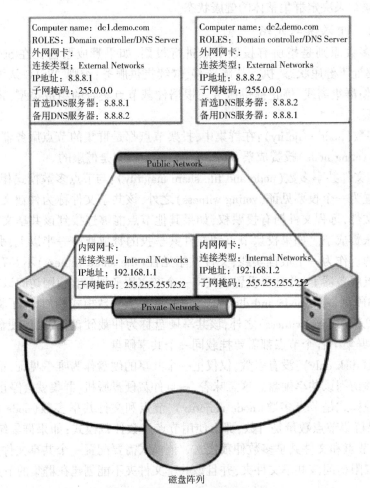

图 14-2 双机热备实训拓扑结构

14.3.2 设备安装前的准备工作

设备安装前,需要确定的要素如表 14-1 所示。

表 14-1 设备安装前准备工作

序号	项 目	备 注
1	第一台、第二台服务器的外网卡 IP 地址、子网掩码、网关和 DNS,心跳线网卡的 IP、子网掩码	心跳线的 IP 不要与网络里的其他 IP 冲突,例如 VPN
2	外置共享磁盘阵列的配置和分区	磁盘阵列要至少划分两个区,其中一个分区为仲裁盘使用,容量为 500MB 即可。剩余空间用于存放应用所需的数据
3	域的 DNS 全名、NetBIOS 名	Netbios 不能与同一网络中其他计算机名称相同
4	活动目录还原密码	
5	群集名称,群集 IP	群集 IP 要与外网卡的 IP 在同一网段之内

14.3.3 配置过程

第一台域控制器计划配置信息如表 14-2 所示。

表 14-2 第一台域控制器配置信息

序号	操 作
1	修改类型为 External Network 的网卡名称为“Public”
2	修改类型为 Internal Network 的网卡名称为“Private”
3	修改“Pubilc”网卡的网络设置如下。 IP 地址:8.8.8.1 子网掩码:255.0.0.0 首选 DNS 服务器:8.8.8.1 备用 DNS 服务器:8.8.8.2
4	修改“Private”网卡的网络设置如下。 IP 地址:192.168.1.1 子网掩码:255.255.255.252
5	检查名称是否为 dc1,若不是,修改计算机名称,按照提示重新启动计算机

设备配置过程如下。

单击“开始”,指向“控制面板”。

单击“网络和 internet”“网络和共享中心”。

单击更改适配器设置。

单击组织,指向布局,然后单击菜单栏。

在高级菜单上单击高级设置。

在连接窗口中选择所需的网络适配器,通过使用向上键和向下键按钮,将 public 置顶,

private 置于第二,其他置后,如图 14-3 所示。

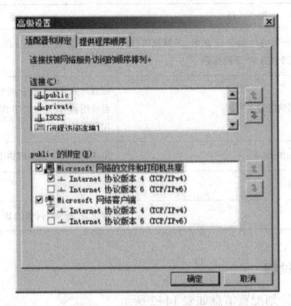

图 14-3　公有网络属性配置

第一,配置专用网络适配器。

右击网络连接"private",然后单击"属性"。

在常规选项卡上,确定仅选定了"internet 协议(tcp/ip)"复选框,点击清除所有其他客户端、服务和协议的复选框,如图 14-4 所示。

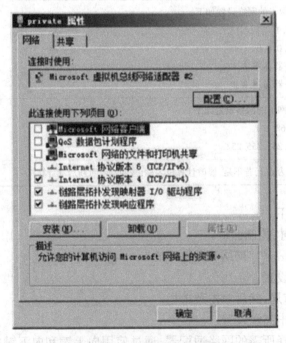

图 14-4　专用网络属性配置

点击属性按钮，确认在默认网关方框中，或者在"使用下面的 DNS 服务器地址"下方，未定义任何值，如图 14-5 所示。

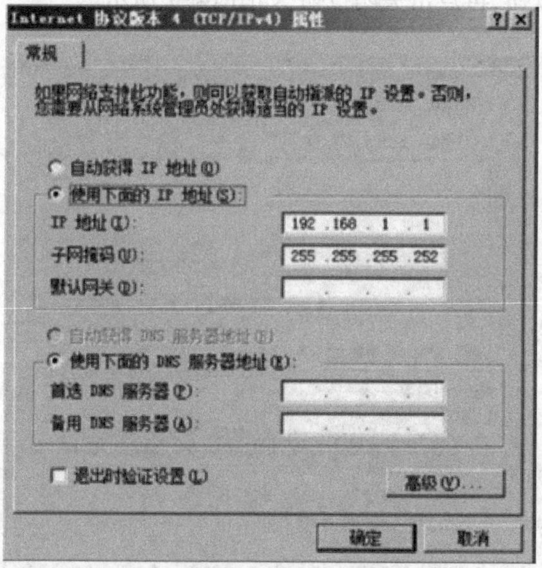

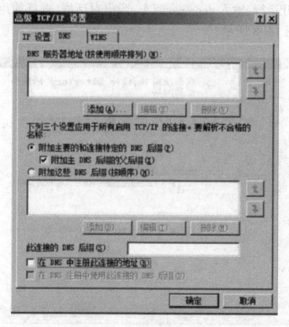

图 14-5　检查 DNS 配置

单击高级按钮，在新打开的窗口里选择"DNS"标签。

在 DNS 标签上，确认未定义任何值，同时确认清除了"在 DNS 中注册此连接的地址"和"在 DNS 注册中使用此连接的 DNS 后缀"复选框，如图 14-6 所示。

图 14-6　检查 DNS 标签

第二,点击"WINS"标签。

在"WINS"标签上,确认未定义任何值,清除启用 LMHOSTS 查找,单击禁用 TCP/IP 上的 NetBIOS,点击确定按钮,再点击关闭按钮,如图 14-7 所示。

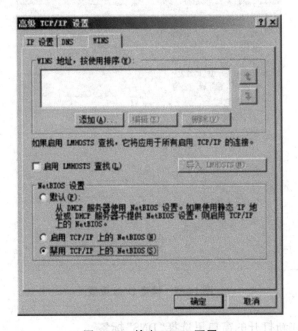

图 14-7　检查 WINS 配置

第三,安装活动目录。

Win+r 快捷键打开运行,输入 dcpromo 回车,弹出对话框,选择使用高级模式安装,点击下一步按钮继续,如图 14-8 所示。

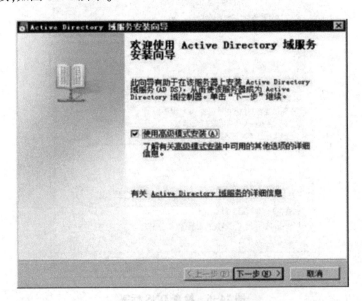

图 14-8　活动目录安装向导

随后,对话框中显示出 Windows Server 2008 R2 与旧的版本操作系统充当域控制器角色兼容性的问题,此时安装的是第一台域控制器,可不用考虑,点击下一步按钮继续,如图14-9所示。

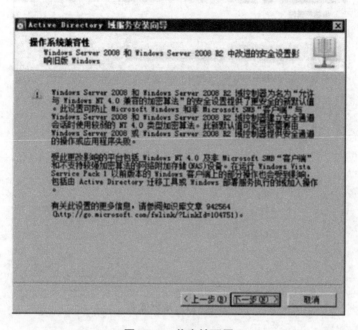

图 14-9　兼容性配置

选择"在新林中新建域",点击下一步按钮继续,如图 14-10 所示。

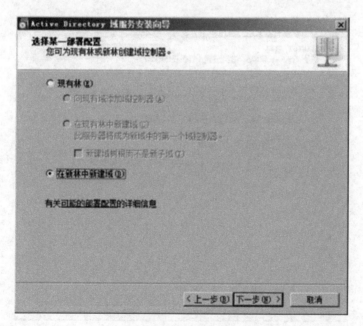

图 14-10　配置域类型

输入域控制器的域名,在此以 demo.com 为例,输入完之后点击下一步按钮继续,如图 14-11 所示。

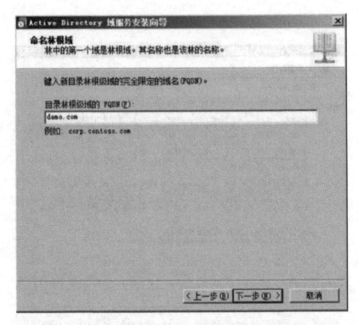

图 14-11 规划域名

指定域 NetBIOS 名称,但不要与同一网络中的客户端机器名相同,即整个网络中不能再有一台 PC 的计算机名为 DEMO。默认情况下计算机名是域名的第一个字符串,如图 14-12 所示。

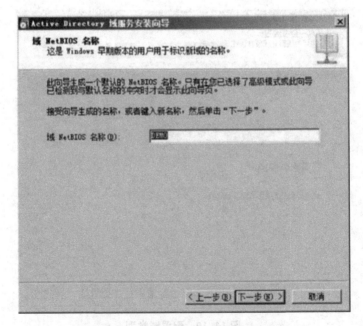

图 14-12 服务器的域 NetBIOS 名称

由于安装的是第一台域控制器,选择 Windows Server 2008 R2 模式,如图 14-13 所示。

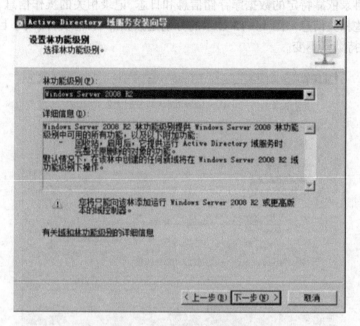

图 14-13 设置林功能级别

域控制器需要 DNS 服务的支持才能工作,默认已选中,点击下一步按钮继续,如图 14-14 所示。

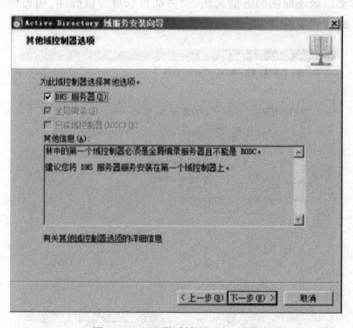

图 14-14 配置域控制 DNS 功能

若提示找不到该域名的上级服务器,需要在本地创建 DNS 服务器,点击"是"按钮继续。

输入活动目录依靠特定的数据库存储信息和日志,记录相关的操作信息,通过特殊的共享目录复制一些相关信息。图 14-15 显示的分别是数据库、日志文件、共享目录 SYSVOL 的磁盘位置,并保持默认不变。

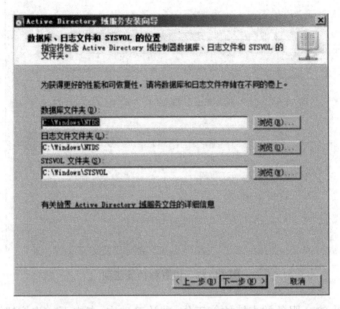

图 14-15　配置域控制器数据库、日志文件和共享目录 SYSVOL 的保存位置

需要输入活动目录还原密码的情况是:当活动目录意外被破坏,用备份还原时需要输入该密码以确认。此密码要符合 Windows 的强密码策略,如图 14-16 所示。

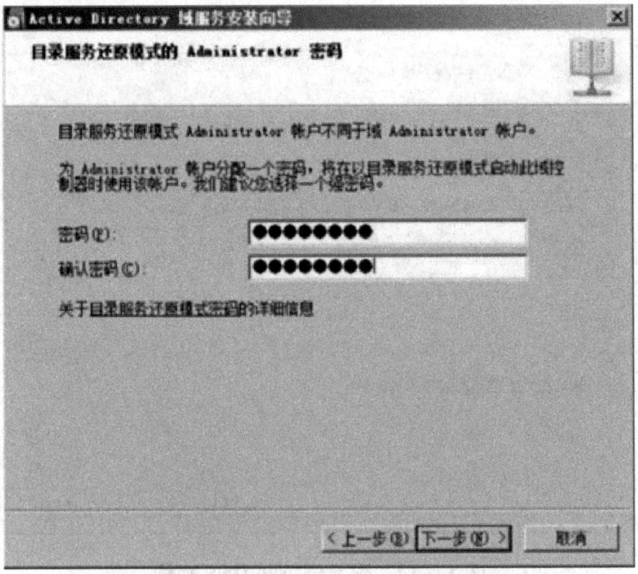

图 14-16　配置活动目录管理员密码

显示安装域控制器的摘要信息,确认无误后点击下一步继续,如图 14-17 所示。

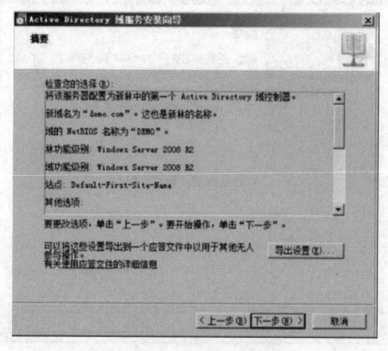

图 14-17 域控制器配置摘要信息

开始安装域控制器,如图 14-18 所示。

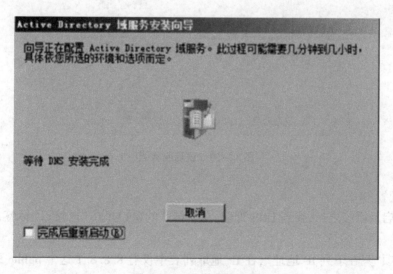

图 14-18 安装域控制器

完成域控制器安装,如图 14-19 所示。

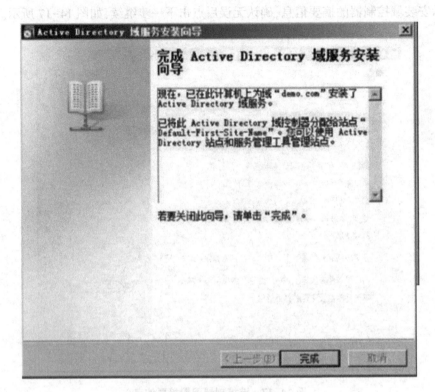

图 14-19　安装完成

点击立即重新启动即可生效,如图 14-20 所示。

图 14-20　重启服务器

第四,配置 DNS。

在重新启动系统之后,找到 DNS 管理,在新打开的窗口里单击"接口"标签,如图 14-21 所示。

按钮选项"只在下列 IP 地址",在 IP 地址列表中仅有 8.8.8.1 这个 public 地址,点击确定按钮到达 DNS 主界面,然后点击关闭。

第五,安装第二台域控制器。

配置网络属性,计划配置信息如表 14-3 所示。

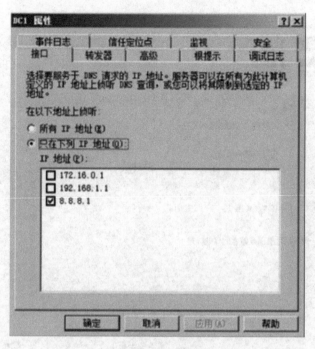

图 14-21 配置接口

表 14-3 计划配置信息

序号	操　　作
1	修改类型为 External Network 的网卡名称为"Public"
2	修改类型为 Internal Network 的网卡名称为"Private"
3	修改"Pubilc"网卡的网络设置如下。 IP 地址:8.8.8.2 子网掩码:255.0.0.0 首选 DNS 服务器:8.8.8.1 备用 DNS 服务器:8.8.8.2
4	修改"Private"网卡的网络设置如下。 IP 地址:192.168.1.2 子网掩码:255.255.255.252
5	检查名称是否为 dc2,若不是,修改计算机名称,按照提示重新启动计算机

　　安装步骤同前文所述,在选择域控制器部署时有区别,在键入位于计划安装此域控制器的林中任何域的名称栏里输入 demo.com,备用凭据选型旁点击设置按钮,输入域 demo.com 的域管理员用户名和密码,点击"确定"返回,点击"下一步"继续,如图 14-22 和图 14-23

所示。

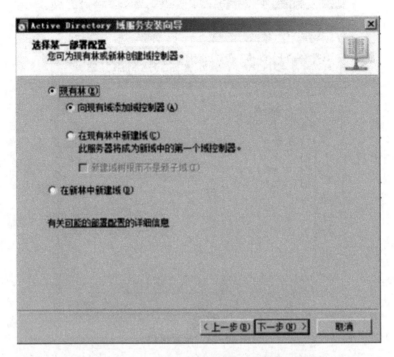

图 14-22　第二台服务器需要选择现有林进行安装

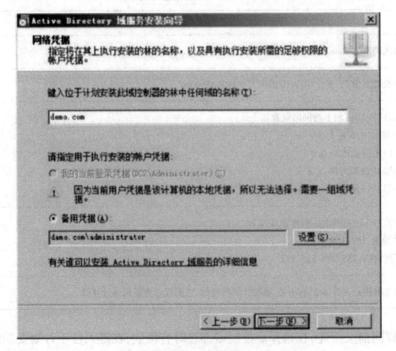

图 14-23　选择域名

选择"demo. com",点击下一步继续,如图 14-24 所示,完成安装。

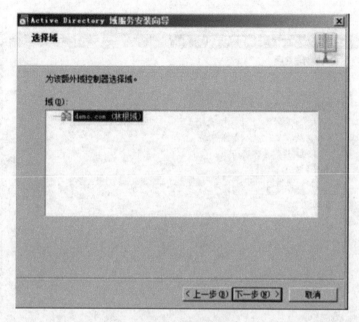

图 14-24 选择域

选择"Default-First-Site-Name",点击下一步继续,如图 14-25 所示。

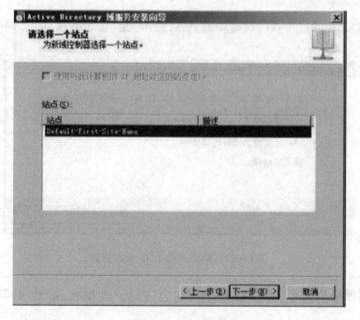

图 14-25 选择站点

选择"DNS 服务器"和"全局编录",点击下一步继续。

提示找不到该域名的上级服务器,需要在本地创建 DNS 服务器,点击"是"按钮继续,如图 14-26 所示。

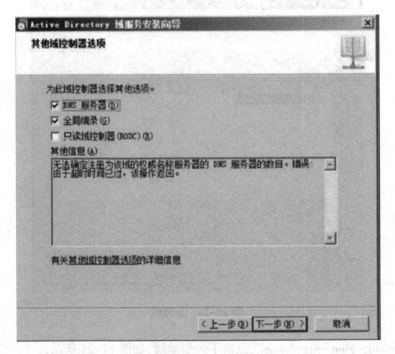

图 14-26 DNS 错误提示

DNS 服务器无法确定是否已启动动态更新,点击"是"按钮继续,如图 14-27 所示。

图 14-27 确定启动 DNS 动态更新

选择"通过网络从现有域控制器复制数据",点击下一步继续,如图 14-28 所示。

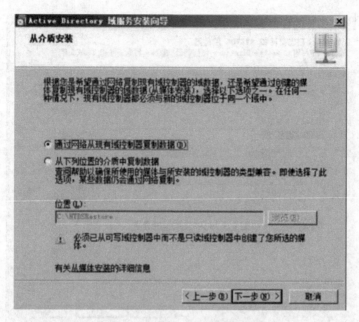

图 14-28　复制主域控制器数据

选择"让向导选择一个合适的域控制器",点击下一步继续,如图 14-29 所示。

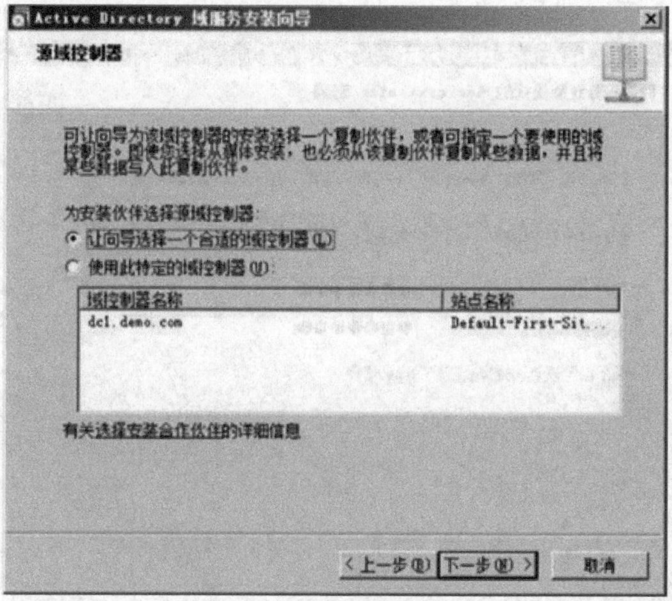

图 14-29　选择源域控制器

保持默认选项,点击"下一步"继续,设置域控制器数据库、日志文件、SYSVOL 的保存位置,如图 14-30 所示。

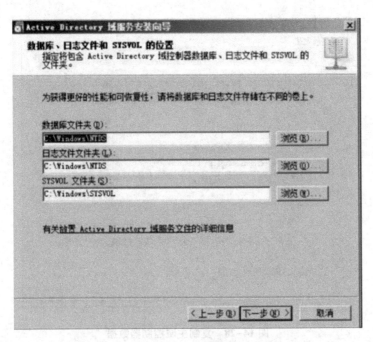

图 14-30　设置备份域控制器文件保存位置

输入用于活动目录还原的密码,点击下一步继续,如图 14-31 所示。

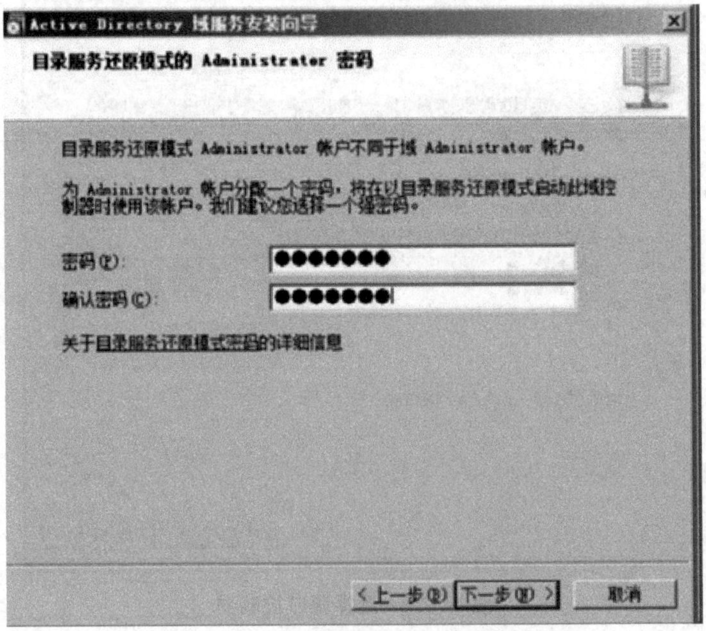

图 14-31　设置备份域控制器管理员密码

点击下一步,完成备份域安装过程,如图 14-32 和图 14-33 所示。

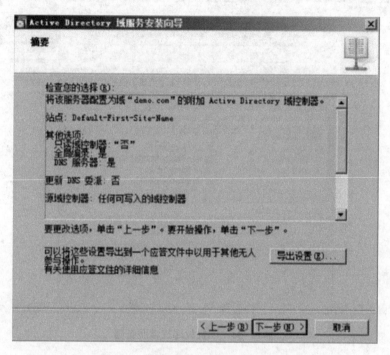

图 14-32　完成备份域控制器安装(1)

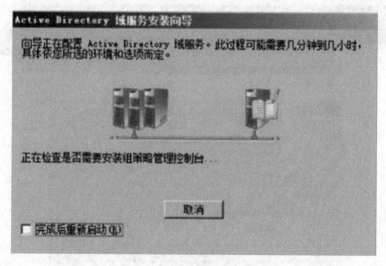

图 14-33　完成备份域控制器安装(2)

第六,配置故障转移群集功能。

登录 dc1,依次单击开始、所有程序、管理工具,故障转移群集管理器,单击验证配置,如图 14-34 所示。

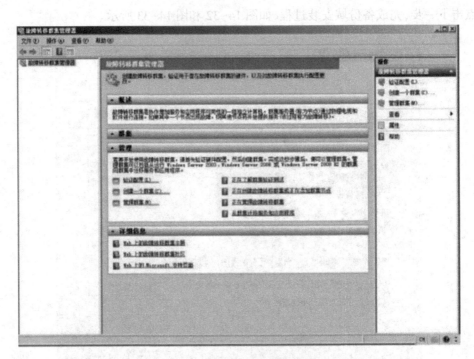

图 14-34 配置故障迁移服务器

单击下一步,如图 14-35 所示。

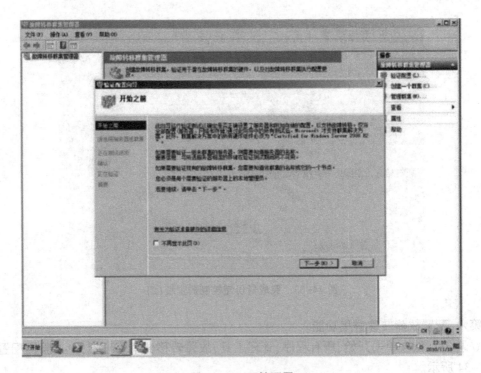

图 14-35 开始配置

在输入名称中点击添加,输入 dc2,点击添加按钮,然后点击下一步继续,如图 14-36 所示。

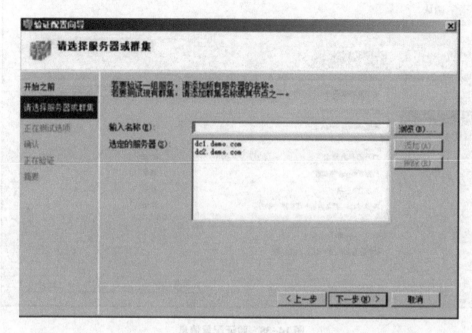

图 14-36 添加节点

点击下一步直到完成安装,如图 14-37 至图 14-45 所示。

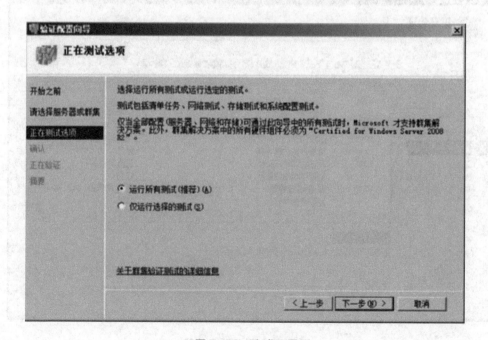

图 14-37 完成配置

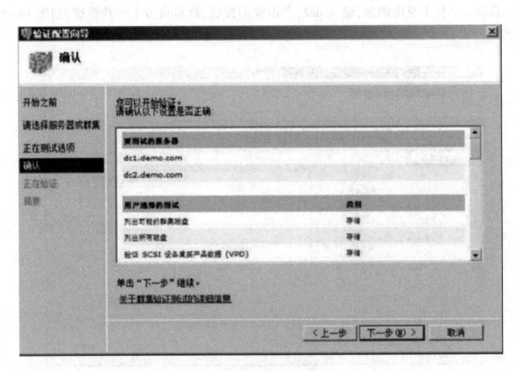

图 14-38　验证配置信息

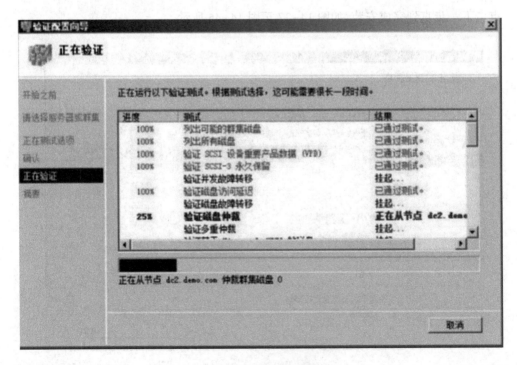

图 14-39　验证磁盘仲裁

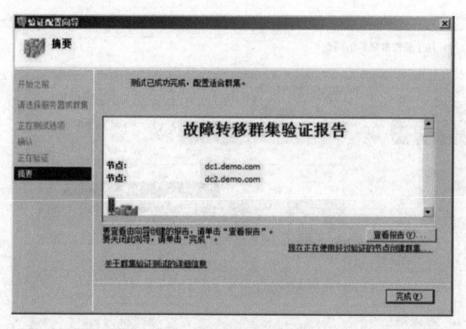

图 14-40　生成验证报告

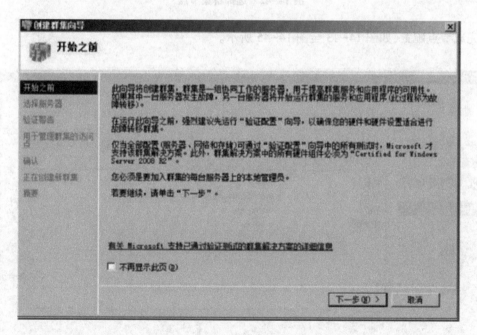

图 14-41　故障迁移服务器配置完成

在群集名称中输入 cluster,在地址栏中输入群集的 IP 地址 8.8.8.8,点击下一步按钮继续,如图 14-42 所示。

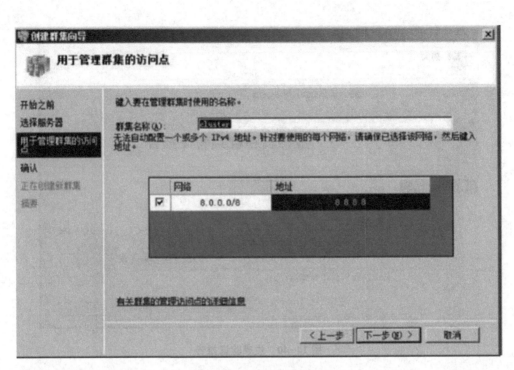

图 14-42　选择群集节点

完成节点配置,如图 14-43 至图 14-45 所示。

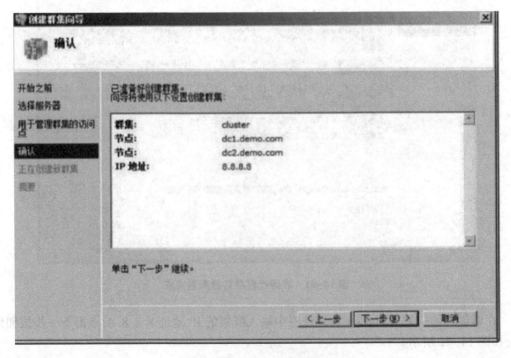

图 14-43　确认节点配置

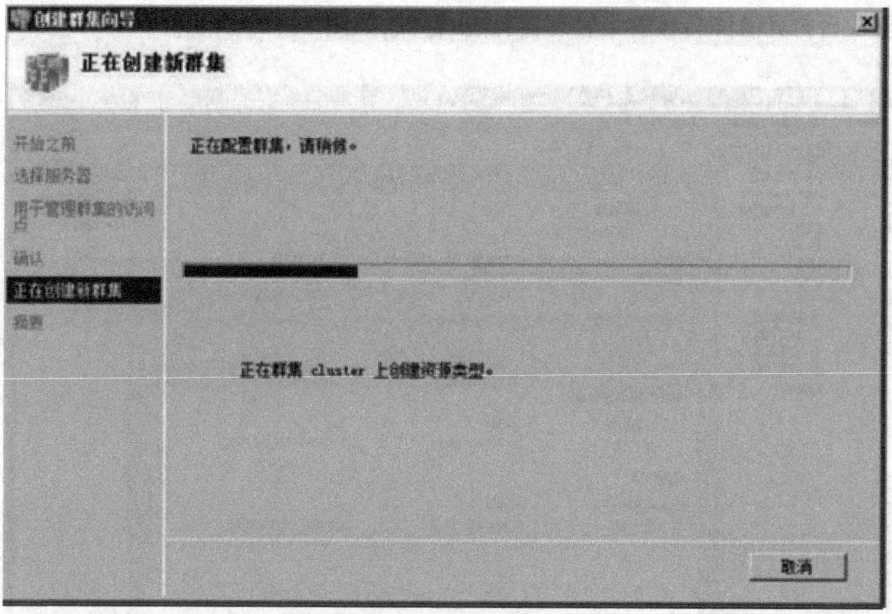

图 14-44 生成群集

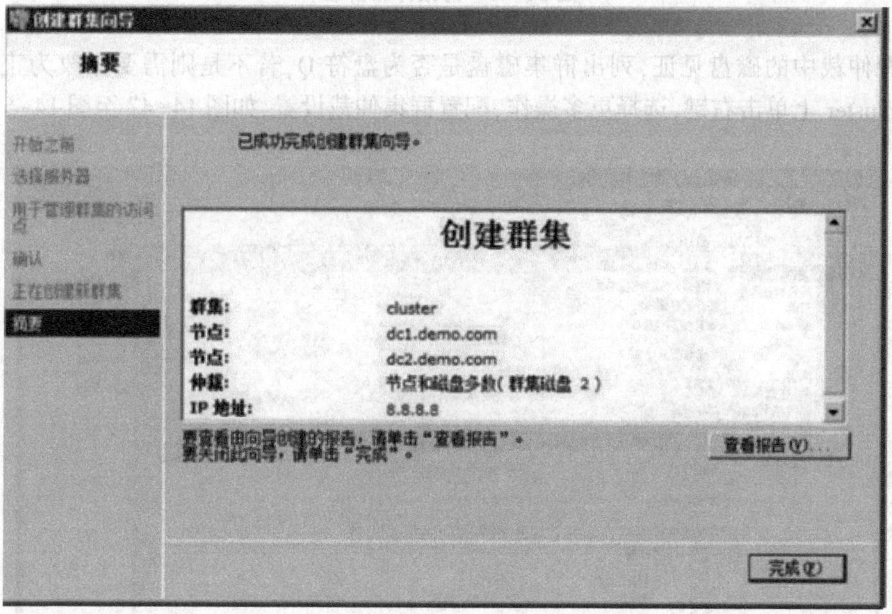

图 14-45 创建群集成功

群集安装成功后看到创建成功的群集,dc2 不用做任何操作,打开故障转移群集管理器即可看到创建成功的群集。

第七,安装后的配置。

登录 dc1,打开故障转移群集管理器,点击存储,如图 14-46 所示。

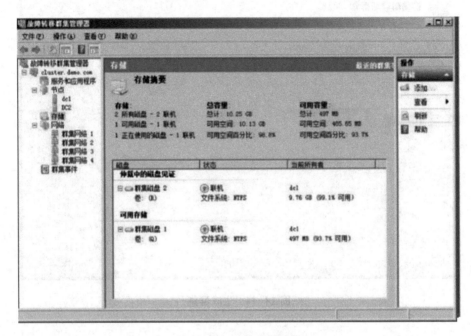

图 14-46　群集存储管理

查看仲裁中的磁盘见证,列出群集磁盘是否为盘符 Q,若不是则需要修改为正确的盘符。在 cluster 上单击右键,选择更多操作,配置群集仲裁设置,如图 14-47 至图 14-51 所示。

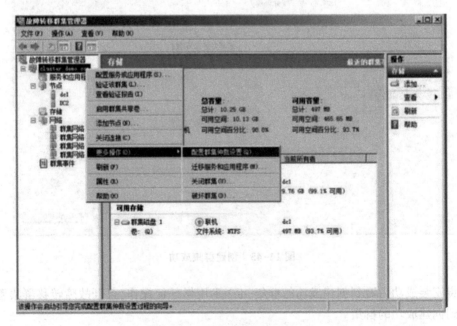

图 14-47　群集仲裁磁盘设置(1)

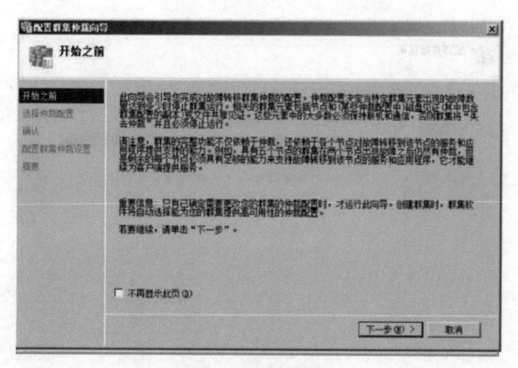

图 14-48 群集仲裁磁盘设置(2)

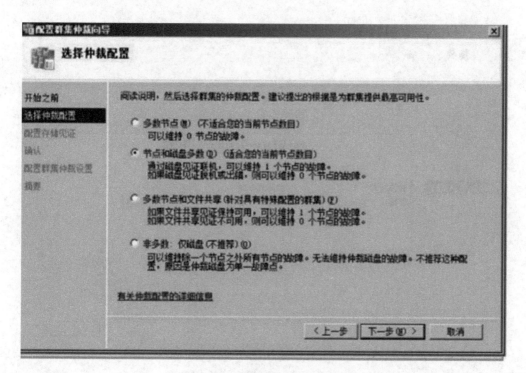

图 14-49 群集仲裁磁盘设置(3)

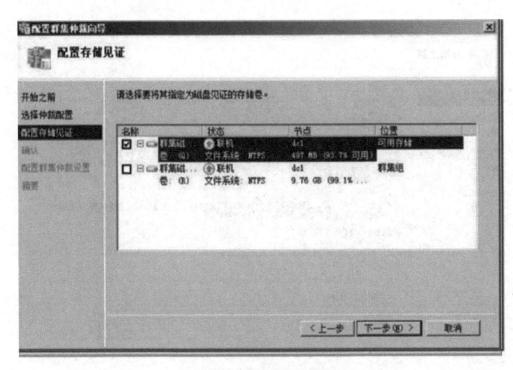

图 14-50　群集仲裁磁盘设置(4)

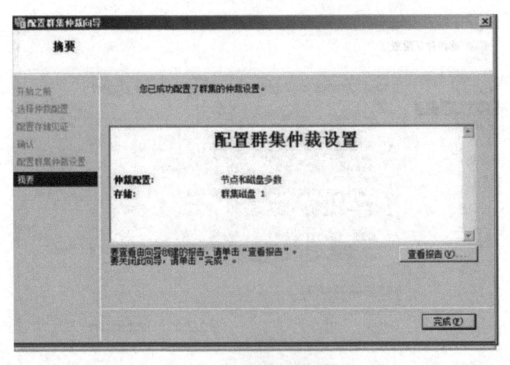

图 14-51　群集仲裁磁盘设置(5)

完成安装并查看仲裁磁盘是否已修改正确,如图 14-52 所示。

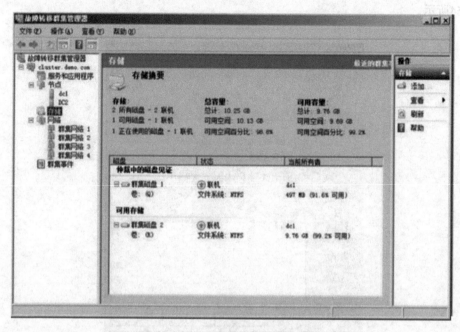

图 14-52　检查群集冲裁磁盘设置

第八,检查并配置群集网络。

单击左键群集网络 1 和群集网络 2,找到网络连接为 private。本书中群集网络 2 包含 private,单击右键群集网络 2,选择属性命令,如图 14-53 所示。

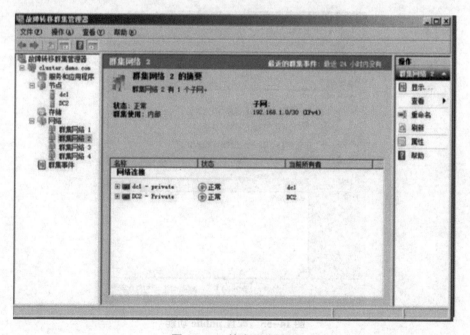

图 14-53　检查群集网络

在名称中输入 private 确保仅选中,允许在此网络上进行群集网络通信,点击确定,如图 14-54 所示。

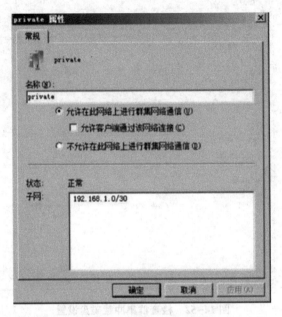

图 14-54　配置 private 功能

群集网络 3 中包含 public,单击右键,选择属性,在名称栏中输入 public,选中允许在此网络上进行群集网络通信,允许客户端通过该网络连接,单击确定,如图 14-55 所示。

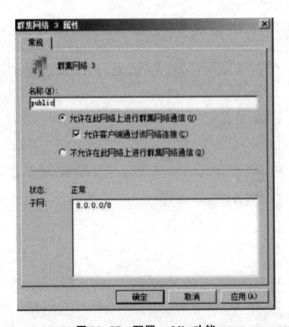

图 14-55　配置 public 功能

对于其他非群集用到的网络,例如连接存储设备和备份设备的网络,本书中通过查看发现是群集网络1和群集网络4,分别在其名称上单击右键,选中属性,修改为合适的名称,仅选中不允许在此网络上进行群集网络通信,如图14-56所示。

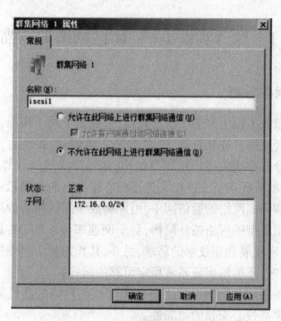

图14-56　配置群集网络通信限定条件

15 组建多分支机构园区网络综合实训

15.1 综合实训 1——园区网络架构描述

15.1.1 网络架构分析

现代网络结构化布线工程中多采用星型结构,主要用于同一楼层,此结构由各个房间的计算机间用集线器或者交换机连接产生,其具有施工简单、扩展性高、成本低和管理性好等优点。而园区网络的分层布线主要采用树型结构,即每个房间的计算机连接到本层的集线器或交换机,然后每层的集线器或交换机再连接到本楼出口的交换机或路由器,各栋楼的交换机或路由器再连接到园区网络的通信网中,由此构成了园区网络的拓扑结构。

本书园区网络采用星型的网络拓扑结构,骨干网速率为 1 000M,具有良好的可运行性、可管理性,能够满足未来发展和新技术的需求,另外,其作为整个网络的交换中心,在保证高性能、无阻塞交换的同时,还能够保证系统稳定可靠的运行。

在网络中心的设备选型和结构设计上必须考虑整体网络的高性能和高可靠性,选择热路由备份可以有效地提高核心交换的可靠性。

传输介质也要适合建网需要。在楼宇之间采用 1 000M 光纤,可以保证骨干网络的稳定可靠、不受外界电磁环境的干扰,且其能够覆盖全部园区。在楼宇内部采用超五类双绞线,其 100 米的传输距离能够满足室内布线的长度要求。

15.1.2 园区网络的设计思路

进行园区网络总体设计有其特定的程序:第一,要进行对象研究和需求调查,明确园区的性质、任务和改革发展的特点,以及系统建设的需求和条件,对园区的信息化环境进行准确的描述;第二,在应用需求分析的基础上,确定园区 Intranet 服务类型,进而确定系统建设的具体目标,包括网络设施、站点设置、开发应用和管理等方面的目标;第三,确定网络拓扑结构和功能,根据应用需求建设目标和园区主要建筑分布特点进行系统分析和设计;第四,确定技术设计的原则要求,如在技术选型、布线设计、设备选择、软件配置等方面的标准和要求;第五,规划园区网络建设的实施步骤。

园区网络总体设计方案的科学性,应当体现在能否满足以下基本要求。

(1)园区网络按整体规划安排。

(2)园区网络的先进性、开放性和标准化相结合。

(3)园区网络结构合理,便于维护。

(4)园区网络高效实用。

(5)园区网络支持宽带多媒体业务。

(6)园区网络能够实现快速信息交流、协同工作和形象展示。

15.1.3 园区网络的设计原则

15.1.3.1 先进性原则

先进性原则要求以先进、成熟的网络通信技术进行组网,支持数据、语音和视频图像等多媒体应用,采用基于交换的技术代替传统的基于路由的技术,并且能够确保网络技术和网络产品在近年内基本满足需求。

15.1.3.2 开放性原则

园区网络的建设应按照国际标准,采用大多数厂家支持的标准协议及标准接口,从而为异种机、异种操作系统的互联提供便利和可能。

15.1.3.3 可管理性原则

网络建设的一项重要内容是网络管理,网络的建设必须保证网络运行的可管理性。良好的网络管理,能够大大提高网络的运行速率,并可帮助用户迅速简便地诊断网络故障。

15.1.3.4 安全性原则

信息系统安全问题的中心任务是保证信息网络的畅通,确保授权实体经过该网络安全地获取信息,并保证该信息的完整性和可靠性。网络系统的每一个环节都可能造成安全性与可靠性问题。

15.1.3.5 灵活性和可扩充性

选择网络拓扑结构的同时还需要考虑将来的发展。由于网络中的设备不是一成不变的,例如,需要添加或删除一个工作站、对一些设备进行更新换代、变动设备的位置等。因此,选取的网络拓扑结构应该能够容易进行配置,以满足新的需要。

15.1.3.6 稳定性和可靠性

稳定性和可靠性对于一个网络拓扑结构是至关重要的,在局域网中经常发生节点故障或传输介质故障,一个可靠性高的网络拓扑结构除了可以使这些故障对整个网络的影响尽可能降低以外,同时还应具有良好的故障诊断和故障隔离功能。

15.1.4 园区网络的三层结构设计

园区网络整体分为三个层次:核心层、汇聚层、接入层。为实现园区内的网络高速互联,核心层由两个核心节点组成,包括教学区区域、服务器群;汇聚层设在每栋楼上,每栋楼设置一个汇聚节点,汇聚层为高性能"小核心"型交换机,根据各栋楼的配线间的数量不同,可以分别采用1台或2台汇聚层交换机进行汇聚,为了保证数据传输和交换的效率,在各栋楼内设置三层楼内汇聚层,楼内汇聚层设备不但分担了核心设备的部分压力,同时提高了网络的安全性;接入层为每栋楼的接入交换机,是直接与用户相连的设备。本书中的方案从网络运行的稳定性、安全性及易于维护性出发进行设计,以满足客户需求,具体功能如图15-1所示。

15.1.5 网络应用需求

网络应用需求大体可以分为办公、服务。如对教学、科研方面的网络设计应考虑稳定、扩展、安全等问题;带宽是要着重考虑的方面,因此,各园区应该根据自身的实际情况考虑网

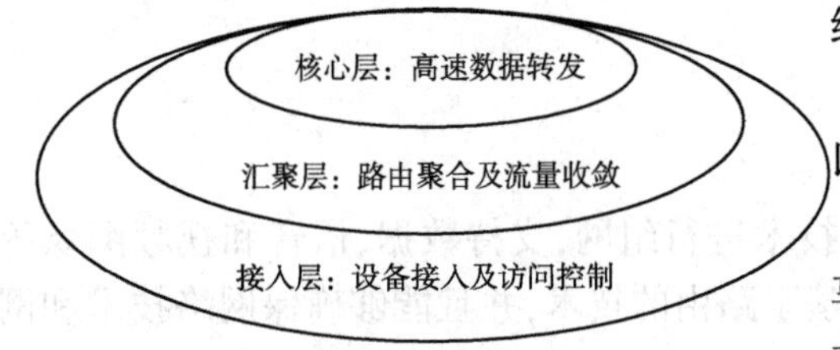

核心层：高速数据转发

汇聚层：路由聚合及流量收敛

接入层：设备接入及访问控制

图 15-1　网络层次结构

络的结构及安全问题。

园区网络在信息服务与应用方面应满足以下几个方面的需求。

第一，文件传输服务。考虑到企业之间共享软件，园区网络应提供文件传输服务(ftp)。在文件传输服务器上存放各种各样的自由软件和驱动程序，这样用户可以根据自己的需要随时下载并把它们安装在本机上。

第二，园区网站建设需求(WWW、FTP、E-mail、DNS、PROXY 代理、拨入访问、流量计费等)。

第三，园区网络要求具有数据、图像、语音等多媒体实时通讯能力；在主干网上提供足够的带宽和可保证的服务质量，满足大量用户对带宽的基本需要，并保留一定的余量供突发事件进行数据传输，最大可能地降低网络传输的延迟。

第四，企业办公管理。OA 提供信息门户、文件管理、邮件管理、工作论坛、流程管理、会议管理、档案管理、人事管理、日常管理等内容，形成自动化、一体化的办公系统。

第五，系统应提供基本的 Web 开发和信息制作的平台。

15.1.6　网络技术架构

园区网络应用树状拓扑结构，接入层与汇聚层为了有更好的带宽和容错措施，采取了链路汇聚技术对交换机相邻端口进行合并，提高了带宽和线路冗余。由于网络设备选取了思科的成套解决方案，汇聚层与核心层之间选用思科专有的 HSRP 热备协议，该协议相对于通用的 VRRP 协议，具有收敛速度快、可靠性高等特点。核心层采取双设备，形成两组 HSRP 热备份，这样可以提高网络的可靠性。

园区将申请两个不同运营商的公网 IP，以防止在运营商设备宕机时园区无法访问互联网。核心层与出口路由间由全连接链路组成，针对不同的服务和 IP 规划路由，同时实现负载均衡。考虑到企业的业务需求，在网络设备上预留 VPN 相关配置，如 L2TP、IPSec，以便于企业部署与应用。

汇聚层与核心层之间采用 OSPF 路由，局部采用 RIP 路由协议。考虑到不同企业之间的路由协议不同，设置了路由的重分发以保证网络的连通。接入层与汇聚层之间设置了 VLAN，进一步缩小广播范围，增强局域网的安全性，提高了网络的健壮性。园区出口处应用 NAT 技术对地址进行翻译，减少公网地址的占用，提高了内网的安全性。

15.2　综合实训2——园区网络设备选型

15.2.1　接入层设备选型

接入层为用户提供了在本地网段访问应用系统的能力，主要解决相邻用户之间的互访需求，并且为这些访问提供足够的带宽。在大中型网络里，接入层还应当适当负责一些用户管理任务(如地址认证、用户认证、计费管理等)，以及用户信息收集工作(如用户的 IP 地址、

MAC 地址、访问日志等)。

因为接入层的主要目的是允许终端用户连接到网络,因此接入层交换机往往具有低成本和高端口密度特性,通常使用性价比高的设备。管理型交换机和非管理型交换机都可以用在接入层,本书中园区采用思科的 SG200-26 型交换机(见表 15-1)。

表 15-1　SG2000-26 型交换机

产品图片			
产品类型	千兆以太网交换机	组播管理	仅向必要的接收端提供 IPv6 组播包
应用层级	二层	网络管理	网络用户界面
传输速率	10/100/1 000Mbps		远程监控(RMON)
交换方式	存储—转发		IPv4 及 IPv6 双栈
背板带宽	52Gbps		固件升级
包转发率	38.69Mpps		端口镜像
端口结构	非模块化		VLAN 镜像
端口数量	26 个		DHCP
端口描述	24 个千兆以太网端口,2 个千兆以太网组合端口		可编辑文本配置文件
网络标准	IEEE802.3, IEEE802.3u, IEEE802.3ab, IEEE802.3ad, IEEE802.3z, IEEE802.3x, IEEE802.1d, IEEE802.1Q/p, IEEE802.1w, IEEE802.1x,IEEE802.3af		智能端口
VLAN	同时支持(4096 VLAN ID 中的)多达 128 个 VLAN		云服务
VLAN	基于端口的 VLAN 及 802.1Q 基于标识的 VLAN		本地化
QoS	4 个硬件队列		其他管理
	严格优先级队列和加权轮询(WRR)		
	基于 DSCP 的队列及服务类别(802.1p/CoS)	电源电压	AC100-240V,12V/2.5A,50-60Hz
	基于端口	产品认证	UL(UL60950),CSA(CSA22.2),CEmark,FCCPart15(CFR47)ClassA,CCC,NAL
	基于 802.1 p VLAN 优先级	产品尺寸	440×44×257mm
	基于 IPv4/v6 IP 优先/服务类型(ToS)/基于 DSCP	产品重量	3.27kg
	差分服务代码点	平均无故障时间	194 278 小时
	入向策略	环境标准	工作温度:0~40℃
	基于 VLAN 或基于端口		工作湿度:10%~90%(非凝结)
			存储温度:-20~70℃
			工作湿度:10%~90%(非凝结)

15.2.2　汇聚层设备选型

汇聚层具有实施策略、安全、工作组接入、虚拟局域网(VLAN)之间的路由、源地址或目的地址过滤等多种功能,它是实现策略的地方。

因为汇聚层交换机是多台接入层交换机的汇聚点,它必须能够处理来自接入层设备的所有通信量,并提供到核心层的上行链路,因此汇聚层交换机与接入层交换机比较,需要更高的性能和交换速度,以及更少的接口。

在实际应用中,很多时候汇聚层被省略了。在传输距离较短且核心层有足够多的接入口能直接连接接入层的情况下,汇聚层是可以被省略的,这样的做法比较常见,一是可以节省总体成本,二是能够减轻维护负担,网络状况也更易监控。本中书园区网络设备选择思科的 WS-C3750X-24T-L(见表 15-2)。

表 15-2　WS-C3750X-24T-L

产品图片			
产品类型	千兆以太网交换机	功能特性	
应用层级	三层	网络标准	IEEE 802.1s, IEEE 802.1w, IEEE 802.1x, IEEE 802.1x – Rev, IEEE 802.3ad, IEEE 802.1ae, IEEE 802.3af, IEEE 802.3at, IEEE 802.3x, IEEE 802.1d, IEEE 802.1p, IEEE 802.1Q, IEEE 802.3
传输速率	10/100/1 000Mbps	堆叠功能	可堆叠
产品内存	DRAM:256MB 闪存:64MB	VLAN	VLAN 总数 1 005 VLAN ID 数 4K
交换方式	存储—转发	其他参数	
背板带宽	160Gbps	电源电压	AC 115~240V,50~60Hz,12~6A
包转发率	65.5Mpps	电源功率	350W
MAC 地址表	4K	产品尺寸	44.5×445×460mm
端口参数		产品重量	7.1kg
端口结构	非模块化	平均无故障时间	189 704 小时
端口数量	24 个	环境标准	相对湿度:5%~95%,无冷凝
端口描述	24 个 10/100/1 000 以太网口	存储环境	−40~70℃ 纠错

15.2.3　核心层设备选型

核心层是网络主干部分,是整个网络性能的保障,其设备包括路由器、防火墙、核心层交换机等,相当于公司架构中的管理高层。核心层交换机的主要目的在于通过高速转发通信,提供快速、可靠的骨干传输结构,因此核心层交换机应该具有的特性包括可靠性、高效性、冗余性、容错性、可管理性、适应性、低延时性等。核心层是网络的枢纽中心,重要性突出,因此核心层交换机应采用拥有更高带宽、更高可靠性、更高性能和更大吞吐量的千兆甚至万兆以上的可管理交换机。基于 IP 地址和协议进行交换的第三层交换机普遍应用于网络的核心层,也少量应用于汇聚层。部分第三层交换机也同时具有第四层交换机的功能,可以根据数据帧的协议端口信息进行目标端口判断。本书中园区网络设备选用 CISCO Catalyst 6500 作为核心层交换机(见表 15-3)。

表 15-3　CISCO Catalyst 6500

产品图片			
产品类型	企业级交换机	端口结构	模块化
应用层级	四层	扩展模块	9 个模块化插槽
传输速率	10/100/1 000Mbps	传输模式	支持全双工
交换方式	存储—转发	功能特性	
背板带宽	720Gbps	网络标准	IEEE 802.3,IEEE 802.3u,IEEE 802.1s,IEEE 802.1w,IEEE 802.3ad
包转发率	387Mpps	VLAN	支持
MAC 地址表	64K	QoS	支持
端口参数		网络管理	CiscoWorks2000,RMON,增强交换端口分析器(ESPAN),SNMP,Telnet,BOOTP,TFTP
电源功率	4 000W	其他参数	

15.2.4　路由器设备选型

在企业的组网中,路由器是不可或缺的重要设备。特别是对于如今的大中型企业来说,路由器不仅仅是简单的网络出口,更是承载多种业务传输的大动脉。例如,对于有着多分支机构或多门店的集团来说,随着业务的不断发展,下属分支机构的不断增加,多种多样的业务系统不断上线,普通的路由器已经不能满足总分互联场景下对性能和多业务融合能力的需求。所以,选择一款高性能且能够很好融合多业务的路由器对企业的发展非常重要。本书中园区网络设备选用 Cisco ASR 9006(见表 15-4)。

表 15-4　Cisco ASR 9006

产品图片				
物理规格	高度:10.38 英寸(263.65 毫米)		散热	每个 RSP 一个
	宽度:17.57 英寸(446.28 毫米)			双 RSP 冗余配置中的主动/主动非阻塞操作模式
	深度:25.02 英寸(635.51 毫米)			双 RSP 冗余配置中的完全冗余
	重量:62 磅(28.2kg)(V2 PEM 和底盘)			内置的服务智能和流量优先级功能
				一个风扇托盘
插槽方向	横			变速风扇,实现最佳热性能
Cisco ASR 9000 系列 RSP	双冗余 RSP,带有 2 个插槽的集成结构		功率	
Cisco ASR 9000 系列线卡	2 个线卡插槽			为即将到来的可扩展性提供按需购买的功能,可在 AC 和 DC 中使用
Commons	2 个 RSP		模块化	多种电源模块类型
	1 个风扇托盘			3 kW 交流电源模块
	1 个 PEM(DC 或 AC)			2.1 kW 直流电源模块
	1 个风扇过滤器			注意:不支持混合 AC 和 DC 模块

可靠性和可用性	结构冗余	冗余	AC:N+N 冗余
	馈送冗余		DC:N+1 冗余
	电源冗余		电源模块冗余
	路由处理器冗余		A/B Feed 冗余
	软件冗余	动力	没有电源区限制
机架安装	19 项		完全负载共享的电力基础设施
	21 和 23 英寸适配器可用	电源输入	全球范围 AC(200~240V;50~60Hz;最大16A)
	注意:最低 17.75 英寸。为了正常运作,需要在岗位之间打开		全球范围 DC(-40~-72V;标称 50A,最大60A)
机柜安装	是	电源模块气流	从前到后
壁挂式安装	没有	环境指标	
空气流动	从右到左、从前到后设有挡板	工作温度（标称值）	41~104℉(5~40℃)
贮存温度	-40~158℉(-40~70℃)		ASR 9910 为 23~122℉(-5~50℃)
操作高度	-60~4 000 米(最长 2 000 米符合 IEC/EN/UL/CSA 60950 要求)	工作湿度（标称值）（相对湿度）	5%~90%

15.3 综合实训 3——园区网络主要设备配置

15.3.1 ACL 概念

访问控制列表(access control list,ACL),也称"过滤器",是在三层交换机、路由器上设置一条或多条访问规则管理和限制数据流的一种技术,它的作用是提高网络运行效率及网络服务质量,降低网络威胁,保障网络安全运行。它能够提供基本的数据报过滤服务,不仅拒绝不希望的访问连接,而且能够保证正常的访问。

15.3.1.1 ACL 类型

标准 ACL 基于源地址为过滤标准,只能粗略地限制某一大类协议,不针对具体协议、不针对具体端口,列表编号为 1~99,且一般情况下标准 ACL 配置在距离目的网络最近的路由器上。

扩展的 ACL 基于协议类型、源地址、目标地址、源端口、目的端口为过滤标准,可针对具体的网络协议和具体端口进行配置,一般情况下扩展 ACL 配置在距离源网络较远的路由器上。

15.3.1.2 ACL 工作原理

ACL 被放置在端口上,使得流经该端口的所有数据报都要按照 ACL 所规定的条件接受检测。如果允许,则通过,否则就被丢弃。当一个 ACL 被创建后,所有新的语句被加到 ACL 的最后,无法删除 ACL 中的单独一条语句,只能删除整个 ACL。一个 ACL 列表可以由一条到多条 ACL 语句组成,每条 ACL 语句都实现一条过滤规则。ACL 语句的顺序是至关重要的。当数据报被检查时,ACL 列表中的各条语句将顺序执行,直到某条语句满足匹配条件。一旦匹配成功,就执行匹配语句中定义的动作,后续的语句将不再检查。假如 ACL 列表中有两条语句,第一条语句是允许所有的 HTTP 数据报通过,第二条语句是禁止所有的数据报通过。按照该顺序,能够达到只允许 HTTP 数据报通过的目的。但如果将顺序倒过来,则所有的数据报都无法通过。所以,在实际配置中一定要注意 ACL 执行的语序,以免对工作造成麻烦。

15.3.2 NAT 介入方式

由于内网地址在国际互联网上不能被转发,局域网内主机获取互联网资源是需要转换成公网 IP 地址的,而公网的 IP 地址数量不能与实际上网用户数量逐一匹配,所以要利用 NAT 技术完成从私网地址到公网地址的转换。

NAT 将局域网私网地址翻译成合法的公网 IP 地址。利用 NAT 技术,完全实现了园区网内所有用户通过私有网络地址就可以访问外网的情况,充分地节约了有限的公网 IP 地址。此外,通过 NAT 技术将原私网 IP 地址改为公网 IP 地址后进行了隐藏保护,有效避免了来自外部网络的攻击。

在实现地址转换的过程中,也可以实现传输层的端口转换,将私网地址和私网端口同公网地址和公网端口进行映射,通过 TCP 或者 UDP 协议端口号及地址,可以提供并发性转换。

15.3.3 L2TP 接入方式

第二层隧道协议(layer two tunneling protocol,L2TP)是一种虚拟隧道协议,通常用于虚拟专用网。L2TP 协议自身不提供加密与可靠性验证的功能,可以与安全协议搭配使用,从而实现数据的加密传输。经常与 L2TP 协议搭配的加密协议是 IPSec,当这两个协议搭配使用时,通常合称 L2TP/IPSec。

L2TP 是一个数据链路层协议,其报文分为数据消息和控制消息两类。数据消息用投递 PPP 帧,该帧作为 L2TP 报文的数据区。L2TP 不保证数据消息的可靠投递,若数据报文丢失,不予重传,不支持对数据消息的流量控制和拥塞控制。控制消息用以建立、维护和终止控制链接及会话,L2TP 确保其可靠投递,并支持对控制消息的流量控制和拥塞控制。这种协议常用于企业员工出差时访问企业内部网络,由于其灵活的身份验证机制和高度的安全性而受到广泛使用。

当园区的员工外出需要访问园区内部网络时,可通过 L2TP 实现远程访问。LAC 可设置在园区出口路由器中。当园区员工介入时,路由器对访问者进行身份验证,验证失败拒绝连接,验证通过将从预先配置的地址池中按顺序给予拨号主机 IP,供其访问内部网络。

15.3.4 GRE VPN 接入方式

通用路由封装协议,可以将任意一种网络协议的数据包封装成另外一种网络协议的数据包,然后在公网上传递。经过公网到达另一端的私网,对于 GRE 来说,并不是一种 VPN,而是一种封装的方法,是一种 VPN 的实现。GRE 在原始的私网 IP 报文前面加上 GRE 报文头,再在 GRE 报文头前面加入公网 IP 报文头,在公网 IP 报文头中有一个 Protocol 字段,其中用协议号 47 标识 GRE 头,在 GRE 封装中有一个 2 字节的 Protocol Type 字段,其中用 0x0800 标识后面的载荷协议是 IP 协议。用户发送了一个数据包想要到达另一个私网,所以这个数据包到达了连接公网的设备 RTA,RTA 查看路由表发现下一跳的地址是 Tunnel 接口,并且这个 Tunnel 接口的模式是 GRE,这时就会进行 GRE 封装,根据 Tunnel 接口配置的源 IP 地址的目的 IP 地址,还有 GRE 报文头,添加上相应的封装,形成了一个公网的包,目的地址是对方的连接公网设备的接口。

然后再查找路由表,按照公网的路由进行转发。这时候,在公网上转发只需要查看公网 IP 头即可。

当到达对方之后,发现目的 IP 就是自己,然后根据 IP 报文头中的协议号 47,将这个数据包交给 Tunnel 接口,由 GRE 模块进行解封装 RTB,解封装之后,根据具体的目的地址查找路由表,最后到达。

15.3.5 IPSec VPN 接入方式

点对点的 IPSec VPN 在大型网络内部或者行业私网中的应用比较广泛,其可解决网络内部传输的部分数据需要加密,网络内部的点到点设备需要身份验证的问题。而在一些企业中,企业节点连接到 Internet,用户打算在不改变原有网络结构的同时,在内网新增一台 VPN 设备,实现与远端 VPN 设备之间的 IPSec VPN。此时点到点的 IPSec VPN 显然无法满足,而 IPSec 穿越 NAT 技术却解决了这一问题。

IPSec 可以保障端到端的 IP 通信的安全性,但在 NAT 环境中对 IPSec 的支持有限。IPSec 要保证数据的安全,会加密和校验数据。而从 NAT 的角度而言,为了完成地址转换,势必会修改 IP 地址。当 NAT 改变了某个包的 IP 地址和(或)端口号时,它通常要更新 TCP 或 UDP 校验和。当 TCP 或 UDP 校验和使用了 ESP 加密时,它就无法更新这个校验和。由于地址或端口已经被 NAT 更改,目的地的校验和检验就会失败。虽然 UDP 校验和是可选的,但是 TCP 校验和却是必需的。ESP 隧道模式将原始的 IP 包整个进行了加密,且在 ESP 的头部外面新加了一层 IP 头部,所以 NAT 如果只改变最前面的 IP 地址对后面受到保护的部分是不会有影响的。因此,IPSec 只有采用 ESP 的隧道模式封装数据时才能与 NAT 共存。园区物理距离较远,传统架设专线的方式过于昂贵,因此采用 IPSec VPN 技术进行网络互联,IPSec 可满足园区关键性业务的加密型需求,同时 IPSec VPN 是根据需要连接的,在一定时间段没有敏感流经过时会自动拆除链路。

15.3.6 服务器群集技术

所谓群集,即共同为客户机提供网络资源的一组计算机系统。其中每一台提供服务的计算机都称之为节点。当一个节点不可用或者不能处理客户的请求时,该请求将会转到另外的可用节点实施处理。对于客户端而言,根本不必关心要使用的资源的具体位置,群集系统会自动完成。

群集中节点可以以不同的方式运行,在一个理想的两个节点的群集中,两个服务器都同时处于活动状态,即在两个节点上同时运行应用程序,当一个节点出现故障时,运行在出故障的节点上的应用程序就会转移到另外的没有出现故障的服务器上。这样一来,由于两个节点的工作由一个服务器承担,自然会影响服务器的性能。

针对这种情况的解决方案是,在正常操作时,另一个节点处于备用状态,只有当活动的节点出现故障时该备用节点才会接管工作,但这并不是一个很经济的方案,因为用户不得不购买两个服务器做一个服务器的工作。虽然当节点出现故障时不会对网络性能产生任何影响,但是在正常运行时的性价比并不太好。园区 OA 办公系统集成在群集中,因此可以利用群集的热备保障园区关键业务的运行。

15.4　综合实训 4——园区网络主要设备配置

15.4.1　拓扑结构概述

本书中园区网络拓扑结构采用 GNS3 进行网络模拟,接入层与汇聚层之间应用端口聚合技术,备份了链路并成倍提升了带宽(只能应用在相邻端口)。设备网关设定在汇聚层对应的 VLAN 中,主要部分的汇聚层与核心层,核心层与出口路由之间均配置了 VRRP 热备份协议,提升了网络的可靠性。针对外部接入需求在出口配置了 L2TP 访问,不同办公区域之间配置了 IPSec VPN 以保证企业工作的连接要求。全网均采用基于链路状态的 OSPF 路由协议,在网络出口进行动态的 NAT 地址翻译。园区网络整体拓扑结构如图 15-2 所示。

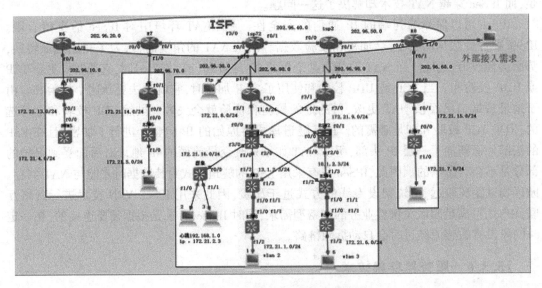

图 15-2　园区网络整体拓扑结构

15.4.2 设备命令

Router:

Router(config)#interface FastEthernet0/0	
Router(config)#ip address 172. 21. 16. 1 255. 255. 255. 0	配置端口 IP
Router(config)#interface FastEthernet1/0	划分 VLAN
Router(config-if)#switchport access vlan 10	
Router(config)#interface FastEthernet1/1	
Router(config-if)#switchport access vlan 10	
Router(config)#interface Vlan10	
Router(config-if)#ip address 172. 21. 2. 254 255. 255. 255. 0	
Router(config-if)exit	
Router(config)#router ospf 1	配置 OSPF 路由
Router(config-router)#network 172. 21. 2. 0 0. 0. 0. 255 area 0	
	OSPF 路由为主干区域
Router(config-router)# network 172. 21. 16. 0 0. 0. 0. 255 area 0	
Router(config-router)exit	
Router(config-router)#ip route 0. 0. 0. 0 0. 0. 0. 0 172. 21. 16. 2	
	配置默认路由,指向 ISP

R1:

R1(config)interface POS1/0	配置端口 IP
R1(config-if) ip address 202. 96. 80. 1 255. 255. 255. 0	
R1(config-if)ip nat outside	NAT 为出方向
R1(config-if) exit	
R1(config)interface FastEthernet3/0	配置端口 IP
R1(config-if) ip address 172. 21. 11. 1 255. 255. 255. 0	NAT 为入方向
R1(config-if) ip nat inside	
R1(config-if) exit	
R1(config-if) interface FastEthernet3/1	
R1(config-if) ip address 172. 21. 8. 1 255. 255. 255. 0	
R1(config-if) ip nat inside	
R1(config-if) exit	
R1(config)router ospf 1	配置 OSPF 路由协议
R1(config-router-ospf1) network 172. 21. 8. 0 0. 0. 0. 255 area 0	
	发布网段,区域为主干区域
R1(config-router-ospf1) network 172. 21. 11. 0 0. 0. 0. 255 area 0	
R1(config-router-ospf1)exit	
R1(config)ip route 0. 0. 0. 0 0. 0. 0. 0 202. 96. 80.	配置默认路由,指向 ISP
R1(config)ip nat inside source list nat interface POS1/0 overload	
R1(config)ip access-list standard nat	
R1(config-acl) permit 172. 21. 0. 0 0. 0. 255. 255	设置 ACL,为 NAT 做铺垫

299

R1(config-if)access-list 120 permit ip any 202.96.64.0 0.0.0.255

定义敏感流量,触发 IPSec

R1(config-if)access-list 130 permit ip any 202.96.64.0 0.0.0.255

R1(config-if)access-list 140 permit ip any 202.96.70.0 0.0.0.255

R1(config-if)priority-list 1 protocol ip high udp isakmp

R2:

R2(config)vpdn enable   开启 VPDN 选项

R2(config) vpdn-group L2TP   建立一个虚拟拨号组

R2(config-if) protocol L2TP   启用 L2TP 隧道协议

R2(config-if) virtual-template 1   建立虚拟端口

R2(config-if)no L2TP tunnel authentication

关闭 L2TP 隧道的认证功能(也可以开启认证功能,这时候,需要设置一台 CA,然后申请证书,并且客户端也需要申请证书才能连上 LNS,这样会更安全)

R2(config)username test password 0 test   设置用户名、密码

R2(config)interface Tunnel1   设置隧道虚拟端口

R2(config) ip address 172.21.100.2 255.255.255.0   配置端口 IP

R2(config-if) tunnel source 202.96.90.1   指定起始位置

R2(config-if) tunnel destination 202.96.60.1   指定对端位置

R2(config-if)interface POS2/0

R2(config-if)ip address 202.96.90.1 255.255.255.0   配置端口 IP,NAT 为出方向

R2(config-if)ip nat outside

R2(config-if)interface FastEthernet3/0   配置端口 IP,NAT 为入方向

R2(config-if) ip address 172.21.9.1 255.255.255.0

R2(config-if) ip nat inside

R2(config-if)interface FastEthernet3/1

R2(config-if) ip address 172.21.12.1 255.255.255.0

R2(config-if) ip nat inside

R2(config)exit

R2(config-if)interface Virtual-Template1

R2(config-if)ip unnumbered POS2/0

借用出口端口 POS2/0 的接口转发 L2TP 隧道协议传输的流量

R2(config-if) peer default ip address pool L2TP

设置 VPN Client 拨号动态获得 IP 地址对应的地址池

R2(config-if)ppp authentication chap   认证方式为 CHAP

R2(config)exit

R2(config-if)router ospf 1   配置 OSPF 路由,为主干区域

R2(config-if) network 172.21.9.0 0.0.0.255 area 0

R2(config-if) network 172.21.12.0 0.0.0.255 area 0

R2(config-if) network 172.21.100.0 0.0.0.255 area 0

R2(config)exit

R2(config-if)ip local pool L2TP 172. 21. 110. 1 172. 21. 110. 50

建立 VPN Client 拨入申请 IP
地址的地址池,并命名为 L2TP

R2(config-if)ip route 0. 0. 0. 0 0. 0. 0. 0 202. 96. 90. 2
R2(config-if)ip nat inside source list nat interface POS2/0 overload

设置动态 NAT

R2(config-if)ip access-list standard nat
R2(config-if) permit 172. 21. 0. 0 0. 0. 255. 255
R2(config-if)access-list 100 permit ip any 172. 21. 1. 0 0. 0. 0. 255
R2(config-if)access-list 101 permit ip any 172. 21. 6. 0 0. 0. 0. 255

R3:
R3(config-if)interface FastEthernet0/0

分支机构出口路由,配置端口
IP 和默认路由

R3(config-if) ip address 202. 96. 10. 1 255. 255. 255. 0
R3(config-if)ip route 0. 0. 0. 0 0. 0. 0. 0 202. 96. 10. 2

R4:
R3(config-if)interface FastEthernet0/0
R3(config-if) ip address 172. 21. 14. 2 255. 255. 255. 0   配置端口 IP
R3(config-if) ip nat inside   设置 NAT 为入方向
R3(config-if)interface FastEthernet0/1
R3(config-if) ip address 202. 96. 70. 1 255. 255. 255. 0
R3(config-if) ip nat outside   设置 NAT 为出方向
R3(config-if)ip route 0. 0. 0. 0 0. 0. 0. 0 202. 96. 70. 2
R3(config-if)ip route 172. 21. 5. 0 255. 255. 255. 0 172. 21. 14. 1
R3(config-if)ip nat inside source list 1 interface FastEthernet0/1 overload

配置动态 NAT

R3(config-if)access-list 1 permit any

NAT 所匹配的访问控制列表,
所有出口流量都进行地址翻译

R5:
R5(config-if)interface Tunnel1   开启隧道虚拟端口
R5(config-if) ip address 172. 21. 100. 1 255. 255. 255. 0   设置隧道端口 IP
R5(config-if) tunnel source 202. 96. 69. 1   指定隧道起始 IP
R5(config-if) tunnel destination 202. 96. 90. 1   指定隧道对端 IP
R5(config-if)interface FastEthernet0/0
R5(config-if) ip address 202. 96. 60. 1 255. 255. 255. 0

配置端口 IP 并指定 NAT 出入
方向

301

R5(config-if)interface FastEthernet0/1

R5(config-if) ip address 172. 21. 15. 2 255. 255. 255. 0

R5(config-if) ip nat inside

R5(config-if)router ospf 1

R5(config-if) network 172. 21. 7. 0 0. 0. 0. 255 area 0

R5(config-if) network 172. 21. 15. 0 0. 0. 0. 255 area 0

R5(config-if) network 172. 21. 100. 0 0. 0. 0. 255 area 0

R5(config-if)ip route 0. 0. 0. 0 0. 0. 0. 0 202. 96. 60. 2   配置默认路由指向 ISP

R5(config-if)ip route 172. 21. 7. 0 255. 255. 255. 0 172. 21. 15. 1

R5(config-if)ip nat inside source list 1 interface FastEthernet0/0 overload   设置动态 NAT

R6：

R6(config-if)interface FastEthernet0/0

R6(config-if) ip address 202. 96. 20. 1 255. 255. 255. 0   配置端口 IP

R6(config-if)interface FastEthernet0/1

R6(config-if) ip address 202. 96. 10. 2 255. 255. 255. 0

R6(config-if)router ospf 1   配置 OSPF 路由

R6(config-if) network 202. 96. 10. 0 0. 0. 0. 255 area 0

R6(config-if) network 202. 96. 20. 0 0. 0. 0. 255 area 0

R7：

R7(config-if)interface FastEthernet0/0

R7(config-if) ip address 202. 96. 20. 2 255. 255. 255. 0   配置端口 IP

R7(config-if)interface FastEthernet0/1

R7(config-if) ip address 202. 96. 30. 1 255. 255. 255. 0

R7(config-if)interface FastEthernet1/0

R7(config-if) ip address 202. 96. 70. 2 255. 255. 255. 0

R7(config-if)router ospf 1

R7(config-if)network 202. 96. 20. 0 0. 0. 0. 255 area 0   配置 OSPF 路由

R7(config-if) network 202. 96. 30. 0 0. 0. 0. 255 area 0

R7(config-if) network 202. 96. 70. 0 0. 0. 0. 255 area 0

R8：

R8(config-if)interface FastEthernet0/0

                                                                                     配置端口 IP 及 NAT 出入方向

R8(config-if)ip address 202. 96. 50. 2 255. 255. 255. 0

R8(config-if) ip nat outside

R8(config-if)interface FastEthernet0/1

R8(config-if) ip address 202. 96. 60. 2 255. 255. 255. 0

R8(config-if) ip nat outside

R8(config-if)interface FastEthernet1/0

R8(config-if) ip address 172. 21. 4. 254 255. 255. 255. 0

R8（config-if）ip nat inside

R8（config-if）router ospf 1　　　　　　　　　　　　　　　　　　配置 OSPF 路由

R8（config-if）network 202.96.50.0 0.0.0.255 area 0

R8（config-if）network 202.96.60.0 0.0.0.255 area 0

R8（config-if）ip route 0.0.0.0 0.0.0.0 202.96.50.1

　　　　　　　　　　　　　　　　　　　　　　　　　　　　配置默认路由指向 ISP

R8（config-if）ip nat inside source list 1 interface FastEthernet0/0 overload

　　　　　　　　　　　　　　　　　　　　　　　　　　　　设置动态 NAT

R8（config-if）access-list 1 permit any

ISP2：

ISP2（config-if）interface FastEthernet0/0　　　　　　　　　　配置端口 IP

ISP2（config-if）ip address 202.96.40.2 255.255.255.0

ISP2（config-if）interface FastEthernet0/1

ISP2（config-if）ip address 202.96.50.1 255.255.255.0

ISP2（config-if）interface POS1/0

ISP2（config-if）ip address 202.96.110.2 255.255.255.0

ISP2（config-if）interface POS2/0

ISP2（config-if）ip address 202.96.90.2 255.255.255.0

ISP2（config-if）router ospf 1　　　　　　　　　　　　　　　　配置 OSPF 路由

ISP2（config-if）network 202.96.40.0 0.0.0.255 area 0

ISP2（config-if）network 202.96.50.0 0.0.0.255 area 0

ISP2（config-if）network 202.96.90.0 0.0.0.255 area 0

ISP2（config-if）network 202.96.110.0 0.0.0.255 area 0

ISP72：

ISP72（config-if）interface FastEthernet0/0　　　　　　　　　　配置端口 IP

ISP72（config-if）ip address 202.96.30.2 255.255.255.0

ISP72（config-if）interface FastEthernet0/1

ISP72（config-if）ip address 202.96.40.1 255.255.255.0

ISP72（config-if）interface POS1/0

ISP72（config-if）ip address 202.96.80.2 255.255.255.0

ISP72（config-if）interface POS2/0

ISP72（config-if）ip address 202.96.100.2 255.255.255.0

ISP72（config-if）interface FastEthernet3/0

ISP72（config-if）ip address 202.96.64.2 255.255.255.0

ISP72（config-if）router ospf 1　　　　　　　　　　　　　　　　配置 OSPF 路由

ISP72（config-if）network 202.96.30.0 0.0.0.255 area 0

ISP72（config-if）network 202.96.40.0 0.0.0.255 area 0

ISP72（config-if）network 202.96.64.0 0.0.0.255 area 0

ISP72（config-if）network 202.96.80.0 0.0.0.255 area 0

ISP72（config-if）network 202.96.100.0 0.0.0.255 area 0

ESW1:

ESW1(config-if)crypto isakmp policy 1   配置 IPSec VPN

ESW1(config-if) authentication pre-share   IKE 第一阶段认证方式为预共享密钥

ESW1(config-if) lifetime 3600   持续时间为 3 600 秒

ESW1(config-if)crypto isakmp key test address 202.96.70.1   指定对端 IP

ESW1(config-if)crypto IPSec transform-settest esp-3des esp-md5-hmac   配置加密方式

ESW1(config-if)crypto map IPSec 1 IPSec-isakmp   匹配密码图

ESW1(config-if) set peer 202.96.70.1   指定对端

ESW1(config-if) set transform-settest

ESW1(config-if) match address 110   匹配敏感流量

ESW1(config-if)interface FastEthernet0/0

ESW1(config-if) ip address 172.21.8.2 255.255.255.0

ESW1(config-if)crypto map IPSec

ESW1(config-if)interface FastEthernet0/1

ESW1(config-if)ip address 172.21.12.2 255.255.255.0

ESW1(config-if)interface FastEthernet1/0

ESW1(config-if) ip address 172.21.13.1 255.255.255.0

ESW1(config-if) standby 1 ip 172.21.13.3   配置 VRRP 虚拟路由器地址

ESW1(config-if) standby 1 preempt   配置 VRRP 抢占

ESW1(config-if)interface FastEthernet2/0

ESW1(config-if) ip address 172.21.10.2 255.255.255.0

ESW1(config-if)standby 0 priority 80   配置 VRRP 优先级

ESW1(config-if)standby 0 preempt

ESW1(config-if)standby 2 ip 172.21.10.3

ESW1(config-if)standby2 priority 80

ESW1(config-if)standby 2 preempt

ESW1(config-if)interface FastEthernet3/0

ESW1(config-if) ip address 172.21.16.2 255.255.255.0

ESW1(config-if)router ospf 1   配置 OSPF 路由,主干区域

ESW1(config-if) network 172.21.8.0 0.0.0.255 area 0

ESW1(config-if) network 172.21.10.0 0.0.0.255 area 0

ESW1(config-if) network 172.21.12.0 0.0.0.255 area 0

ESW1(config-if) network 172.21.13.0 0.0.0.255 area 0

ESW1(config-if) network 172.21.16.0 0.0.0.255 area 0

ESW1(config-if)ip route 0.0.0.0 0.0.0.0 172.21.8.1

ESW1(config-if)access-list 100 permit ip any 202.96.90.0 0.0.0.255

ESW1(config-if)access-list 110 permit ip 172.21.0.0 0.0.255.255 172.21.5.0 0.0.0.255

ESP2：

```
ESW2(config-if)interface FastEthernet0/0                                 配置端口 IP
ESW2(config-if)ip address 172.21.11.2 255.255.255.0
ESW2(config-if)interface FastEthernet0/1
ESW2(config-if) ip address 172.21.9.2 255.255.255.0
ESW2(config-if)interface FastEthernet1/0
ESW2(config-if)ip address 172.21.13.2 255.255.255.0
ESW2(config-if) standby 1 ip 172.21.13.3                                  配置 VRRP 虚拟路由器地址
ESW2(config-if) standby 1 priority 80                                     设置路由器优先级
ESW2(config-if) standby 1 preempt                                         设置抢占
ESW2(config-if)interface FastEthernet2/0
ESW2(config-if) ip address 172.21.10.1 255.255.255.0
ESW2(config-if) standby 2 ip 172.21.10.3                                  设置路由器优先级
ESW2(config-if) standby 2 preempt                                         配置抢占
ESW2(config-if)router ospf 1                                              配置 OSPF 路由，主干区域
ESW2(config-if) network 172.21.9.0 0.0.0.255 area 0
ESW2(config-if) network 172.21.10.0 0.0.0.255 area 0
ESW2(config-if) network 172.21.11.0 0.0.0.255 area 0
ESW2(config-if) network 172.21.13.0 0.0.0.255 area 0
ESW2(config-if)ip route 0.0.0.0 0.0.0.0 172.21.9.1                        配置默认路由
ESW2(config-if)access-list 100 permit ip any 202.96.80.0 0.0.0.255
```

ESW3：

```
ESW3(config-if)interface Port-channel1
ESW3(config-if) switchport mode trunk                                     配置端口聚合
ESW3(config-if)interface Vlan2                                            配置 VLAN 网关
ESW3(config-if) ip address 172.21.1.254 255.255.255.0
ESW3(config-if)interface Vlan13
ESW3(config-if) ip address 172.21.13.4 255.255.255.0
ESW3(config-if)router ospf 1                                              配置 OSPF 路由，主干区域
ESW3(config-if)network 172.21.1.0 0.0.0.255 area 0
ESW3(config-if) network 172.21.13.0 0.0.0.255 area 0
ESW3(config-if)ip route 0.0.0.0 0.0.0.0 172.21.13.3                       默认路由指向下一跳
```

ESW4：

```
ESW4(config-if)interface Port-channel1                                    配置端口聚合
ESW4(config-if) switchport mode trunk
ESW4(config-if)interface FastEthernet1/0
ESW4(config-if) switchport mode trunk                                     配置端口模式为 Trunk
ESW4(config-if)channel-group 1 mode on
ESW4(config-if)interface FastEthernet1/1
ESW4(config-if) switchport mode trunk
```

ESW4(config-if) channel-group 1 mode on
ESW4(config-if) interface FastEthernet1/2   端口划分 VLAN
ESW4(config-if) switchport access vlan 10
ESW4(config-if) interface FastEthernet1/3
ESW4(config-if) switchport access vlan 10
ESW4(config-if) interface Vlan3
ESW4(config-if) ip address 172.21.6.254 255.255.255.0
ESW4(config-if) interface Vlan10
ESW4(config-if) ip address 172.21.10.4 255.255.255.0   VLAN 10 网关
ESW4(config-if) router ospf 1
ESW4(config-if) network 172.21.6.0 0.0.0.255 area 0
ESW4(config-if) network 172.21.10.0 0.0.0.255 area 0
ESW4(config-if) ip route 0.0.0.0 0.0.0.0 172.21.10.3   默认路由指向下一跳

ESW5:
ESW5(config-if) interface FastEthernet0/0
ESW5(config-if) ip address 172.21.13.1 255.255.255.0
ESW5(config-if) interface Vlan10   设置 VLAN 10 网关
ESW5(config-if) ip address 172.21.4.254 255.255.255.0
ESW5(config-if) ip route 0.0.0.0 0.0.0.0 172.21.13.2

ESW6:
ESW6(config-if) crypto isakmp policy 1
ESW6(config-if) authentication pre-share   认证方式预共享密钥
ESW6(config-if) lifetime 3600   等待时间
ESW6(config-if) crypto isakmp key test address 202.96.80.1 第一阶段对端地址
ESW6(config-if) crypto IPSec transform-settest esp-3des esp-md5-hmac
                   指定加密策略
ESW6(config-if) crypto map IPSec 1 IPSec-isakmp
ESW6(config-if) set peer 202.96.80.1   指定对端 IP
ESW6(config-if) set transform-settest   应用加密策略
ESW6(config-if) match address 100
ESW6(config-if) interface FastEthernet0/0
ESW6(config-if) ip address 172.21.14.1 255.255.255.0
ESW6(config-if) crypto map IPSec
ESW6(config-if) interface FastEthernet1/0
ESW6(config-if) switchport access vlan 10   端口划分 VLAN
ESW6(config-if) crypto map IPSec
ESW6(config-if) interface Vlan10
ESW6(config-if) ip address 172.21.5.254 255.255.255.0 配置网关 IP
ESW6(config-if) crypto map IPSec   应用密码图
ESW6(config-if) ip route 0.0.0.0 0.0.0.0 172.21.14.2   默认路由指向下一跳

ESW6(config-if)access-list 100 permit ip 172.21.5.0 0.0.0.255 172.21.1.0 0.0.0.255

ESW7:
ESW7(config-if)interface FastEthernet0/0   端口 IP
ESW7(config-if) ip address 172.21.15.1 255.255.255.0
ESW7(config-if)interface FastEthernet1/0
ESW7(config-if) switchport access vlan 10   端口划分 VLAN
ESW7(config-if)interface Vlan10
ESW7(config-if) ip address 172.21.7.254 255.255.255.0
ESW7(config-if)ip route 0.0.0.0 0.0.0.0 172.21.15.2   默认路由指向下一跳

ESW8
ESW8(config-if)interface Port-channel1   设定端口聚合
ESW8(config-if) switchport mode trunk
ESW8(config-if)interface FastEthernet1/0
ESW8(config-if) switchport mode trunk   设定端口类型为 Trunk
ESW8(config-if)channel-group 1 mode on
ESW8(config-if)interface FastEthernet1/1
ESW8(config-if) switchport mode trunk
ESW8(config-if)channel-group 1 mode on
ESW8(config-if)interface FastEthernet1/2
ESW8(config-if) switchport access vlan 2

ESW9
ESW9(config-if)interface Port-channel1
ESW9(config-if) switchport mode trunk
ESW9(config-if)interface FastEthernet1/0
ESW9(config-if) switchport mode trunk
ESW9(config-if)channel-group 1 mode on
ESW9(config-if)interface FastEthernet1/1
ESW9(config-if) switchport mode trunk
ESW9(config-if)channel-group 1 mode on
ESW9(config-if)interface FastEthernet1/2
ESW9(config-if) switchport access vlan 3   端口划分 VLAN

15.5　综合实训5——园区网络综合测试

选择内部网络中任意主机进行连通性、VPN 链路连接情况、VRRP 协议工作情况等测试工作。

测试网络设备连通性,测试结果如图 15-3 所示。

测试路由协议是否工作并追踪路由,如图 15-4 所示。

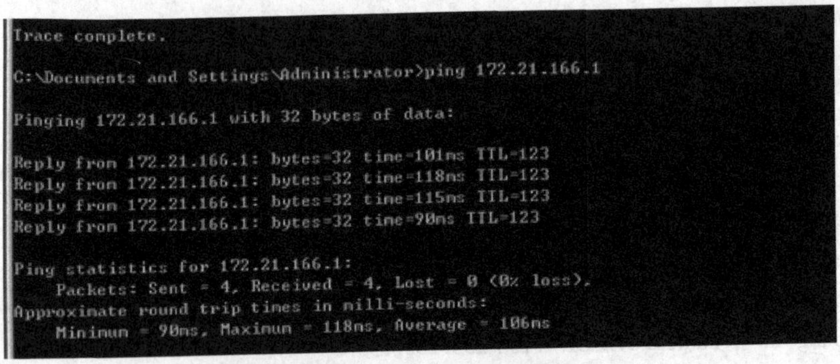

图 15-3　ping 命令测试结果

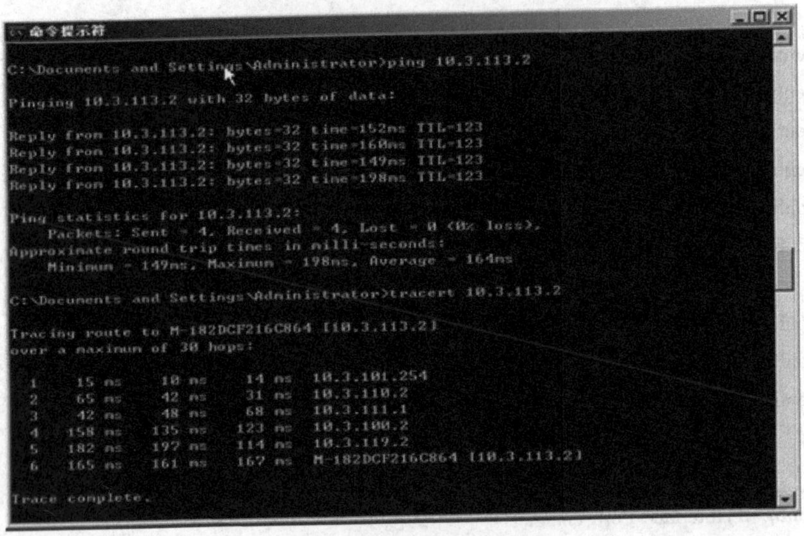

图 15-4　路由追踪测试结果

测试 L2TP 连通性,如图 15-5 所示。

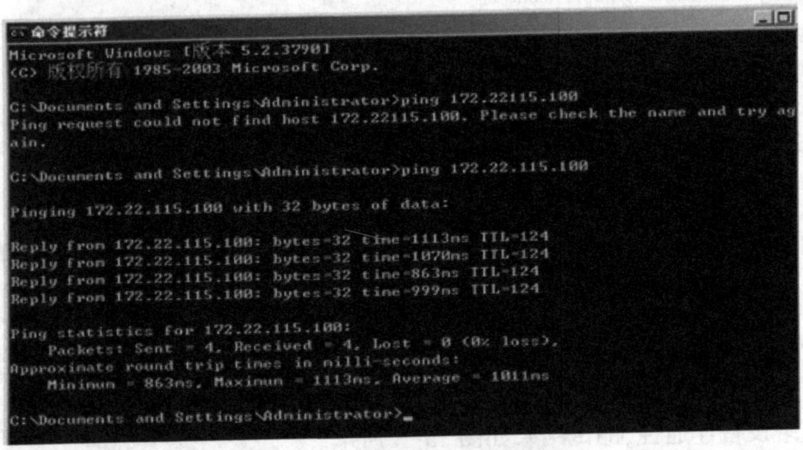

图 15-5　L2TP VPN 测试结果

测试 IPSec VPN 连通性,如图 15-6、图 15-7 所示。

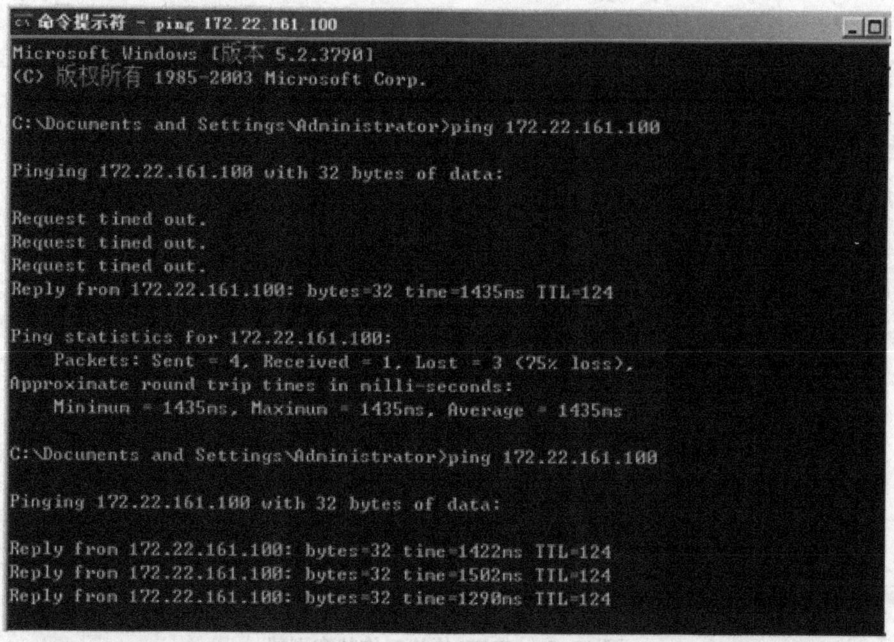

图 15-6   IPSec VPN 测试结果

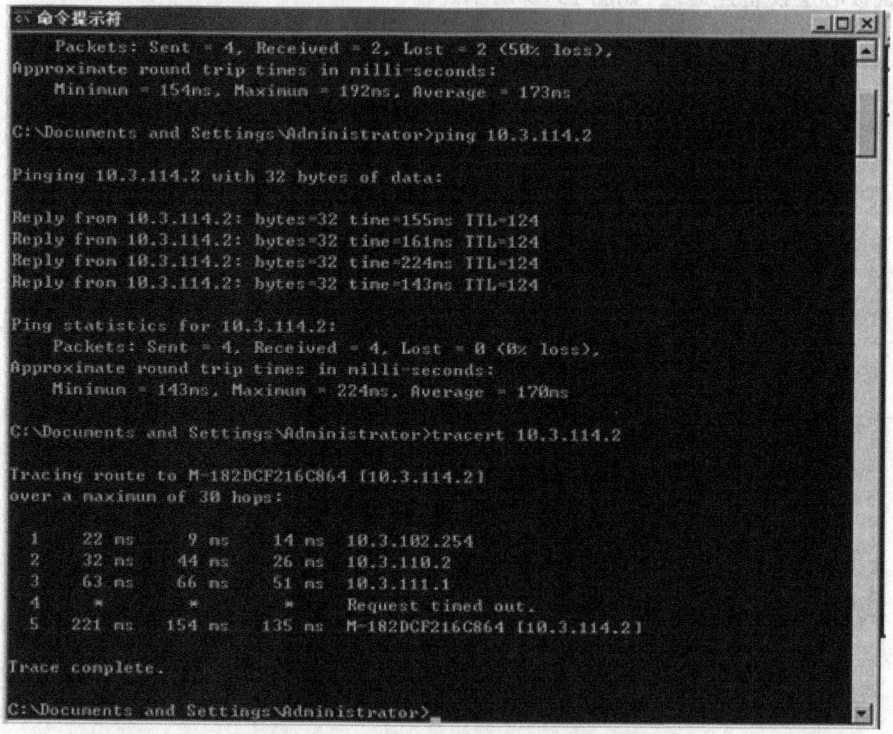

图 15-7   IPSec VPN 路由追踪测试结果

测试 VRRP 虚拟设备是否工作,如图 15-8 所示。

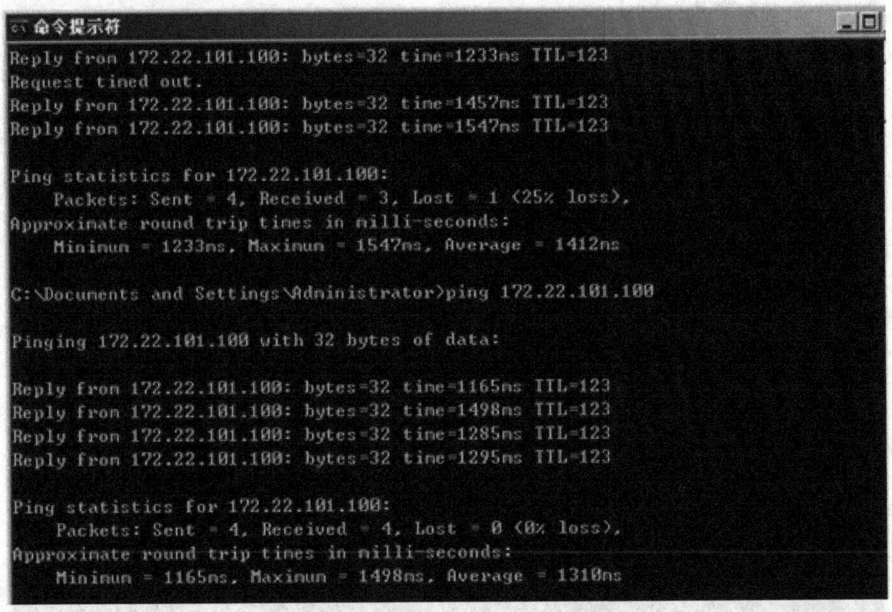

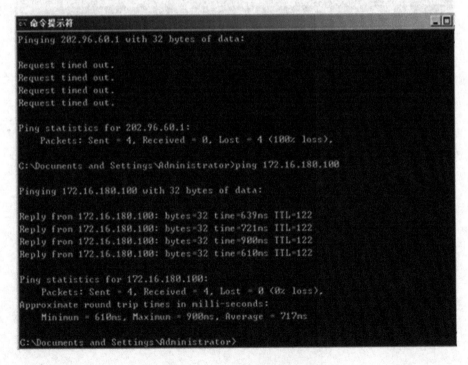

图 15-8　VRRP 协议工作状态测试

测试核心层设备连通性,如图 15-9 所示。

图 15-9　核心层设备连通性测试